JN299744

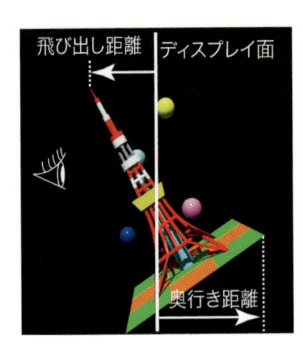

口絵1 上:表示モデルと異なる方向から観察した3D画像,下:ディスプレイ近傍にすりガラスを置いた様子 (→ p.81)

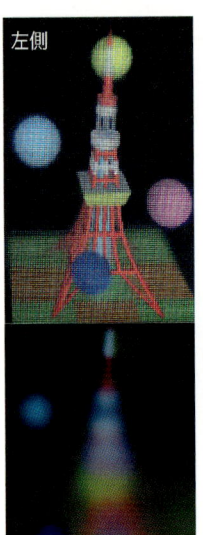

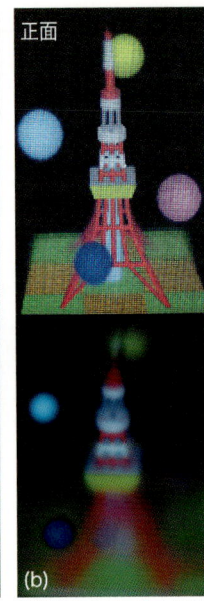

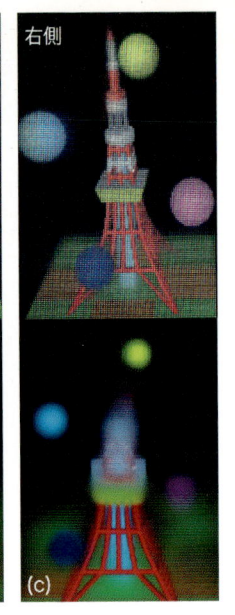

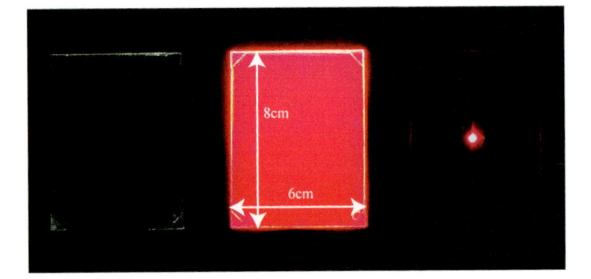

口絵2 希土類錯体含有透明薄板 (→ p.149)

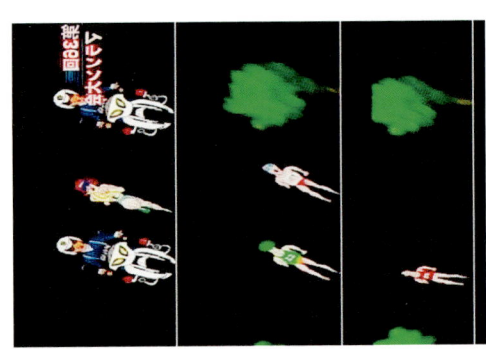

口絵3 左:映像コンテンツのフォーマット,右:鑑賞できる立体画像 © AC部 (→ p.136)

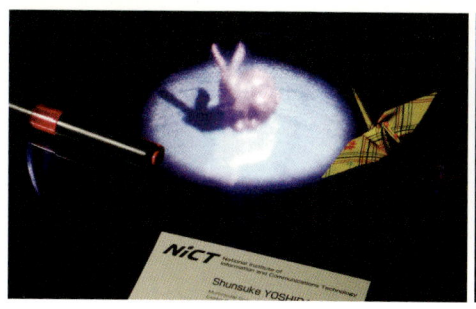

口絵 4 テーブル型裸眼立体ディスプレイ「fVisiOn」（→ p.143）

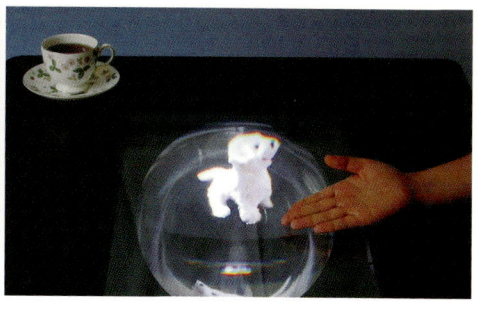

口絵 5 テーブルの上に立ち上がった映像（→ p.157）

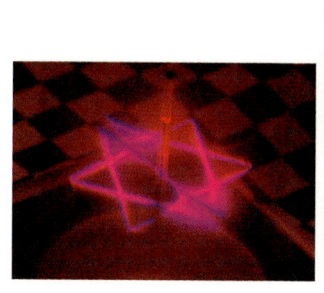

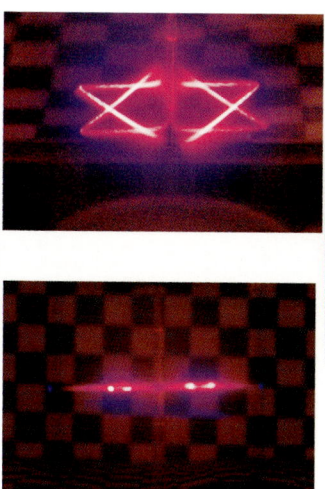

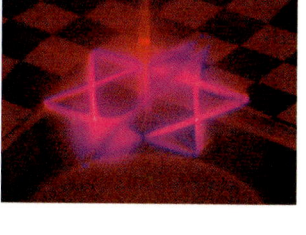

口絵 6 励起光の On/Off 制御を伴う六芒星の表示例（→ p.152）

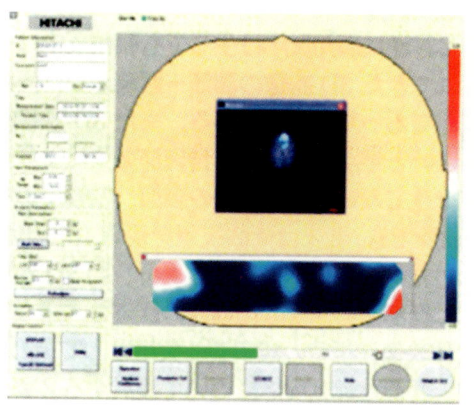

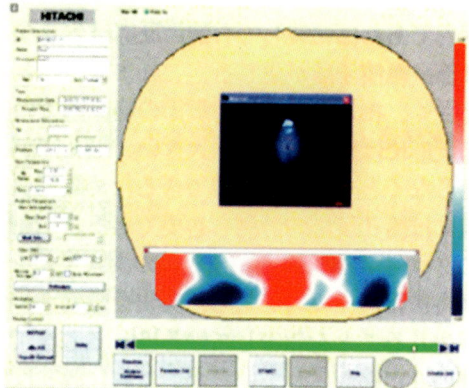

口絵 7 立体映像観察時における血液変動（→ p.195）

裸眼 3Dグラフィクス

Auto-Stereographic 3D

羽倉弘之・山田千彦・大口孝之 [編集]

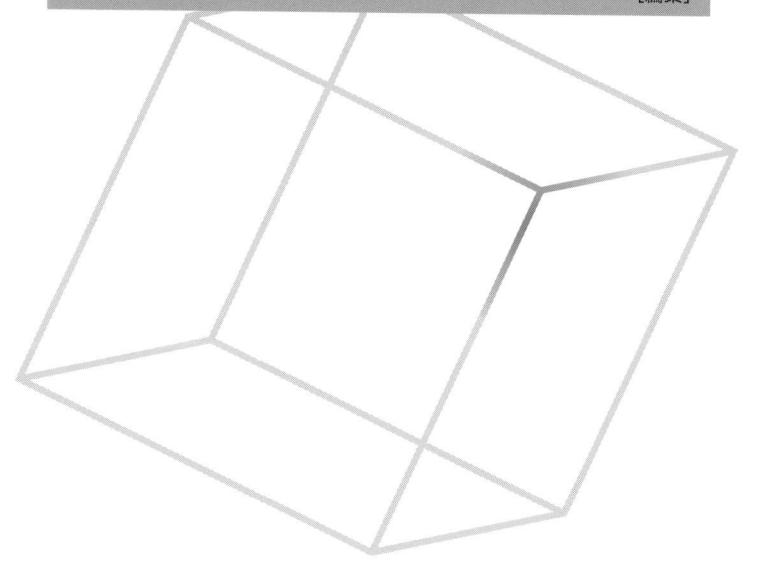

朝倉書店

執筆者 (執筆順)

羽倉弘之* 三次元映像のフォーラム代表
包 躍 東京都市大学知識工学部情報科学科 教授
山田千彦* 前 日本工業大学・前 凸版印刷(株)
久武信太郎 大阪大学大学院基礎工学研究科 助教
小林哲郎 大阪大学名誉教授
森下 明 (株)東芝
奥井誠人 日本放送協会放送技術研究所
石川 大 パイオニア(株)
石井源久 (株)バンダイナムコスタジオ
伊達宗和 NTTコムウェア(株)
島田 悟 (独)産業技術総合研究所
服部知彦 (有)シーフォン
間瀬実郎 呉工業高等専門学校建築学科 教授
前川 聡 (独)情報通信研究機構ユニバーサルコミュニケーション研究所
吉田俊介 (独)情報通信研究機構ユニバーサルコミュニケーション研究所
石川 洵 (有)石川光学造形研究所
久保田敏弘 京都工芸繊維大学名誉教授
田野瀬裕次 TANOSeY研究所代表
畑田豊彦 東京眼鏡専門学校 校長
大口孝之* 映像ジャーナリスト

*編集委員

はじめに

　立体映画に代表される3次元（3D）映像技術は，様々なメディアへと普及するにつれて，特別のメガネなどを使用しない裸眼立体表示方式の開発が進み，テレビ，パソコン，タブレット型PC，スマートフォン，携帯ゲーム機などにも応用されるようになってきた．

　そこで本書では，裸眼3次元映像表示方式の種類やそこに用いられている技術，さらには応用分野について解説し，その詳細な歴史についてもたどっている．

　まず最初に，3次元映像技術の全般を概観し，次にそれらの技術がどのように改良され応用されるに至ったかを紹介している．以降の章では，代表的な裸眼3次元表示技術としてパララックスバリア方式，レンチキュラ方式，インテグラル方式などを取り上げ，技術開発の最新動向について述べた．またこれ以外にも，裸眼3次元表示に関連した技術は数多く開発されており，その紹介もなされている．

　さらに本書では，これまで製品化されたテクノロジーのみならず，現在開発中で将来有望と思われる新技術の紹介も行っている．特に，今後期待される応用分野の1つとして，デジタルサイネージでの活用例をあげた．

　しかし3次元映像は，鑑賞者はもちろんのこと，表示装置の開発者や映像制作者側も含めて，安全で快適であることが求められている．そのためには眼精疲労など，身体への影響も十分に考慮する必要がある．そこで最後に，安全性に関する章を加えた．本書が，裸眼3次元映像表示装置の開発者，映像制作者，研究者，教育関係者，さらには学生の方々にも，裸眼3次元映像に関してご理解の一助となれば幸いである．

　最後に，本書の出版にあたって，大変お世話になった株式会社朝倉書店編集部に対して御礼を申し添えたい．

2012年8月

　　　　　　　　　　編集委員　羽倉弘之，山田千彦，大口孝之

目　　次

1. 序論：裸眼立体映像に対する最近の期待 …………………………〔羽倉弘之〕…1
   1.1　立体映画の再度の始まり …………………………………………………1
   1.2　総合的な3次元映像関連の展示・発表の増加 …………………………2
   1.3　最近の開発状況 ……………………………………………………………4
   1.4　3Dに求められる要素 ……………………………………………………6

2. 裸眼立体映像の基礎 …………………………………………………〔羽倉弘之〕…8
   2.1　裸眼立体映像の種類と特徴 ………………………………………………8
   2.2　立体視の前史 ……………………………………………………………10
   2.3　裸眼立体方式 ……………………………………………………………12

3. パララックスバリア方式 ……………………………………………〔包　躍〕…24
   3.1　パララックスバリア方式とは ……………………………………………24
   3.2　パララックスバリア方式の問題点と解決策 ……………………………25
   3.3　パララックスバリア方式の設計・試作 …………………………………29

4. レンチキュラ方式 ……………………………………………………〔山田千彦〕…42
   4.1　レンチキュラ方式の歴史的背景および市場 ……………………………42
   4.2　レンチキュラ方式の理論 …………………………………………………43
   4.3　レンチキュラ方式各種3Dディスプレイ ………………………………51
   4.4　直視型反射式3Dディスプレイの製作例 ………………………………57
   4.5　応　用　展　開 …………………………………………………………62

5. 光線再生法 ……………………………………………〔久武信太郎・小林哲郎〕…77
   5.1　光線再生法の基本原理 ……………………………………………………78
   5.2　光線再生と多眼パララックスの兼用による3D画像表示 ……………80

6. インテグラルイメージング方式（II方式） 〔森下　明〕…83
6.1 はじめに………………………………………………………83
6.2 II方式の構造…………………………………………………83
6.3 視域と運動視差………………………………………………84
6.4 クロストーク…………………………………………………86
6.5 平置き型の立体視とII方式の今後…………………………87

7. インテグラル方式 〔奥井誠人〕…89
7.1 インテグラルフォトグラフィの原理と特徴………………89
7.2 インテグラルフォトグラフィのテレビジョンへの応用…96
7.3 インテグラル立体テレビの基本構成………………………97
7.4 インテグラル立体テレビの試作装置………………………100

8. 浮遊映像（フローティングビジョン）方式 〔石川　大〕…105
8.1 フローティングビジョンとは………………………………105
8.2 フローティングビジョンの原理，構成……………………105
8.3 ユーザーインターフェイスへの応用………………………107
8.4 具体的応用例…………………………………………………109

9. フラクショナルビュー方式 〔石井源久〕…111
9.1 多眼方式から空間像方式へ…………………………………111
9.2 光線方向の計算………………………………………………112
9.3 スペックの算出とコンテンツの選択………………………113
9.4 描画の高速化…………………………………………………113

10. DFD方式 〔伊達宗和〕…116
10.1 DFD表示の原理……………………………………………116
10.2 DFD表示装置………………………………………………118
10.3 広視域化……………………………………………………119

11．レーザプラズマ発光表示方式……………………………〔島田　悟〕…122

12．スキャンバックライト方式………………………………〔服部知彦〕…126
　12.1　バックライトスキャニングとスキャンバックライト方式……………126
　12.2　スキャンバックライト方式を目指した過去の立体ディスプレイ……127
　12.3　バックライト分配方式……………………………………………………128
　12.4　多眼像表示可能なスキャンバックライト方式…………………………128
　12.5　シンプルなスキャンバックライト方式…………………………………129

13．ペッパーズゴーストの多層化方式………………………〔間瀬実郎〕…132
　13.1　スマートフォンの立体映像化……………………………………………132
　13.2　装置の仕組み………………………………………………………………132
　13.3　映像コンテンツのつくり方………………………………………………135

14．受動結像光学素子方式……………………………………〔前川　聡〕…138
　14.1　受動結像光学素子とは……………………………………………………138
　14.2　受動結像光学素子の構造および動作原理………………………………139
　14.3　受動結像光学素子の利用の仕方…………………………………………140

15．テーブル型裸眼立体ディスプレイ方式…………………〔吉田俊介〕…143
　15.1　全周から観察可能なテーブルトップに浮き上がる立体映像…………143
　15.2　光線群によりテーブルトップに立体映像を再生する原理……………144
　15.3　試作機による再生原理と再生像の確認…………………………………146

16．透明薄板からの発光を利用した体積表示方式…………〔久武信太郎〕…148
　16.1　希土類錯体含有透明薄板…………………………………………………148
　16.2　3D画像の表示例…………………………………………………………150

17．空間映像方式………………………………………………〔石川　洵〕…154
　17.1　空間映像による立体視……………………………………………………154
　17.2　空間映像が立体として見える理由………………………………………154

17.3 空間映像の種類……………………………………………… 156
17.4 空間映像のメリット…………………………………………… 159

18. ホログラフィ方式………………………………………〔久保田敏弘〕…161
　18.1 ホログラフィの原理…………………………………………… 161
　18.2 ディスプレイ技術としてのホログラフィの特徴……………… 163
　18.3 主な課題とその取組み………………………………………… 164

19. ステレオレンズフィルタ方式…………………………〔田野瀬裕次〕…171
　19.1 ステレオレンズフィルタ方式の原理………………………… 171
　19.2 ステレオレンズフィルタの製品化について………………… 174

20. 3Dデジタルサイネージ…………………………………〔羽倉弘之〕…177
　20.1 デジタルサイネージとは……………………………………… 177
　20.2 OOHメディアの大きな変化………………………………… 178
　20.3 3Dデジタルサイネージ……………………………………… 178
　20.4 3Dデジタル広告の展望……………………………………… 182
　20.5 新しい3Dサイネージの動向………………………………… 184

21. 眼　精　疲　労…………………………………………〔畑田豊彦〕…188
　21.1 3D映像による生体への影響………………………………… 188
　21.2 3D映像による負荷状態の測定・評価法…………………… 193

22. 裸眼立体映像システムの歴史…………………………〔大口孝之〕…201

23. 資　料　編………………………………………………〔羽倉弘之〕…234

索　　引…………………………………………………………………… 239

1. 序論：裸眼立体映像に対する最近の期待

1.1 立体映画の再度の始まり

　昨今の立体映像は，まず映画館での立体映画の普及から始まった．これまでにも少なからず立体映画は製作され，上映されてきたが，今日ほど多くの映画館での上映はなかった．ところが2009年末にジェームズ・キャメロン(James Cameron)の「アバター(Avatar)」(3D)（興行収益歴代1位を築く）がブームを巻き起こし，全世界で多くの立体映画上映館がつくられることになった．これは，立体映画に対する相乗効果がある．立体映画上映館が増えれば，立体映画制作者も立体映画制作に力が入り，ますますもって立体映画が多く製作され，またさらに上映館も増えるというよい循環が始まったのである．

　今日，多くの立体映画に採用されている方式は，大勢の観客が同時に同じような条件で立体映像を見ることができるように，メガネを使う方式である．メガネを使う方式も多くの方式が採用されてきた．

　映画に採用されているようなメガネ方式が，テレビやパソコンにも使用されるようになり，複数の人が同時に見る場合を前提に，製品が世の中に出回ることになった．

　しかし，メガネを使用する煩わしさがあるために，これまでにも特別のメガネを使用しない方式が多く開発されてきた．とくに最近の特徴としては，多眼式の立体映像表示方式の開発が進んでいる．

　本書で取り上げるテーマは，この"メガネを使用しない方式"である．このいわゆる「裸眼方式」に注目して，これまでの動きと現状，そして今後どのような展開が予想されるかを見ていく．

1.2 総合的な3次元映像関連の展示・発表の増加

a. 最近の学会, 展示会などの動向

この数年, 3次元映像に関する技術は, コンピュータやネットワークの普及に伴って目覚ましい発展を遂げてきた. 様々な国で, 大学で, 研究所で, 企業で新しい方式が生まれてきている.

日本では, 3次元映像関連の数多くの団体がある. またその周辺の技術, コンテンツなどに関連した団体の数は非常に多い.

しかし, 海外ではそれらを総合的に発表する場が意外と少なかった. これまでに断片的ではあるが, IEEE, SID, SPIE, SIGGRAPH, NAB* などの分科会や展示会などで取り上げられるなど, ある程度はなされてはきたが, 3次元映像関係を主としたまとまった形での団体や活動はあまりなかった.

* ・IEEE (The Institute of Electrical and Electronics Engineers, Inc, 米国の電気電子技術の学会) 3D User Interface などがある.
  ・SID (The Society for Information Display, 世界最大の電子ディスプレイ学会) 3Dディスプレイ関係のシンポジウムなど日本でも数多く開催している.
  ・SPIE (The International Society for Optics and Photonics, 国際光工学会) 内に Stereoscopic Displays & Applications という Conference が毎年開催されている.
  ・SIGGRAPH (Special Interest Group on Computer Graphics) 米国コンピュータ学会の内のCG分科会で部分的に3D関連の発表, 研究会が開催されている.
  ・NAB (National Association of Broadcasters, 全米放送事業者協会) 3D関係の会合が毎年開かれている.

ところが2007年5月に, 3次元映像関連の最初の総合的な会合 "3D TV-CON 5" がギリシアで開催された. また, 韓国では同年10月8〜11日に開催された釜山国際映画祭の際に, アジアン・フィルムマーケットと共催の "BIF-COM 2007" が開催され, そこでも3D映画産業に関するセミナーと立体映画の上映会が行われた. さらに, 2008年には "Dimension 3" がフランスで, 2010年には "International 3D Society" (日本本部は2011年に発足) が発足した.

さらに, 日本国内でも, 2011年現在では全国700スクリーン以上で立体映画の上映が行われるなど, ここにきて全世界では既に1万スクリーンを超えるなど, にわかに3次元映像関係が全世界的に脚光を浴びるようになってきた.

また, 毎年世界中のどこかで, 大きなイベントとして3Dが取り上げられるよ

うになってきた．オリンピックや万博はもとより国際的なスポーツ（サッカーやテニスなど），コンサートなどを3Dで撮影し，生中継され，パブリックビューイング（街頭での大型映像での表示）などにても放映する場合もある．また，世界遺産などを3Dアーカイブとして録画して，博物館や特別展示などにて鑑賞することができるようになってきている．

b. ハリウッドから始まった3D映画の潮流

2009年に起きた3Dブームの発端は，2005年3月の映画業界最大のコンベンション"ShoWest"にて，George Lucasをはじめ，James Cameron，Robert Zemeckis，Robert Rodriguezなどの米国の著名な映画監督が一堂に集まり，「これからは3D映画を制作する」と宣言し，また翌2006年4月にはNABの"Digital Cinema Summit"にて，James Cameronが改めて自らの映画制作は3Dにすると発表したところにある．その後，各監督は立体映画の制作に入り続々発表され，2007年には既に米国を中心に1,000スクリーンを超える映画館で立体映画の上映がなされるに至った．

この潮流は，実はある種の映画産業の危機感から始まった．2005年頃には家庭で映画館並みの高画質の映像を大画面で見られるようになり，いわゆるホームシアターなどが普及し始めるに従い，人々はだんだん映画館まで足を運ばなくなってきていた．事実，映画コンテンツもDVDやBD（Blu-ray Disk），さらにはVOD（Video On Demand）やインターネットで映画のダウンロードができるようになってきた．また，YouTubeやUstreamなどの動画配信サイトでも高画質の映像を見ることができるため，どこにいても映画コンテンツの入手が可能となってきた．

また，海外での海賊版の横行にも手を焼いていたハリウッドでは，何とかこの問題からの脱却をはかろうとしていたのである．そこで採用されたのが，映画の3D（立体）映画化である．立体映画であれば，特別のプロジェクタ，表示装置，スクリーン，メガネなどが必要となり，単なるコピーだけでは立体視をして鑑賞することができないため，立体視の醍醐味を味わうためには設備の整った映画館に行かなければならず，結果として，その単なる複製を見る場合は左右の重なった画像を見ることになり，複製の防止になると考えられた．

立体映画そのものはけっして新しいものではないが，ここまで真剣に映画の

3D化に向けて本腰を入れて一斉に始めることになったのにはこのような背景があった．

しかし，これを実現させるためにはインフラ（立体上映のできる映画館）を整えなければならないが，ちょうど映画館のデジタルシネマ化が進み映画館の3D上映システムの導入がしやすい環境が整っていて，3D化に弾みをつけることにもなった．

こうした米国（ハリウッド）の動きに呼応するように，触発されたヨーロッパやアジア各国では立体映画を上映する映画館が急増し，3Dコンテンツ（映画など）の制作も活発化してきた．

しかし，米国では映画産業で3D化が活発な活動をしているのに対して，欧州においては，テレビやモバイルの方向で検討されているという印象を強く受ける．また，日本はTV，PC，ケータイなどの機器の研究開発，商品化に力を発揮している傾向がある．

1.3 最近の開発状況

a. 数多くの3次元映像表示装置の開発

3次元映像の出力（表示）方式には，今日までに実際に製品化されたものだけでも実に様々な方式が開発されてきている．また，特許や考案だけに留まって製品化されなかったもの，実験室レベルのものまでを含めるとその数はどのくらいになるのか定かではない．

しかも，そのアイデアには，単一のものから複合技術によるものまで様々な形態のものが開発されてきた．今日のように，上映系，TV系，PC系，ネット系などに加えて，制作方法も実写から，実写に組み込むSVFX（特殊視覚効果），CG（コンピュータグラフィックス），VR（バーチャルリアリティ：仮想現実感）とその手法も多様化して，それに伴う表示方法も数多く考案されてきた．しかし，現在でも従来からの立体表示方法を新しい表示技術で活用する手法が主流であるが，これらにも様々な工夫が施されるようになってきた．

b. 2D（平面）映画の3D化 （2D/3D変換）

2D（2次元平面）画像から3次元（立体）画像をつくり出して，既存の平面

画像を立体視する方法である2D/3D変換も様々な方式が開発されてきた．これは，3Dコンテンツの不足を既存の2D映像を3D化することによって補うという考えに基づくところがある．最近では，最初から3D化を意識して2D撮影をして，それを後処理で3D化する方法もとられている．しかし，実写での撮影の際に3D撮影の困難なものがある．そのような場合はCG合成（VFX：視覚効果を加える）などが行われることもある．

ところが，実際には3Dの情報をもたない映像を3D化するところに所詮無理があり，静止画の場合はよいが動画の場合はあまり適切ではない．とくに，長時間の鑑賞には眼精疲労などの問題もあり，必ずしも望ましい方法ではない．そこで，最近では，リメイクなどの場合でも3DCGなど最初から3D情報をもっているものを立体視可能な3Dにする方向に向かっている．

そこですべての映画制作を3Dで行い，むしろ必要に応じて2D上映をするという方向になりつつある．したがって，今後の映画配給はすべて3Dで行われる可能性があり，3D上映設備のないところでは2D上映となるという流れになると予想される．

c. メガネを使う煩わしさからの解放

しかし，立体映像の鑑賞の際に，以前からメガネを使用する煩わしさのため裸眼で（メガネを使わないで）立体視のできる表示装置が注目され，各種の方式が開発されてきた．とくに，最近は液晶ディスプレイやプラズマディスプレイなどを利用する方法や，ケータイやPDA（Personal Digital Assistant：個人情報端末）などのように可搬性の高い装置に立体映像の表示がなされるようになってきた．主に，個人使用型の表示装置に応用されており，今後多人数の鑑賞が可能な裸眼立体ディスプレイが求められるようになってくる．

d. 空間映像の開発

いままでSFの映画にしか出てこなかったような空間（浮遊）映像が身近になってきている．ごく最近開発された方式は，メガネはもとよりスクリーンもモニタも必要としない．必要なのは空気だけという空間映像が開発され話題を呼んでいるが，これからはこのような究極的な映像の開発が進むものと考えられる．

これまでにも，ホログラフィや回転板に映像を投影する方法，パラボラミラー

を使用する方法，霧，煙，水滴，油滴，粉体，薄布，水中，水面などに映像を投影するなどの方法で空間映像を表示する装置が開発されてきたが，それぞれに長所欠点があり，イベントなど特定な場所にのみ展示などで紹介されてきた．

最近では，大がかりなステージなどに透明の天幕（半透明板）を張り，そこに映像を投影してあたかも空中に浮遊しているかのような効果を出し，これを称して"ホログラフィック"映像などと呼んでいるケースが増えてきた．ここで使われている映像は2Dの通常の映像であるが，観客からある程度の距離（10〜20 m以上）があり黒バックや透明で背景が見えると映像が空間に浮遊して立体的に感じる効果を利用している．

1.4　3Dに求められる要素

a.　安心・安全性・健康・快適性の追求

3次元映像をより安全に快適に鑑賞するための心理，生理，医学などからの研究により，3次元コンテンツの制作への指針も提案されている．3次元映像＝眼精疲労といわれるほど，多くの鑑賞者は長時間の鑑賞後に眼精疲労を訴えることがある．

これまで，画面上への眼の調節と空間映像への輻輳（両眼が対象物を見込む角度）との不一致が眼精疲労の主な原因と考えられてきたが，このような現象に関してもこれまでの心理物理的な定性的な研究から fMRI, X線 CT, PET, EEG, MEG, NIRS などといった非侵襲計測による客観的な解析が進められている．最近様々な研究から，調節と輻輳との不一致だけが大きな眼精疲労の原因ではないのではないかとの説が出てきている．とくに，調節には被写界深度があり，広い奥行き範囲でその不一致が生じないため，眼の疲労に関しては様々な要因が複雑に絡んで生じているものと考えられる．なお，一般的には，裸眼立体視の方が，メガネを使用することによる違和感などによる疲労感が少なくなるといわれている．ただし，この場合も通常メガネをつけている人とそうでない人では，その違和感が異なってくる．

b.　セキュリティの保持

3次元映像に関してはセキュリティの側面からも検討されている．とくに，ネ

ットワークを介して配信されるようになると制作段階や映画館などへの配信の際に，途中での情報の漏洩を避けるために各種のセキュリティシステムが開発されている．しかしながら現在でも万全ではないために，実際にはネットワークを介することなくハードディスクなどで封印された形での配給を行っており，セキュリティの確立が急がれるところでもある．

2. 裸眼立体映像の基礎

1章に述べたように裸眼立体映像に関してはこれまでに多くの方式が考案されてきたが，いざ実用性とか普及という点から見ると，日の目を見なかったものも少なくない．3次元映像の研究開発史は平坦ではなく，何回も山や谷を経験している．

現在，3次元映像は新しい実用期を迎えている．基盤技術が進歩したとともに，社会の3次元映像に対する需要が高まってきているからである．ここでは3次元映像の種類やその特徴を述べた上で，初期の歴史を概観し，最近の状況の概要を述べる．

2.1 裸眼立体映像の種類と特徴

a. 立 体 視

1) 2つの眼の存在意味： "立体視"というとほとんどの人が両眼で見ることを意味するように思われるかもしれないが，実は単眼でも立体視はできる．複数の眼をもつ意味には，片方の眼が失われたときの補助の役目があるともいわれている．それは耳が2つあったり，内臓でも2つあるもの（肺，腎臓）もあるが，片方が機能しなくなっても補うことができるのと同じである．

眼は，眼をもつ動物にとって最も重要な器官の1つで，脳内における脳細胞に占める割合も大きい．とくに，生物が生存していくためには，的確にしかも迅速に自分の周囲の状況を把握し適切な対応行動をとらなければ，敵に捕獲されてしまうしまた獲物もとらえることができない．

2) 生物の眼： 生物界では眼が2つというのが唯一の形式ではなくて，第3の眼や非常にたくさんの眼をもつもの（昆虫やある種の恐竜など）がいるが，立体視には関わりがなくとも光センサの役目はあり，光の強度やその方向ぐらいは

把握できるものと考えられる．また，眼に偏光フィルタのあるものもあり，これも光の方向や波長を把握するためにあるものと考えられている．また，眼の数からいえば昆虫の複眼が圧倒的に多いことになる．クモも種類によっては4つから8つもの眼をもつものがいる．光センサの機能だけでみると，もっと下等な生物（クラゲや貝の一種などの海洋生物）には，非常に沢山の光センサをもつものがある．

3) 2つの眼の機能と立体視： 水平2眼による視覚は，まずそれぞれの眼が撮像器官（光センサ）となって2次元画像を取得している．右眼による画像と左眼による画像との間には対象物までの距離によって視差がある．これを脳が処理して外部の3次元世界像，すなわち立体視を形成する．この段階で眼の焦点調節や輻輳（両眼が対象物を見込む角度），さらには運動視差などによる立体視の形成に関与している．したがって，立体視は幼児期からの習熟による，脳における神経回路の形成が重要である．

b. 両眼視差

立体映像で一般的に多く使われる方式が，両眼視差を利用して立体視する方法である．これは，人間が最も普段使っている手法であり，当然最も画像・映像制作がしやすいからでもある．

両眼視差についてここで簡単に説明をすると，人間の眼と眼の中心間の距離が一般的に 6.5 cm である．もちろん幼児の場合は短く，また個人差もある．その距離差（視差）が，同一のものに焦点を合わせて見ていても左右の網膜に投影される像に差を生じさせる．

このままであると，2つ像は少しずれた像が重なって見えることになる．しかし，網膜に映った像はそのまま視覚神経を伝わって，脳の視覚野（後頭部にある）に送られてその像の分析が行われる．脳では，まずその輪郭，色や陰影などを把握して過去の奥行きの手がかりとなる情報が加味されてその像がどのようにずれているのかが判別されて，その実空間の広がり，奥行き関係を把握して，その2つの像から空間的な位置関係などを理解して融像が行われる．これによって，我々は眼に入った少し異なる画像を2重像としてみることなく，1つの像として把握できるのである．

網膜に映ってから像として把握できるまでには約 200 ms（ミリセック）前後

の時間がかかっている．こうして把握した3次元の画像をもとに，我々は次の行動（たとえばグラスに手を伸ばしてとるなど）に移るのである．スポーツ選手などはこの動きが迅速となり，さらに予測という要素が加わり，眼に入ってきた情報から判断して行動をしていては遅れることがあるために，過去の経験から先に行動し，（準備態勢を整えて）次のアクションを迅速にとっている．

しかしながら，現時点でもこの「両眼視差」や「融像」の脳内のメカニズムについては十分には解明されていない．

c. 運動視差

片眼でも，立体視を行うことができる．先に，眼が2つあるのは片眼が失われても片方が補うことができるためであると述べたが，眼は体が止まっていても常に微動をしている．この結果，網膜に映る像は常に変化をしており，その差分を脳では両眼視差と同じように認識して奥行き情報をとらえている．また，相対的に動くものがあればすべて運動視差としてとらえることができ，立体視が可能となってくる．

カメレオンの眼のように左右別方向に動く動物や，魚やうさぎなどのように眼が顔の両側にあり両眼視差がほとんどとれない動物でも，餌を的確にとらえたり，敵から身を守るために敵の位置や移動方向を迅速にとらえて逃げることができるのは，この運動視差が働いているものと考えられる．

2.2 立体視の前史

a. 描画による立体表現

子どもの絵画の描き方の発達を見ていると，ある年齢になると遠いものは小さくぼやかし，近いものは大きくはっきりと描くようになる．このように遠近法に近い方法で描画する様子は，まさに人間の描画方法の歴史を示しているようにも見える．

約1万8千～1万年前の旧石器時代末期に描かれたアルタミラ（スペイン）や1万5千年前の旧石器時代後期のクロマニヨン人によって描かれていたラスコー（フランス）などの洞窟壁画の動物絵画は実に写実的で，生き生きとしている．その壁画は平面的な描画方法であるが，対象物の大小などでその遠近を表現して

いるように見受けられるだけではなく，その肉付けや動きの表現に躍動感まで感じることができる．見事にその動物達の動きを観察し描画している点で立派な絵画作品となっている．

また，紀元前数千年の古代エジプト絵画や彫刻は，一般的には空間的な表現に乏しいといわれてきているが，上下遠近法，視点を移動してとらえる並列遠近法や累層遠近法などといった手法が使われ，奥行き感を表現している．

また，ギリシア時代の絵画では，透視図法的手法や陰影画法によって遠近感を出している．なお，紀元前 280 年，ギリシアの数学者であるユークリッド（Euclid，生没年不詳，紀元前 3 世紀頃に活躍）が初めて立体視に関して考察したといわれている．これには異論もあるようである．ローマ時代末期には，空気遠近法や色彩遠近法が多く使われるようになってきた．

他方，アジア地域では仏教などの宗教美術（仏教壁画など）に遠近法を使ったものがあり，中国の山水画などでは"三遠法（高遠，深遠，平遠）"と呼ばれる上下遠近法や累層遠近法が確立している．

b. 立体視化現象 (stereomonoscopic phenomenon)

長い廊下，建物や並木が続く街の風景を表現するとき，1 点を定めそこに両側から伸ばした延長線が交わるように描く．このような画法を"線遠近法"または"線透視図法"と呼ぶ．この手法は，奥行き感を出す錯視効果があるため，ヨーロッパではルネッサンス時代にこの手法が盛んに使われた．わが国でも 16〜17 世紀の南蛮美術の中に，この手法が取り入れられ，とくに線遠近法を誇張して描いた浮世絵などを見る"眼鏡絵"や"覗き眼鏡"と呼ばれるビューアがある．

この種のビューアは立体感が強調される．このビューアを使うと両眼視差がないにもかかわらず，かなりはっきりした立体感が得られる．これらは美術館や科学館などで展示されることがしばしばある．

また，奥行き感のある写真や絵画（奥へつながる道や壁）を片眼でしばらく（5〜30 秒）見ていると，両眼で見ているときより奥行き感を感じることがある．また，両眼に同一画像を与えるようにしたビューアで単一画像を見たとき，立体的な画像として感じることがある．

c. 手書き3次元画像

3次元的に物事を表現する方法については，印刷（1450年頃発明）や写真（1839年に発明）の技術の発明に先立って，紀元前280年に既にユークリッドが両眼視差に関する記述をしているとされていることから，その時代に既にその種の画像がなんらかの形で存在していたものと想像される．

その後，様々な画家などによって印刷や写真の技術が開発されながら，かたや手で描写する立体作画もなされてきた．最近では，ダリの手書き立体画が有名である．また，"立体描画機"と呼ばれる立体画を手描きできる装置も開発された．今日では，この種の画像はコンピュータで容易に制作できるようになった．

2.3 裸眼立体方式

最近，裸眼立体視可能な表示方式が，従来の原理をそのままあるいはかなり改善して，液晶やプラズマ表示装置などのフラットディスプレイに応用される例が出てきた．以下にそのうちの代表的な方式をあげて，最近の状況を説明する．

a. 立体写真（ステレオ写真）

私達は裸眼で立体写真を見ることができる．下記に示す方法により，特別のメガネなどを使わないで2つの絵や写真を立体視することができる（図2.1）．

図2.1 (a) は平行法で見る方法である．(b) は (a) と同様であるが，左右の眼に他の画像が見えないように衝立を立てて，より立体視がしやすくしたものである．(c) は衝立の一方に鏡を用意して片方の画像をその鏡に反射させて見る方

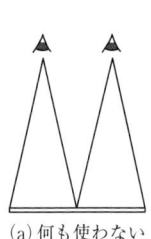

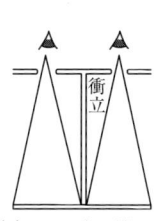

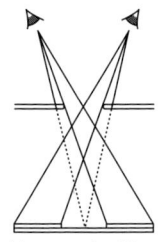

図2.1 立体写真の各種方法

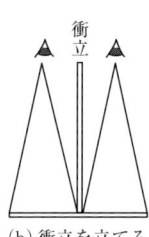

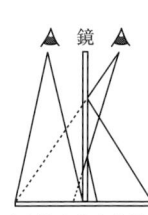

2.3 裸眼立体方式　　　　　　　　　　　　　　　　　13

法で，画像は左右で同方向ではなく，画像が鏡で反転するために裏表にしておく必要がある．(d) は，眼の位置を固定するために眼の部分に穴をあけたものを用意しているケースである．ここに，凸レンズ（フレネルレンズ）やプリズムをつけて，より見やすくしているケースもある．(e) は交差法であるが，慣れた人であればこのような穴をあけた物を使わなくても立体視をすることができる．この場合，上のどれよりも大きな画像を見ることが可能である．

　以上，立体写真の鑑賞方法にも様々な方法がある．一番簡便な方法としてはただ 2 枚の写真を並べて裸眼で立体視をする方法であるが，人によってはなんらかの補助を必要とするために，眼の位置を固定したり，レンズやプリズムを使ったりすることがある．これらは，メガネを使う方式として取り上げられているので，本書ではとくに取り上げない．

　ところで，この種の立体写真はすべて最初からその画像がはっきりわかっているが，ランダムに点や模様を配した画像で，それだけではそこに何が描かれているのか不明であるような立体画像がある．それをランダムドットステレオグラム（Random Dot Stereogram：RDS）と呼ぶ．

　これは，立体視の研究を発展させたベラ・ユレシュ（Bela Julesz）によって開発された．RDS では，ランダムな点を左右画像に同じように配置して，一部だけをずらしてその部分を立体視させようとするもので，融像のメカニズムの仮説を実証するために開発された．その後，ステレオペアにしないで，同一画面上にうまくこの RDS を構成して（この方法をオートステレオグラムと呼ぶ），アート的に利用した書籍が多数出版されるようになった．とくに，1990 年代に日本でブームとなった．

b. パララックスバリア方式

　ステレオスコープもメガネ方式も眼の位置は固定されている．眼の位置が動いてもステレオ対が提示できるようにしたものが，1903 年アイビス（F. E. Ives）が発明したパララックスバリア方式である（図 2.2）.

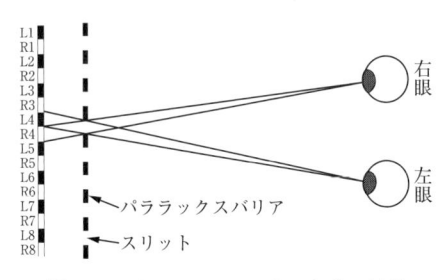

図 2.2　パララックスバリア方式の原理

ステレオ対は縦長に分割して交互に並べる．その手前に，同じ周期のスリットすなわちパララックスバリアを置く．これを適当な距離から見ると，バリアに遮られて左右の眼には別々の画像が提示されるので立体視が生じる．これをパララックスステレオグラム（parallax stereogram）と呼ぶ．構造が簡単なので，現在も広告などによく使われている．

ステレオ対は2枚に限ることはなく，順々に視点を変えた複数の画像を同じように分割して並べ，スリットの幅をそれに応じて狭くすれば，眼の移動に伴って順次に異なる立体画像を見ることができる．これはパララックスパノラマグラム（parallax panoramagram）と呼ばれる．アイビスはこれを直接撮影するカメラもいろいろ工夫しているが，デジタルカメラの普及した今日では普通に撮影された画像からソフトウェアで容易に作製できる．

液晶表示（LCD）ディスプレイを使った裸眼立体表示装置では，パララックスバリアを LCD で生成し，必要に応じてバリアを表示したり消去したりすることができる．通常の画面にする場合は，バリアを消去して高画質画面を見ることができるために，2D と 3D を同一ディスプレイ上に実現できる．また，パララックスバリアの表示は，部分的に必要な部分だけにバリアを表示して，その部分だけを立体表示できる．部分的に協調するような広告など，目立たせる製品の部分だけを 3D にすることなどによって広告効果を上げることができる（図 2.3）．

この方式は，既にパソコンやケータイに使われてきたが，最近では，フォトフレームやゲーム機にも使われるようになってきた．

また，ピクセルごとに 1 ピッチずつずらして，モアレや画像の逆転（奥行き逆

図 2.3　パララックスバリア方式
（富士フイルムホームページ　http://fujifilm.jp/3d/index.html より）

図 2.4　ステップバリア方式

視）現象を軽減することができる方式（ステップバリア方式）も開発されている（図 2.4）．

c. レンチキュラ方式

　パララックスバリア方式の欠点はバリアで光が遮られるので像が暗くなることである．そのためにバックライトによる照明などが必要になる．この欠点を除くためにはバリアの代りに，かまぼこ型の（細長い）レンズを並べた板すなわちレンチキュラ板（lenticular sheet）を用いる方式が考案された（図 2.5）．

　視点によってレンズの焦点位置がずれていくので，それに対応した分割画像を用意すればよい．これも複数枚写し込むことができる．この方式はアイビス自身

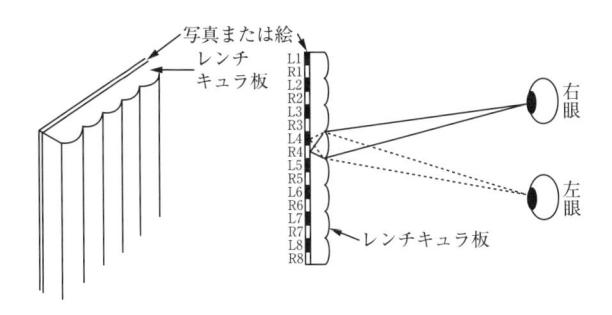

図 2.5　レンチキュラ方式の原理

も実験している．現在ではプラスチック加工技術の進歩により安価で良質なレンチキュラ板が容易に入手できるようになり，画像処理との組合せで広く実用になっている．たとえば観光地などでの立体絵葉書を見たことのある人は多いであろうが，細長いスリット状に縦に並べた画像にあわせてその上にレンチキュラ板をはりあわせてある．

　このレンチキュラ方式は最近，裸眼立体視用として脚光を浴びるようになり，パララックスバリア同様に液晶やプラズマディスプレイの表示装置に使われるようになってきた．また，視点追随型にして，画像の反転などの現象を減らす工夫や，できるだけ大勢が観察できるように画面数を増やしたり，クロストークを軽減するためにダブルレンチキュラスクリーンを使うなど，様々な工夫がなされてきている．

d. インテグラルフォトグラフィ方式

　レンチキュラ方式は1908年リップマン（G. M. Lippmann）が考案したインテグラルフォトグラフィ（Integral Photography：IP）と深い関わりがある．この方式ではかまぼこ型レンズのレンチキュラ板の代りに，微小な円形レンズを敷き詰めたレンズ板を使用する（図2.6）．昆虫のハエの複眼から連想して，ハエの眼レンズ（fly's eye lens）とも呼ばれる．したがってレンチキュラ方式と違って上下の視差も取り込める．逆にいえばレンチキュラ方式はインテグラルフォトグラフィで，上下の視差を省略したものといえる．ハエの眼レンズは製造上の困難からレンチキュラ板に先立つ発明にもかかわらず長く実用にならなかった．またレンチキュラ板の原意はレンズ板であってむしろハエの眼レンズ板をそう呼ぶ方

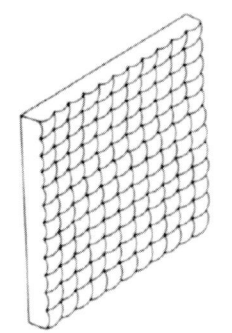

図2.6　インテグラルフォトグラフィ方式

がふさわしい．最近になって精密加工技術の進歩によって，インテグラルフォトグラフィも見直されてきている．

3次元立体印刷として，マイクロレンズを使用した方式がある．この方式は，3Dメガネや特殊な観察方法をとらずに誰でも裸眼で立体視が可能な3Dレンズシートで，360°どの方向から見ても3D効果が得られる．また複数のレイヤに視覚的深度が異なるイメージを形成させ，立体効果をもたらすことが可能である．この方式は屋外広告などでの利用がなされている．

e. 空間像形成

振動鏡などを利用して，各立体画素を実像または虚像で表示することにより空間像を形成することができる．虚像によるものとしては1967年のトラウブ（A. C. Tranb）の方式（バリフォーカルミラー方式）が知られている．金属蒸着したマイラー膜を振動させて可変焦点の鏡をつくり，それに同期したCRT表示を写して空間像を形成する方法である．

その他に，回転鏡や半透明膜を使って複数のCRT表示を合成する方法もある．各立体画素に光ファイバを配して，その端面そのものあるいは蛍光色素を入れた小球を光らせる方法もある．平面に配置したものを回転する方法などがある．このような方式を体積走査方式（volume scanning method）とか，奥行き標本化方式（depth sampling system）と呼ぶ．

このような空間像形成は，観察者の位置が自由な利点があるが，可動部のあるものは残像時間内に画像の形成を行わなければならないので，大きさが制限される．また騒音や振動のおそれもある．また表示も隠れ（occlusion）や陰影表示が困難である．したがって線画や透明体のような比較的簡単な立体像の表示に適している．

医学などの分野では，ボリュームレンダリングされた画像，たとえばCT，MRIなどの画像を立体視して診断の際に利用することがある．これには，表示面積層方式が使われることがある．

なお，産業技術総合研究所／東京大学／慶應義塾大学／（株）バートンの共同開発による空間立体描画技術，（株）日立製作所の開発した360°から立体映像の見える方式などが現在開発されている．

また，映像は立体視できない平面映像であるが，遠いあるいは高い空間に吊る

したり下から支えたりして，観客からある程度の距離をとったところに透明ないしは半透明の布やガラス，アクリル板などに投影すると空間的に浮かんだ画像を構成することができる．

f．ホログラフィ

1948年に，ガボール（D. Gabor, 1900〜1979）は電子顕微鏡における球面収差を避けるために撮像，再生の2段階プロセスを発明した．これは電子線本体と微小物体による散乱線との干渉縞が乾板に撮影される方式である．これを可干渉（コヒーレンス）光で照明すると，干渉縞からの回折によって光と電子線の波長の比だけ拡大された物体の虚像が再生される．この像は，元の物体の像そのものであることから，彼は撮影された像には"すべて（holo）"の情報が含まれているとして，ホログラム（hologram）と名づけた．また再生は波面そのものの再生であるとして，波面再生（wavefront reconstruction）とも名づけた．この再生には可干渉性のよい光源が必要であるが，レーザの出現以前だったので，ガボールは水銀灯をピンホールで絞って用いた．

可干渉性のあるレーザ光の出現により，ホログラムの撮影，再生が容易にできるようになった．しかし当時干渉縞から生じる共役像が再生像に重なってしまう難点があった．1962年リース（E. Leith）とウパトニークス（J. Upatnieks）は2光束法を発明し，反射光で撮影可能にするとともに共役像の方向を変えて再生像に重ならないようにすることができた．

以上の再生像は単色である．1962年デニシューク（Y. Denisyuk, 1927〜2006）は1光束でホログラムを撮影した．ちょうどリップマンのカラー写真のように乳剤層の中に干渉縞が記録される．ただしこの場合物体は裏面に置いてあり，反射面はない．これを白色光で照明すると縞に相当する色の再生像が見られる．撮影をいくつかの波長で行い，それを白色光で照明するとカラーの再生像が得られる．

1968年にベントン（S. A. Benton, 1941〜2003）はレインボーホログラムを発明した．これはまず通常のホログラムをつくって，これを水平のスリットを通して再生して第2のホログラムを撮影する．このホログラムを単色光で再生すると，回折光はスリットの像のあったところに集まってくる．スリットの幅をほぼ人間の瞳に等しくしておいて，そこから見ると，全体の像が見える．スリットは

上下の視差を省いたことになる．これを白色光で再生すると波長によってスリットの像は上下に移動する．したがって目を上下に動かすと，同じ像が虹のように色が変わって見える．それでレインボーホログラムと呼ばれている．

　以上説明してきたホログラムの撮影は乾板を用いていたが，感光性樹脂などを使うと干渉縞を表面の凹凸として記録することができる．これを金型に転写すれば，樹脂で多量の複製ができる．最近では視覚効果からレインボーホログラムを用いることが多く，クレジットカードの偽造防止用などに使われている．

g. 多眼方式・多視点方式

　最後に，最近の裸眼立体表示の開発状況に関して若干触れておく．

　1つのユニット（レンチキュラやパララックスバリアの1つのピッチ［幅］）にどれくらいの画像が埋め込めるか（表示できるか）の技術によって，表示画像の画質が決まってくる．多く入れ込めるほど，画質が荒くなったり画質レベルが落ちるために，画質と表示画像の数には反比例関係があるので，その両者に最適なところでその画像数と画質が決まる．

　ホログラムもある種の多眼方式で，本来のホログラムは上下にも奥行きがあり，きわめて自然に連続の映像を表示できる．しかし，レンチキュラ方式やパララックス方式では，左右にのみ奥行きがあるが上下方向にはない．ホログラムの1つの方式であるレインボータイプのものは上下方向の奥行きを犠牲にしているので類似した方式となる．

　最近，広く研究されている方式に「多眼方式」，「多視点方式」，「多像式」などといわれる方式がある．これは，左右2眼の映像をさらに細かく表示して，連続性のある自然な奥行きを表現しようとするものである．これはレンチキュラやパララックスバリアの後ろの画像をLR（左右）の2画面だけではなく，より細かく表示して，観察者にとっては連続性のある，回り込みのある立体画像を表示することができる．

　まず，多眼（表示）方式（multi-viewing［display］method）では，レンチキュラやパララックスバリアに2画面以上の複数の画像をスリット上に並べて，それを観察者は両目を水平にして，左右に移動して連続した奥行きのある映像を観察することができる．そのレンチキュラやパララックスバリアを垂直に並べるのではなく，若干の傾きをつけて，あるいは液晶などの画素（ピクセル）にあわせ

てステップ状に重ねてモアレや奥行き反転（逆視）を減らしたり，視域を広げるなどの工夫をしている．

また，顔の位置，視点をキャッチするシステム（カメラ入力，磁気センサ，瞳孔抽出など）を導入してその位置に適した表示に切り替える方式で，奥行き反転を減らしたり，視域を広げる方法がとられている．

上下方向にも奥行き感を与えるための工夫はこれまでに様々な方法がとられてきた．レンチキュラやパララックスバリアを直交させる方式，マイクロレンズ（ハエの眼レンズ）を使用する方法などが考案されてきた．

まだ開発段階ではあるが，非常に多数のプロジェクタを使用し大口径のレンズで表示する方法などが考案されている．

h. その他の方式

以上にあげた方式は，実用化されたり話題になっている方式を中心に説明した（図 2.8, 表 2.1）．その他にも，多数の裸眼立体視方式の表示装置およびソフトウェアが開発され，製品化されてきている．そのうちのいくつかをあげる．

1) 凹面（放物）鏡画像（パラボラ）方式
2) モアレ方式
3) 固体内発光方式
4) 結像スクリーン方式：大口径凹面鏡，レンズ透過，ホログラフィックスク

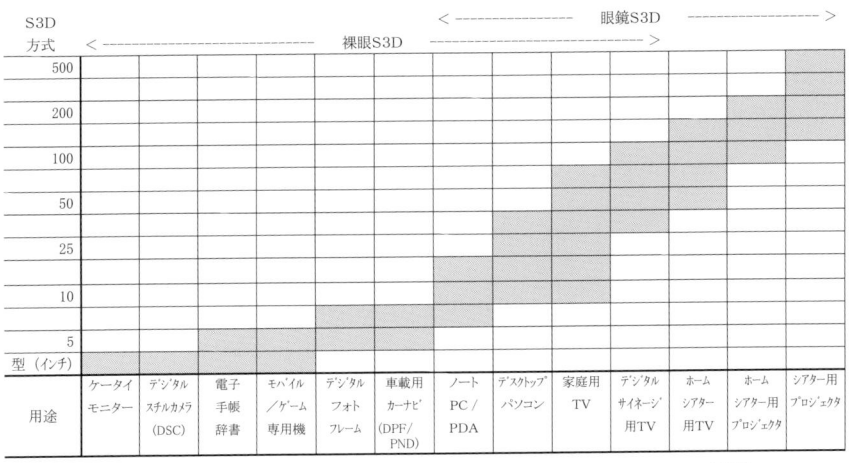

S3D方式 型（インチ） \ 用途	ケータイモニター	デジタルスチルカメラ (DSC)	電子手帳辞書	モバイル／ゲーム専用機	デジタルフォトフレーム	車載用カーナビ (DPF/PND)	ノートPC/PDA	デスクトップパソコン	家庭用TV	デジタルサイネージ用TV	ホームシアター用TV	ホームシアター用プロジェクタ	シアター用プロジェクタ
500													
200													
100													
50													
25													
10													
5													

（上部見出し：左側「裸眼S3D」，右側「眼鏡S3D」）

図 2.8　サイズ別 S3D 表示とその用途（灰色部分が製品化されている領域）

2.3 裸眼立体方式

表 2.1 S3D：方式別特徴

分類		眼鏡式 (stereography)							
名称		ステレオ写真	アナグリフ	カラーコード	分光	直線偏光	円偏光	濃度差	機械式シャッタ
英名		stereophotograpy	anaglyph	color code	infitec	linera ploraizer	circularly p.*1	Pulfrich	mechanical shutter
発明年		1841	1858	1990年代	2006	1852		1922	1922
特徴		ステレオペア（左右に並べた2枚の写真）を裸眼、レンズ、プリズム、鏡などを使って鑑賞。	赤と青などの補色関係の色フィルタを使用して鑑賞。	アンバー（琥珀色）とやや暗めの青フィルタで鑑賞。	RGBを各2つに分けた50層からなるカラーフィルタで鑑賞。	偏光軸が直交する偏光フィルタを左右の眼に装着して、左右画像を分離する。	直線偏光板と1/4波長板を組合わせで装着し、位相をずらす。	片眼に減光するフィルタを装着し、反応時間の差で立体視する。	アルミニウム製のシャッタを高速回転で左右画像を分離してみる。
利点		簡便に裸眼でも鑑賞が可能。また、画像サイズが大きい。離れている場合などは、レンズ、プリズム、鏡を使う。	印刷、映画など様々な用途で利用可能。通常のスクリーンで、フルカラー露覧可能。	映画など様々な用途で利用可能。通常のスクリーンで、フルカラー露覧可能。	特殊なフィルタを使用するために製作費が掛かる。特殊なプロジェクタが必要。	比較的簡便に製造できるため価格が安価となり、無料で配ることもある。	観察者が頭を傾けてもクロストークが起きない。	左右に動く映像にのみ奥行きを感じる。運動速度により奥行き度合いが異なる。	フレームシーケンシャルアクティブシャッタ方式の考え方の最初とみる。
問題点		大画面には向かない。	クロストークや視野闘争が起きやすい。カラーには困難。	少なく色の濃いフィルタを使用するために画面がやや暗くなる。		観察者が頭を傾けるとクロストークが起こると見える。	色によっては左右に入るストロークは完全に分離できないことがある。	静止画には効果はない。運動方向が逆転すると奥行きも逆転する。	投影画像と円盤回転の同期が必要。上映中に音が発生する。
コメント		立体写真は最も古い方式で、この応用がDVDやBD等に採用されつつある。	Trio Scopics方式が DVDやBD等に採用されつつある。	暗いところでの色再現がよく、また2Dでも違和感があまりない。	Dolbyが独自に改良しDolby 3Dを開発。	E. Land が 1929 年に実用化し、立体映画に応用した(1939)。偏光の発見は1808年。	首を傾けてのクロストークが起きないなどの点で普及しつつある。	一般の画像には使用しにくいが、特殊効果を出す目的などに利用できる。	液晶が発達した現在では、使用されることはない。
印刷		○	○	○		○	○		
使用分野	映画		○	○	○	○	○	○	
	TV/PC	○	○				○	○	
	PDA	○	○				○	○	
	ケータイ	○							
	フォトフレーム								
	サイネージ								○

*1 circularly p.：circularly polarizer

2. 裸眼立体映像の基礎

分類	眼鏡式 (stereography)			裸眼式 (autostereograpy)					
名称	液晶シャッタ	HMD	AR (拡張現実感)	バリア	レンチキュラ	インテグラル	ホログラフィ	標本化	輝度変調
英名	LCD shutter	*2		barrier	lecnticular	integral	holography	sampling	DFD *3
発明年	1970年代	1968		1896	1910	1908	1948	1967	2002
特徴	左右交互に表示される画像に同期してシャッタを開閉し、利用。	ゴーグルタイプで視野を覆い、光学系で大画面化可能。	モニタやTVに広く使用されているなどへの展開が可能。	等間隔に並んだスリットを通して左右眼画像を分離。	スリット状レンズ列を利用して左右眼画像を分離。	多数のマイクロレンズアイを通して360°から見られる。	レーザ参照光と干渉させて干渉縞を記録。	移動、回転などの発光面の発光画像をスクリーンに投影して表示。	複数の発光面を積層して表示。
利点	モニタやシャッタに特別なフィルタを必要とせずに、利用可能。	視野を覆うために臨場感を得やすい。また、VRとして位置センサと連動可能。	問題解決のために一体成型やスナップ式バリア方式が採用されている。	バリアの制作が容易であること。また、液晶で表示することが可能。	光を遮蔽するパリアでないため、パリア方式より明るくなる。	観察者の位置(上下左右)に限らず空間像を形成する。	非常に高画質に行えるの画像がありカラー、動画もある。	全方位からの観察や透明体の表現などに向いている。	観察者の見る角度の制約が少なく、逆視が存在しない。
問題点	シャッタ眼鏡の重量や電池が必要で、ある場合は、取扱いにくいうえ、高価。	ディスプレイ自体が重く、圧迫感があり、画面が近視用として光学系必要。	観光地などのハガキなどに使われているが、最近はTVモニタにも使われている。	視点の位置によってはモアレや逆視現象が起こりやすい。	レンズのため固定されている。製造コストが高くなる。	マイクロレンズの制作費が高くなる。	制作が高価なレーザ光が必要。再生に散乱光が多くなり面が見えてしまう。	限られた体積範囲に限定される。横から見ると面が見える。	複数の表示面が必要。横から見ると2重像が見える。
コメント	映画やTVに広く使用されている。					モアレ(干渉)、クロストーク、ボケが非常に生じやすいが、その改善がなされている。	銀塩、ポリマーでは非常に良い画質が得られているが、デジタル画像は開発途上。	医療用、断層写真、航空、宇宙のような透明体の表示に使用されている。	構造が単純である。長時間鑑賞に眼精疲労が少ない。
使用分野 印刷				○	○	○	○	?	?
映画	○			○	○	?	?	?	?
TV/PC	○		○	○	○	○	?	○	○
PDA				○	○	?	?	○	○
ケータイ				○	○	?	?	?	?
フォトフレーム						?	?	?	?
サイネージ						?	?	?	?

○は製品化された(されている)領域、?は未定

*2 HMD : Head Mounted Display
*3 DFD : Depth Fused 3D (奥行き融合型 3D)

リーン
 5）屈折スクリーン方式（投写型）
 6）再帰性反射表示方式
 7）輝度比多重表示方式
 8）バックライト方式
 9）円筒（回転スクリーン）投影立体表示方式
10）超多眼立体表示および高密度指向性表示
　　などがある．

3. パララックスバリア方式

3.1 パララックスバリア方式とは

　パララックスバリア方式は裸眼立体ディスプレイの代表的な方式の1つとして知られている[1]．この方式の裸眼立体ディスプレイは液晶ディスプレイなどフラットパネルディスプレイとの相性がよく，現存の他方式に比べ最もシンプルでコストパフォーマンスが高いため，ゲーム機，テレビ，デジタルサイネージ，携帯電話，デジタルカメラなど様々な分野において商品化が進んでいる[2~6]．

　パララックス（parallax）とは，同じ物体を異なる位置で見るとき異なる画像として見えていることを指し，視差とも呼ばれている．人間は，左右の眼が6.5 cm程度離れているため同じ物を見ていても異なる画像として見え，これら視差のある2つの画像を脳の中で合成することにより立体画像として認識している．

　パララックスバリア（parallax barrier）とは，視差を生じさせるために周期状に形成された障壁であり，一般的には垂直方向に入った連続の細かいスリットを意味する．視点を変えて撮影した複数の異なる視差画像を縦に細長く分割し，ストライプ状に交互に合成した平面画像をパララックスバリアを通して見るとき，左右の眼に異なる視差画像が見える裸眼立体表示方式がパララックスバリア方式であり，視差バリア方式とも呼ばれている．

　図3.1に2視差パララックスバリア方式の表示例を示す．この方式では左眼用の視差画像を表示する奇数の画素列と，右眼用の視差画像を表示する偶数の画素列で形成した合成画像の手前（約十数ミリの間隔）にパララックスバリアを配置する．パララックスバリアにより，奇数の画素列で形成した左眼用の視差画像を左眼位置，偶数の画素列で形成した右眼用の視差画像を右眼位置に分離することができ，画像が立体的に見えるようになる．

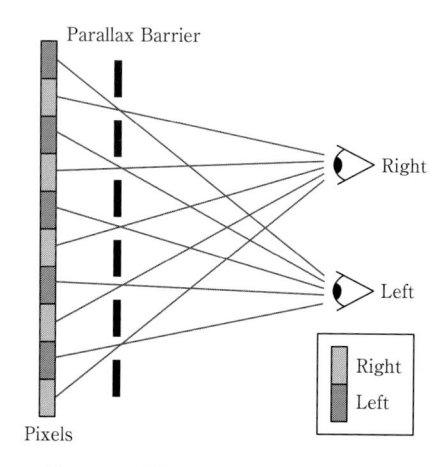

図3.1　2眼視パララックスバリア方式

3.2　パララックスバリア方式の問題点と解決策

　図3.1において，観察者の右眼がRightピクセル，左眼がLeftピクセルを見ることで立体視が成立し，両眼が少し左右に移動してもそれらのピクセルが見え，立体視が崩れない．この領域を立体画像の観察領域（正視領域）と呼ぶ．2眼視パララックスバリア式の場合は眼間距離の2倍以下であり，非常に狭い．観察領域を超えると右眼にLeftピクセル，左眼にRightピクセルが見え，左右眼には逆の視差像が見えることになり，凹凸が逆の立体像が見える「逆視」の現象が発生することにより，正しい立体視ができなくなり，観察者は視覚的にいやな気分になる．

　観察領域を広げる手法の1つは，より多くの視点を観察側に提供する方法がある．図3.2に示されたのは三洋電機（株）が開発した4眼視パララックスバリア方式裸眼立体ディスプレイである[7]．この方法は横方向に連続の4視点で撮影した4つの視差画像を用いて合成画像を形成し，液晶ディスプレイに表示することにより横方向に連続の4視点の立体動画表示を実現した．4視点を観察側に提供することで，横方向においては正視領域を逆視領域の3倍に広げることができ，観察自由度が高くなる．より多くの視差を提供できるパララックスバリア方式の例として，図3.3に示された4D-Vision社が開発した8視差パララックス方式裸眼立体ディスプレイ[8]，図3.4に示された筆者らが考案した2次元パララック

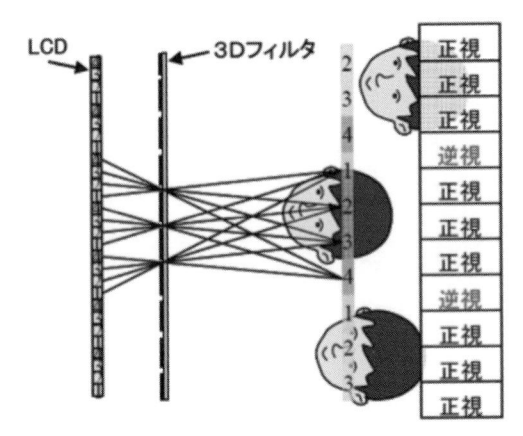

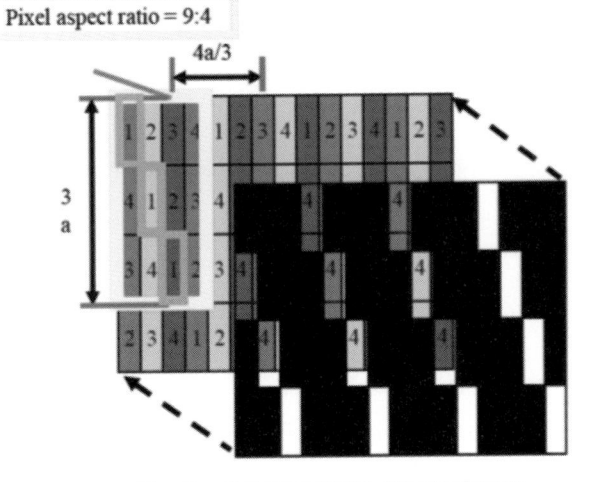

図 3.2 三洋電機（株）が開発したパララックスバリア式裸眼立体ディスプレイ

スバリアに基づいて開発した 16 眼視パララックス方式裸眼立体ディスプレイ[9]などがある．これらの裸眼立体ディスプレイは眼間距離より小さい間隔で視差の小さい多数の視点を観察側に提供することにより，観察者に連続な視差を与えて

3.2 パララックスバリア方式の問題点と解決策

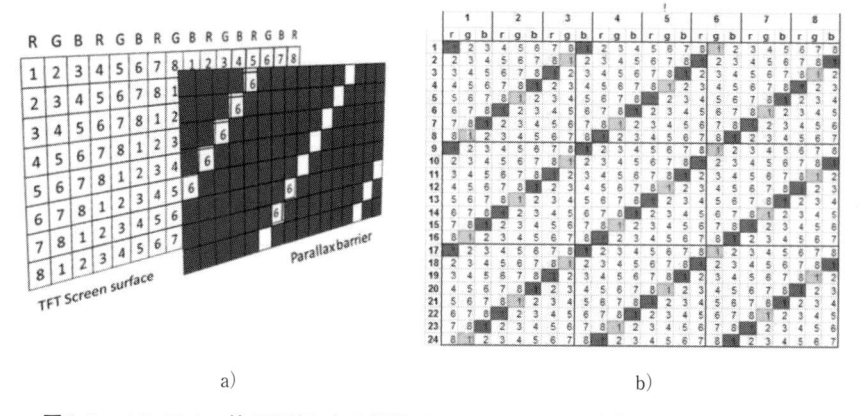

a)   b)

図 3.3　4 D-Vision 社が開発した 8 眼視パララックスバリア式裸眼立体ディスプレイ

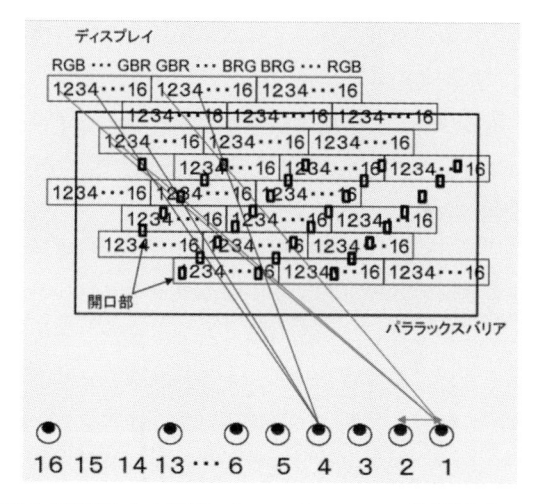

図 3.4　筆者らが開発した 16 眼視パララックスバリア式裸眼立体ディスプレイ

いる．つまり，右眼に 2 視差目，左眼に 5 視差目が入るように設計しても，観察者の移動で，右眼が 2 視差目と 3 視差目の境界，左眼が 5 視差目と 6 視差目の境界に入り，片眼に隣接する 2 つの視差画像が同時に見えても，隣接する視差画像の視差が小さいため，2 重像などの違和感が少ない．しかし，図 3.3 と図 3.2 を比べればわかるが，多視差の場合には，視差が多ければ多いほどパララックスバリアのスリット開口率が下がるため，立体画像が暗くなり，解像度も低下する．

　図 3.2 や図 3.3 のパララックスバリアは図 3.1 のパララックスバリアと異な

り，開口部が斜めに配置されている．これは液晶ディスプレイのカラー表示方式に対応するためである．一般的なパララックスバリア方式の立体表示は原理的にディスプレイ横方向の解像度を犠牲にすることにより成り立っている．図3.1に示す2眼視の場合は横方向の解像度が半減し，そのまま9眼視にすると，横方向の解像度が1/9に低減する．図3.2の画素部に示されたように液晶ディスプレイでは，フルカラーの1画素が赤・緑・青の3つの縦長のサブ画素を横方向に並べて形成されている．これはパララックスバリア方式にとっては好都合である．なぜなら，これら隣接する3つの縦長のサブ画素にそれぞれ異なる視差画像を表示すれば，横方向に画素ではなくサブ画素で視差画像を表示することができるので，9眼視でも横方向の解像度低減は1/3で済むことになる．しかし，この場合スリットを垂直に配置すると，1つのスリットには同じ色のサブ画素が入り，ディスプレイの色サブ画素の色もスリットを通して見える色も横方向に周期的に繰り返され，色モアレが生じることにより，クリアな画像を見ることができなくなる．そこで，斜めにスリットを配置すれば，隣接行の左右列にある異なる色のサブ画素が同一スリットに入り，1スリットでフルカラーの表示が可能となり，色モアレが解消される．

　パララックスバリア方式では，多眼視にすることで観察領域を広げることができ，連続な視差像も提供できる．しかし，パララックスバリア方式では多眼視にするほど遮光する割合が上昇し，画面が暗くなる．また，多視差の画像を同時に表示する必要があるため，多眼視にするほど3D画像の分解能が低下する．さらに，明るさや分解能の低減の問題により提供可能な視点数に限界があり，逆視領域をなくすことができず，多眼視では逆視の問題を改善できるが解決することはできない．これらの問題を解決する有力な手段の1つは観察者トラッキングである．図3.5に示されたのはニューヨーク大学の研究グループが提案した観察者をトラッキングするパララックスバリア方式である[10]．この方法は，バリアの開口位置を高速にスキャンさせるとともに，観察者の両眼位置を検出するものである．検出された観察者の両眼位置とバリアの開口位置に従って，最適な視差像をリアルタイムで配置することにより，逆視のない広い視域を得ることができる．また，三洋電機（株）も観察者の眼に合わせてバリアをシフトさせるパララックスバリア方式を提案した[11]．この方法はバリアを高速にスキャンする必要がないが，ニューヨーク大学の方法と同様1人の観察者しか対応できない問題があ

図 3.5 ニューヨーク大学が開発したパララックスバリア式裸眼立体ディスプレイ

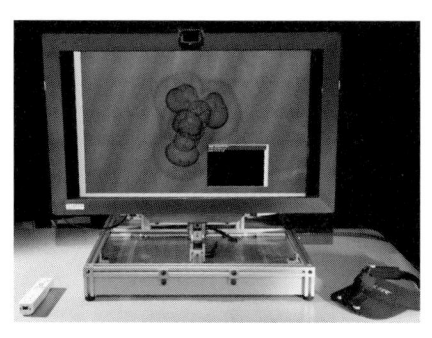

図 3.6 イリノイ大学が開発したパララックスバリア式裸眼立体ディスプレイ

る．さらに，イリノイ大学の研究グループは上記の観察者をトラッキングするパララックスバリア方式を改良したシステムを提案した（図 3.6）[12,13]．このシステムでは上記同様パララックスバリアのスリット開口位置を移動させるが，2人の観察者に対応可能であり，2D/3Dの画面切替えも可能である．

観察者トラッキングをよりシンプルな構成で実現させるため，筆者らは従来のパララックスバリアを用いて，2人の観察者をトラッキングするパララックスバリア式裸眼立体ディスプレイを開発した[14]．この方法は観察者トラッキングなしの多眼視パララックスバリア方式に比べて明るさや分解能が高く，バリアのスリットを移動させる観察者トラッキングありのパララックスバリア方式に比べ，より低コストで逆視が生じない広視域裸眼立体ディスプレイを実現できる特徴がある．しかし，立体テレビで観察者をトラッキングするパララックスバリア技術を用いるには，より多くの観察者に対応させることが課題となる．

3.3 パララックスバリア方式の設計・試作

筆者らが提案した観察者をトラッキングするパララックスバリア式裸眼立体ディスプレイを例にパララックスバリア方式の設計・試作について説明する．

パララックスバリア方式では視差数が多ければ多いほど立体画像の分解能が低減するため，3つの視差像を用いて2人の観察者をトラッキングする．

a. 視差像の表示

パララックスバリア開口部1つに対して3つの視差画像を対応させ,観察者トラッキングで2人の観察者に対応させる視差像表示方式は次の2つが考えられる.

視差像表示方式（1）: 視差像表示方式（1）ではディスプレイで表示する3つの視差（a, b, c）に対して視差画像3枚（ⅰ, ⅱ, ⅲ）を用い,図3.7のように2人の観察者が静止している状態では,観察者1は左眼に視差画像ⅱ,右眼に視差画像ⅲ,観察者2は左眼に視差画像ⅰ,右眼に視差画像ⅱを見るように3視差画像を並べれば,共に立体視可能となる.しかし,観察者1が右に動いた場合,観察者をトラッキングしていなければ観察者1は左眼に視差画像ⅲ,右眼に視差画像ⅰというように見る画像が左右逆になり,立体視はできない.そこで観察者1は左眼に視差画像ⅰ,右眼に視差画像ⅱ,観察者2は左眼に視差画像ⅱ,右眼に視差画像ⅲを見ることになるように表示する視差画像の並びを替えると,2人の観察者が共に立体視できるようになる.また観察者2が左に動いた場合も同様にして,逆視がなくなるように観察者1は左眼に視差画像ⅰ,右眼に視差画像ⅱ,観察者2は左眼に視差画像ⅱ,右眼に視差画像ⅲを見ることになるようにディスプレイに表示する視差画像の並びを替えると,2人の観察者が立体視可能となる.よって,画像表示方式1では3視差画像のみで,観察者トラッキングにより3視差画像を観察者位置に応じて並び替えることで,2人の観察者は常に逆視のない立体視ができる.

視差像表示方式（2）: 視差像表示方式（2）では観察者1の観察位置に応じた分だけ視差画像を用意しておき,図3.8のように2人の観察者が静止している状態では,観察者1は左眼に視差画像2,右眼に視差画像3,観察者2は左眼に視差画像1,右眼に視差画像2を見るようにすれば,2人の観察者は共に立体視できる.観察者1が左に動いた場合,3枚の視差画像を用いているので観察者1は左眼に視差画像1,右眼に視差画像2を見ることになり立体視可能である.しかし,観察者1が右に動いた場合,観察者トラッキングをしていなければ,観察者1は左眼に視差画像3,右眼に視差画像1を見ることになり画像が左右逆になり,立体視はできない.そこで観察者1に対応するように使用する視差画像を3, 4, 5に切り替えれば,観察者1は左眼に視差画像3,右眼に視差画像4を見ることになり,観察位置に応じた運動視差のある立体視ができるようになる.ま

3.3 パララックスバリア方式の設計・試作

図 3.7 視差像表示方式 (1)

観察者の状態	視差画像			観察者1		観察者2	
	a	b	c	左眼	右眼	左眼	右眼
二人とも静止	i	ii	iii	ii	iii	i	ii
観察者1が右移動	ii	iii	i	i	ii	ii	iii
観察者1が左移動	i	ii	iii	iii	i	i	ii
観察者2が左移動	iii	i	ii	ii	iii	iii	i
観察者2が右移動	i	ii	iii	ii	iii	ii	iii

図 3.8 視差像表示方式 (2)

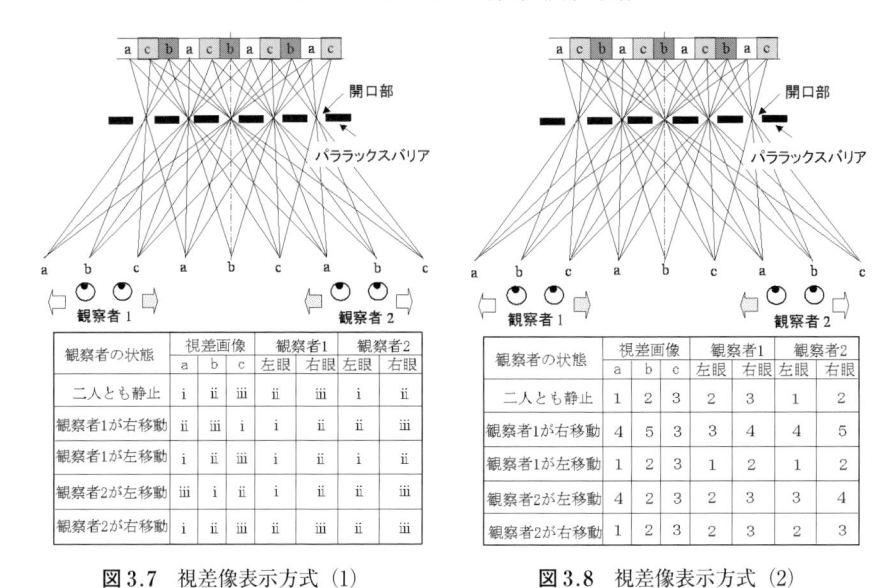

観察者の状態	視差画像			観察者1		観察者2	
	a	b	c	左眼	右眼	左眼	右眼
二人とも静止	1	2	3	2	3	1	2
観察者1が右移動	4	5	3	3	4	4	5
観察者1が左移動	1	2	3	1	2	1	2
観察者2が左移動	4	2	3	2	3	3	4
観察者2が右移動	1	2	3	2	3	2	3

た同様にして観察者2が左に移動した場合も，逆視がなくなるように観察位置に応じて使用する3視差画像を2, 3, 4に切り替えれば，静止している観察者1は観察者2の移動によらず，左眼に視差画像2，右眼に視差画像3というように同じ画像を立体視でき，観察者2は左眼に視差画像3，右眼に視差画像4を見ることになり，常に逆視がなく立体視ができる．よって，画像表示方式 (2) では観察者トラッキングにより1人が観察位置に応じたフル運動視差のある立体視ができるだけでなく，もう1人の観察者も限られる運動視差を有し，常に逆視のない立体視ができる．

視差画像の撮影・3視差合成画像の作製法： 視差画像を撮影する際に，カメラ移動による撮影誤差をできるだけ抑えるため，撮影対象物を回転台に乗せ，実際に対象物を観察しているのと同じ条件となるように回転台を回転させることで視差画像をリモート撮影した．また作製した視差画像はパララックスバリア方式に適用できるように，その中から3枚の視差画像を用いて合成した．その際，対象物体が中心にくるように構成する視差画像のうち必要な画素座標以外を間引きし，それぞれピクセルごとに縦ストライプとして順に配置して3視差合成画像を作製した．

b. 観察者トラッキング

図3.9に観察者トラッキングプログラムの流れを示す．観察者トラッキングにCCDカメラによって撮影される最適観察距離付近にいる観察者のカメラ画像上の黒眼座標を利用する．プログラムでは，まず画像処理により黒眼となる候補を求め，黒眼判定として黒眼候補数が4つの場合は，観察者2人に対するトラッキングならびに画像表示を行い，3つまたは2つの場合は，観察者が1人の場合としてトラッキングならびに画像表示を行う．

図3.10に実際のプログラム上での黒眼検出について観察者が2人の場合を例にして画像処理の流れを説明する．黒眼判定から黒眼候補数が4つ以上の場合，まず観察者それぞれに対して誤検出を防ぐ探索範囲の絞込みを行う．続いて探索範囲内で観察者の黒眼が残るように設定した閾値から2値化画像をつくり，収縮・膨張によりノイズを除去する．その後，ラベリングを行い黒眼の面積と眼間距離を算出し，面積・距離判定から一定の値にある要素だけを取り出し，黒眼を検出する．そして検出された黒眼座標から求まる眼間中心を観察者位置と考え，その観察位置にふさわしい3視差合成画像をa項で述べた画像表示方式に基づき表示することで，観察者はパララックスバリアによって右眼と左眼に分けられた視差画像を見て立体視ができる．また一度観察者の黒眼を検出できていれば，そ

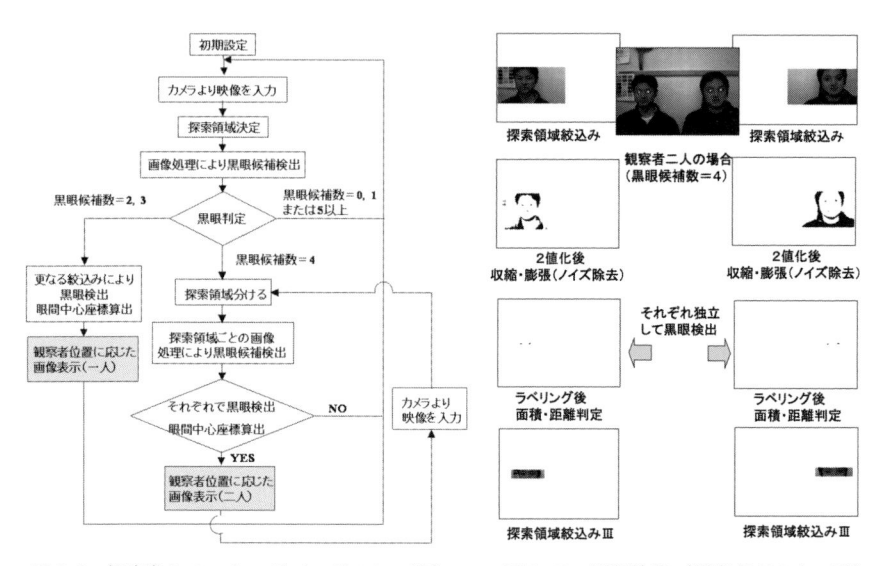

図3.9　観察者トラッキングプログラムの流れ　　図3.10　黒眼検出（観察者が2人の時）

の周辺を探索領域とすれば,誤検出防止とトラッキング処理の時間短縮ができる.

c. 立体ディスプレイの設計・試作

観察者トラッキング型立体ディスプレイを実現するに当たり,最適観察距離とパララックスバリアピッチを設計し,クロストークが極力抑えられるように開口部比率を決定する必要がある.今回の試作立体ディスプレイでは液晶パネル上部に取り付けた CCD カメラから観察者トラッキングをする際,観察距離が画面にあまり近すぎるとトラッキング範囲が狭まるという点と視野闘争の影響が大きく,眼が疲れやすいという観点からディスプレイ面とパララックスバリア間にアクリル板を入れることで距離を広げ,最適観察距離を遠くに設定することにした.表 3.1 に試作した立体ディスプレイの構成,図 3.11 に表示された画像を示す.

1) 最適観察距離とバリアピッチの最適化: 図 3.12 (a) において E を眼間距離（$=65\,\mathrm{mm}$）,L を液晶パネルの水平画素ピッチ（$=0.2415\,\mathrm{mm}$）,A を最適観察距離,D_1 を液晶パネルのガラス基板と偏光板の厚さの合計（$=1.5\,\mathrm{mm}$）とする.

液晶パネル上の偏光板の厚さはガラス板に比べて非常に薄いので n_1 をガラス

表 3.1 試作立体ディスプレイの構成

構成パーツ	仕　様
CCD カメラ	1/4 インチ CCD レンズ F3.8（f=4.5～50 mm） 分解能 640×480　汎用　NTSC 出力
アクリル板	横 285 mm × 縦 385 mm × 厚み 3 mm
パララックスバリア	OHP 透明フィルム（A4 210 mm×297 mm×0.10 mm）にプリンタ（EPSON PM 970 C 解像 2880 dpi×2880 dpi）を用いてバリアを黒色印刷
画像表示用 LCD	iiyama AU4831D Pivot Software により縦に回転して使用 対角 48 cm（19 インチ） 画素ピッチ 0.2415 mm × 垂直 0.2415 mm 解像度 1200×1600（最大） 最大表示範囲　水平：289.8 mm　垂直：386.4 mm
PC	CPU Intel Pentium Ⅳ 1.8 GHz

図3.11 試作立体ディスプレイの表示画像

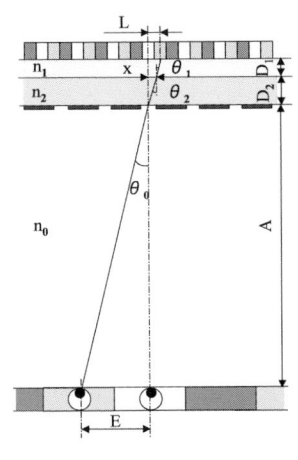

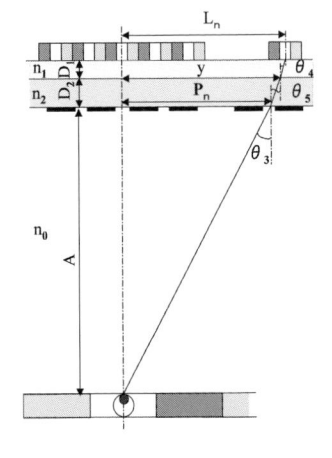

(a) 最適観察距離

(b) パララックスバリアピッチ

図3.12 パラメータの算出

の屈折率（＝1.5）と考え，n_0 を空気の屈折率（＝1.0），D_2 をアクリル板の厚さ，n_2 をアクリル板の屈折率（＝1.492），x を屈折面でのディスプレイ中心線から隣の画素を出る光線が屈折する点までの距離とおくと，スネルの法則と三平方の定理より

$$n_1(L-x)\big/\sqrt{(L-x)^2+D_1^2}=n_2 x\big/\sqrt{x^2+D_2^2} \tag{3.1}$$

$$n_2 x\big/\sqrt{x^2+D_2^2}=n_0 E\big/\sqrt{E^2+A^2} \tag{3.2}$$

が成り立つ．

よって式 (3.1)，(3.2) から 1 mm 単位で D_2 をそれぞれ決めると，最適観察距離 A は表 3.2 のように求まる．また，観察距離 A において両端の液晶パネルの対応する画素が集光する場合を考えるとパララックスバリアピッチが求まる．

3.3 パララックスバリア方式の設計・試作

表3.2 アクリル板厚さによる最適観察距離とバリアピッチ

ディスプレイ面とパララックスバリア間距離(D_2)	最適観察距離(A)	パララックスバリアピッチ(P)
1.0	446.94	0.72188
2.0	628.09	0.72185
3.0	808.90	0.72184
4.0	989.56	0.72183

単位：[mm]

図 3.12 (b) において L_n は視差画像が集光する画素のディスプレイ中心から最端までの対応する画素間距離，y は屈折面でのディスプレイ中心線から最も外側の画素を出る光線が屈折する点までの距離，P_n は中心にあるパララックスバリアの開口部中心から一番外側の開口部中心までの距離とすると

$$n_1(L_n-y)\Big/\sqrt{(L_n-y)^2+D_1^2}=n_2(y-P_n)\Big/\sqrt{(y-P_n)^2+D_2^2} \tag{3.3}$$

$$n_2(y-P_n)\Big/\sqrt{(y-P_n)^2+D_2^2}=n_0P_n\Big/\sqrt{P_n^2+A^2} \tag{3.4}$$

が成り立つ．

さらに，このとき表示できる横方向の画素数は 1,200 ピクセルであり，3 視差画像を構成する 3 ピクセルは中心から片側だけで 199 セットあるので

$$P=P_n/199 \tag{3.5}$$

が成り立ち，式 (3.3)～(3.5) からそれぞれについてパララックスバリアピッチ P が求まる（表 3.2）．

今回の試作立体ディスプレイでは OHP フィルムにバリアパターンをプリンタで印刷し，パララックスバリアとした．しかし，印刷には現在市販されているプリンタで，算出したバリアピッチに一番近い値が印刷できるプリンタを用いたが，実際に測定し作製できたパララックスバリアは $P=0.72254$ mm であった．そのため，試作立体ディスプレイではこのバリアピッチに合わせて最適観察距離を設計しなくてはいけなく，$P=0.72254$ mm から式 (3.3)～(3.5) を用いて最適観察距離 A を求めると表 3.3 のようになり，このときの最適観察距離 A の変化を式 (3.1)，(3.2) に代入すると E は 1 つの視差画像が集光する領域幅として眼間距離 65 mm より大きくなった（表 3.3）．

試作立体ディスプレイでは D_2 の値を変えても，集光領域幅は使用できるバリアパララックスバリアに依存してしまうため眼間距離 65 mm より大きくなって

表3.3 バリアピッチによる最適観察距離と集光領域幅

パララックス バリアピッチ(P)	ディスプレイ面と パララックス バリア間距離(D_2)	最適観察距離 (A)	視差画像 集光領域幅(E)
0.72254	1.0	605.67	88.08
0.72254	2.0	833.24	86.23
0.72254	3.0	1090.97	87.67
0.72254	4.0	1325.39	87.06

単位：[mm]

しまう．そこでトラッキング範囲と視野闘争の影響を考慮し，最適観察距離が1,000 mm 付近にくるように $D_2=3$ mm のアクリル板を用いることにした．よって試作立体ディスプレイではパララックスバリアピッチ P は 0.72254 mm，最適観察距離 A は 1090.97 mm，1つの視差画像が集光する領域幅 E は 87.67 mm となる．

2) 開口部の最適化： 算出した最適観察距離とバリアピッチに基づき試作した立体ディスプレイにおいて3つの視差画像のうち1つに青色画像，残り2つに黒色画像を用いて片眼に青色画像が集光していればディスプレイ全面が青色に見えることを利用し，バリア開口部の比率をいろいろ変えてバリア開口部の最適化を行った．

今回の試作立体ディスプレイでは開口部の比率をバリアピッチの1/3から1/7まで変えたものを作製し観察したが，明るさについては十分明るく問題はなかった．しかし，市販のプリンタでパララックスバリアを印刷したため，1/3ではクロストークが発生しないようにバリアの位置を合わせることが困難であった．また1/7では画面を観察する際，バリアが目障りになってしまった．そこで，画面を観察する際のクロストークがないことを一番に考え，開口部をバリアピッチの1/6とした．

3) 理論視域： 図3.13に試作立体ディスプレイにおける集光領域と理論視域を示す．それぞれの視差画像（a，b，c）についての集光領域はディスプレイに表示できる最端部のそれぞれの視差画像上の画素の両端から出た光線がパララックスバリアの開口部を通って交差することを考えると，図の実線で囲まれた領域（白色）のように求まる．

試作立体ディスプレイでは観察者トラッキングにより観察位置で見える視差画像は最適なものに切り替わり，最適観察距離 1,090.97 mm において左右の集光

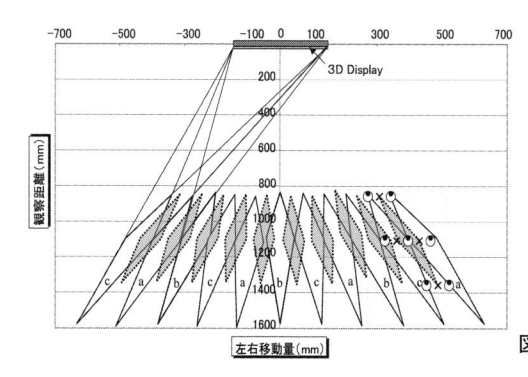

図 3.13 　集光領域幅と理論視域

幅が 87.67 mm と最大になる．また，観察者の両眼が別々の視差画像集光領域内にあれば，両眼視差により観察者は立体視ができるので立体視限界位置での観察者の眼間中心位置を ×印でプロットすると観察者が立体視できる理論視域が求まり，図 3.13 では点線で囲まれた領域（灰色）が理論視域を示す．

d. 実験および考察

1) 視域測定実験： 理論視域と実際の視域を比較するため視域測定実験を行った．正確な視域測定を行うためトラッキングをせず，観察位置に応じた画像表示を手動で行い，立体視域を測定した．その際，理論視域は中心軸に対し左右対称なので，視域測定実験は右半分で行った．測定は 4 人の被験者（20 代から 40 代の男子）に対し，観察者は頭部を移動可能な衝立に載せ，理論視域範囲内の 900 mm から 100 mm ごと観察距離一定の状態において左右の立体視限界位置を測定点として記録し，グラフにした（図 3.14）．この結果から多くの被験者で理

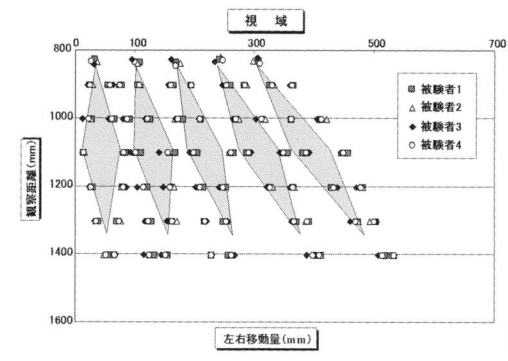

図 3.14 　実測視域

論視域外に立体視限界位置があり，中心部では理論と測定値の位置関係はほぼ同じだが端部では外側にずれていることがわかる．

これは被験者が実際に画像が立体に見えると認識した立体視域は理論視域ほど厳密ではなく，周辺部に2重像やクロストークがある程度見えても立体と感じるため広がったものと思われる．また被験者によってデータにばらつきが見られるのは，被験者によって眼間距離が微妙に異なっている点と立体感覚が異なるためと思われる．

2) 主観的評価実験： 観察者トラッキングによって観察者位置にふさわしい画像を表示した際の観察者の立体視を，主観的に評価する実験をa項で述べた2つの画像表示方式それぞれに対して行った．評価の際，被験者にはできるだけ同じ観察条件と評価基準で評価してもらうため，観察条件1として「観察者1が静止し，立体視を確認している時点で観察者2が右から最適観察距離付近にゆっくりと入ってきて観察後，ゆっくりと右から出ていく」，観察条件2として「観察者2が静止し，立体視を確認している時点で観察者1が左からゆっくりと入ってきて観察後，ゆっくりと左から出ていく」というように観察条件を設けた．また評価基準については「画像切替えによる違和感」つまり逆視がないかについて，「それ以外の違和感」つまり画像に2重像やクロストークはないかについて評価してもらうことにした．実験は4組（20代から40代の男子計8名）の被験者をトラッキングしながら観察位置に応じた画像を表示し，観察条件と評価基準に基づき，違和感を感じる，感じないを5段階で評価してもらった．

図3.15のグラフは総数に対する評価数の割合をまとめたグラフである．画像表示方式1については上2つ，画像表示方式2については下2つのグラフがその結果を示しており，グラフの割合が高いほど立体視に際し，違和感がないことを示している．実験結果から2人の観察者は共に画像の切替えによる違和感をほとんど感じていないので，逆視領域がなく立体視可能であることがわかる．また本システムではトラッキングにかかる処理時間は約0.45秒であったが，十分観察者に対応していることもわかる．しかし，この実験結果において両方式ともに「画像の切替え以外の違和感」を感じる被験者がいた．その違和感の中で立体感を得られなかった原因としては，今回の試作立体ディスプレイではパララックスバリアパターンをプリンタによりOHPフィルムに印刷したものを用いたが，必要とする精度のパララックスバリアを現在市販されているプリンタでは作製する

3.3 パララックスバリア方式の設計・試作

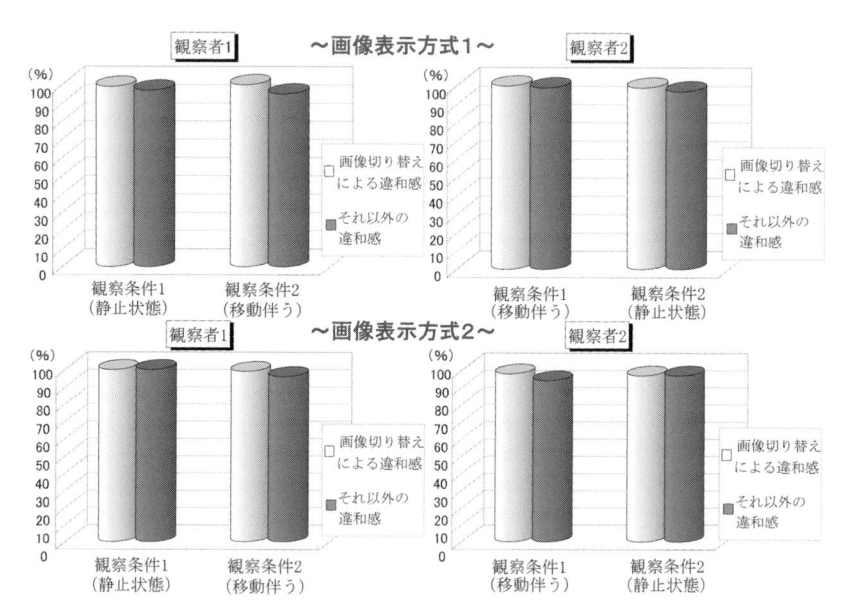

図 3.15 観察者による主観的評価

ことができなかったため，最適観察距離上において観察者の両眼に1つの視差像が集光してしまう領域が存在し，観察する画像が2D画像になってしまったからだと考えられる．これによって移動中の観察者は不連続の3次元画像を見ることになり，移動しない観察者は位置によって立体像が見えない場合がある．この観察特徴は，従来のパララックスバリアの最適観察距離の前後位置で観察した3次元画像とほぼ同じであるが，最適なバリアピッチを高精度に印刷することにより解決できると考えられる．試作した立体ディスプレイでは，視域測定実験と主観的評価実験から2つの画像表示方式において切替えによる違和感がほとんどなく，2人の観察者対応が可能であることを確認した．

本章では，パララックスバリア方式の裸眼立体表示技術について述べた．パララックスバリア方式は液晶ディスプレイなどフラットパネルディスプレイと相性がよく，小型化や大型化が容易，シンプルでコストパフォーマンスが高いなどの特長を有しているため，最も実用化が進んでいる方式の1つとしてよく知られている．しかし，この方式では，視差像を表示する液晶ディスプレイの前にパララ

ックスバリアを設置する必要があるので，画像の輝度が低下してしまう問題がある．また，液晶ディスプレイの表示面に複数の視差画像を同時に表示する必要があるので，多視差表示の場合の3次元画像の解像度は液晶パネルの解像度より著しく低下する問題もある．さらに，正しく立体画像が見られる観察領域が狭く，逆視が発生する問題もある．これらの問題を解決するには，観察者トラッキングが有効な手段となる．しかし，立体テレビなど実用性を考えるとより多数の観察者に対応する必要がある．

参 考 文 献

1) 大越孝敬（1991）：三次元画像工学，朝倉書店
2) D. S. Kim, S. Shestak, K. H. Cha, S. M. Park, and S. D. Hwang(2009)：Time-sequential autostereoscopic OLED display with segmented scanning parallaxbarrier, *Proc. SPIE*, 7329, 73290U-7
3) 平　和樹，福島理恵子，最首達夫，永谷広行，平山雄三（2006）：インテグラルイメージング方式による立体表示とその応用，電子情報通信学会技術研究報告．EID, 電子ディスプレイ, **106**(338), 27-32
4) 佐伯真也（2010）：「ニンテンドー3DS」が離陸—3D対応機普及の試金石に，日経エレクトロニクス，**1043**, 51-56
5) 榊原　康（2011）：高機能でアップル対抗　スマートフォン，3Dなど競う，日本経済新聞，2011/2/15
6) COCO MASTERS（2009）：Fujifilm's New Dimension, TIME, 2009/7/20
7) 増谷　健，安東孝久，金山秀行，高橋秀也（2008）：ステップバリア方式立体ディスプレイ，映像情報メディア学会誌，**62**(4), 606-610
8) A. Schmidt, A. Grasnick（2002）：Multiviewpoint autostereoscopic dispays from 4D-Vision GmbH, *Proc. SPIE*, **4660**, 212-221
9) 包　躍，長崎圭太，宝専秀幸（2007）：裸眼立体ディスプレイ—2次元パララックスバリアを用いて立体画像の分解能を高める，画像ラボ，**18**(12), 17-21
10) K. Perlin, C. Poultney, J. Kollin, D. Kristjansson, S. Paxia（2001）：Recent Advances in the NYU Autostereoscopic Display, *SPIE Proceedings*, **4297**, 196-203
11) 竹本賢史（2002）：分割シフトバリア方式メガネなし立体ディスプレイ，映像情報メディア学会技術報告，**26**(27), 49-54
12) T. Peterka, R. L. Kooima, D. J. Sandin, A. Johnson, J. Leigh, T. A. DeFanti（2008）：Advances in the Dynallax solid-state dynamic parallax barrier autostereoscopic

visualization display system, *IEEE Trans Vis Comput Graph*, 14(3), 487-499

13) D. Chau, B. McGinnis, J. Talandis, J. Leigh, T. Peterka, A. Knoll, A. Sumer, M. Papka, J. Jellinek (2012): A simultaneous 2D/3D autostereo workstation, *Proc. SPIE*, 8288, 82882N

14) 包 躍，服部晋也（2003）：パララックスバリアを用いた複数観察者トラッキング型立体ディスプレイ，画像電子学会誌, 32(5), 667-673

4. レンチキュラ方式

4.1 レンチキュラ方式の歴史的背景および市場

　メガネなど特別な器具を使わずに裸眼で立体視できる方法の1つにレンチキュラ方式がある．この方式が発表されたのが20世紀初頭の1903年[1~3]および1918年[4]であり，これらが本技術の起点となっている．

　初期のアメリカ製品の例としては，1964年頃から商品名「Xograph」[1]として，ポストカード，グリーティングカードなど数多く市販されている．

　日本の最初の製品は1960年凸版印刷（株）によって生産されたものであろう．その後，1980年代に向かってPOP広告，ポストカードなど数多く生産され，現在に至っている．

　1970年に開催された大阪万国博覧会では，フランス館にボネースタジオからレンチキュラ3D製品が展示されている．また，ソ連館では放射状レンチキュラスクリーン[1,2]を使用した立体映画が上映されている．

　また1970年代に入り，カナダで「NIMSLOシステム」が発表され，4眼式のステレオカメラが発売されている．そして，撮影されたフィルムからレンチキュラ3D製品に仕上げられている．その後，日本にも上陸しているが自然消滅している．

　日本ではここ数年立体視のブームがおきている．その中で，2009年夏に富士フイルム（株）から2眼式のデジタルステレオカメラ[5]が発売され，撮影された画像からレンチキュラ3D製品に仕上げることもできる．

　1980年代後半には，東京大学生産技術研究所においてレンチキュラ方式立体TVシステム[6~8]の実験がされている．

　1990年代に入り，通信，放送，家電各社で将来に向かって臨場感通信，立体TVなどの実験が報告[9~11]されている．

　同じ頃，ドイツのH.H.I.研究所がレンチキュラ方式投写型3Dディスプレイの実験，試作[12,13]を行っている．

　国内の印刷業界を中心とした3D生産は最近のデジタル化に伴い，再出発の感がある．

4.2 レンチキュラ方式の理論

4.2.1 レンチキュラ板

はじめにレンチキュラ板について定義すると，図4.1のように示す[14]ことができる．広義のレンチキュラ板は直接記録用および標本化記録用に分けることができる．

直接記録とは，ハエの眼レンズ板あるいは直交レンチキュラ板がそれ自体撮影用レンズとなって焦点面に画像を記録する．

標本化記録とは，撮影用レンズが別にあり，そのレンズの焦点面の直前にハエの眼レンズ板，直交レンチキュラ板あるいは狭義のレンチキュラ板が配置されて裏面に標本化された画像を記録する．

いずれのレンチキュラ板も無色透明な熱可塑性樹脂であるPVC，PMMA，PC，MS樹脂など，またはUV硬化樹脂でつくられている．

本章では，ここでいう「標本化記録による狭義のレンチキュラ板」を用いた3Dディスプレイについて述べる．以下単に「レンチキュラ板」と表示する．

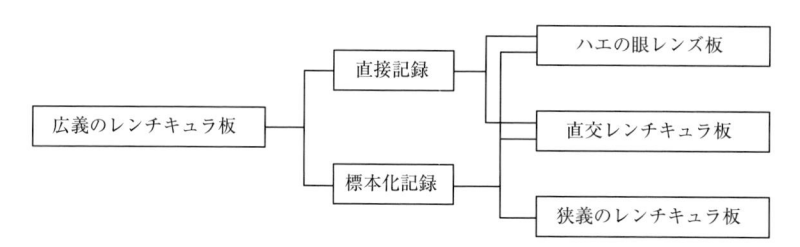

図4.1　レンチキュラ板の定義

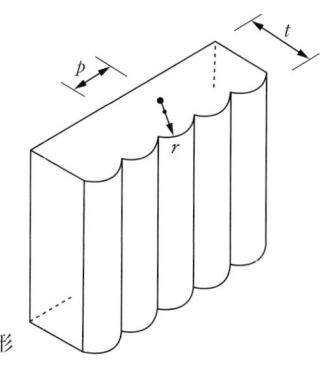

図4.2　レンチキュラ板の基本的形

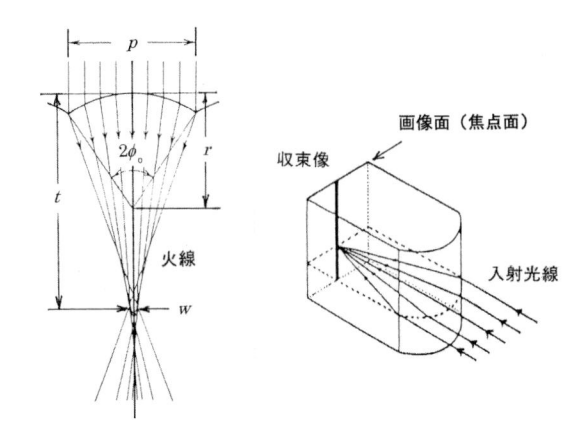

図 4.3 レンチキュラ板の集光特性（故・大越東京大学教授）

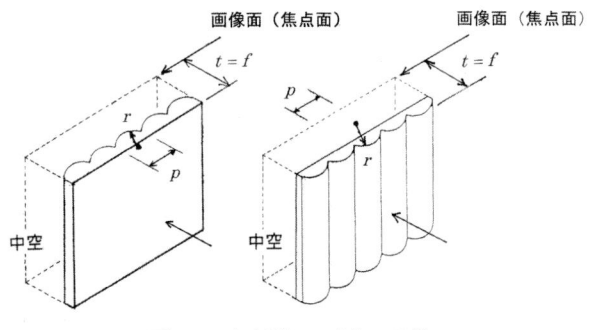

図 4.4 中空型レンチキュラ板

4.2.2 レンチキュラ板の集光特性[1)]

レンチキュラ板は，円筒形レンズを多数並べてつくられている一種の平凸レンズである．この基本的なレンチキュラ板の形を図 4.2 に示す．レンチキュラ板はその形状から，曲率半径 r，幅（ピッチ）p，厚さ t からなっている．

レンチキュラ板に入射した平行光線の集り（光束）は一定の包絡線（火線）に従って集光する．レンチキュラ板の集光特性を図 4.3 に示す．その収束幅の最も狭い位置が，通常レンチキュラ板の裏面に位置しており，レンズ表面からの距離が焦点距離 f であり，また最適厚さ t でもある．

レンチキュラ板の最適厚さ t は一般的に次式より計算できる．

$$f = t = \frac{n}{n-1} r \quad (\text{mm}) \tag{4.1}$$

このとき，n はレンチキュラ板の材料である樹脂の屈折率である．

我々が通常手にする印刷タイプのレンチキュラ方式3Dディスプレイは，レンチキュラ板の厚さは1mm前後の薄いものが多い．その場合，レンチキュラ板と記録媒体（立体合成された画像の印刷物など）は密着または接着されている．

しかし，市場には40～70インチあるいは100インチのような大きなサイズの3Dディスプレイがある．このように大きくなると，レンチキュラ板の重量も10～50kgと大変重くなる．そこで，レンチキュラ板の製造および取扱いを容易にするためにレンチキュラ板の中空化がはかられる．中空化の2例を図4.4に示す．

4.2.3 立体視の原理

人間は，左右に約65mm離れた位置に2つの眼をもっており，奥行き方向の距離や物体相互の位置関係をつかんでいる．このとき，レンチキュラ方式における奥行き再現に働きかける要因は，主に「両眼視差」である．

立体視の原理を図4.5により説明する．レンチキュラ板の裏面のほぼ焦点面には，立体合成された画像が置かれている．

観察者の視線は，レンチキュラ板の中に位置する曲率半径の中心で交差し，レンチキュラ板裏面に位置する画像面上の距離 Δp(mm)だけ離れた2つの異なる画像を見ている．そして，この2つの異なる画像のもっている両眼視差から，観察者は奥行き感（立体感）のある画像を得ている．

4.2.4 2像式と多像式

レンチキュラ方式3Dディスプレイは，レンチキュラ板裏の画像面に立体合成される像数，すなわち2像式と多像式により奥行き再現性，および立体視領域に大きな違いがある．そこで，像数による分類を図4.6に示す．さらに，多像式は有限多像式および連

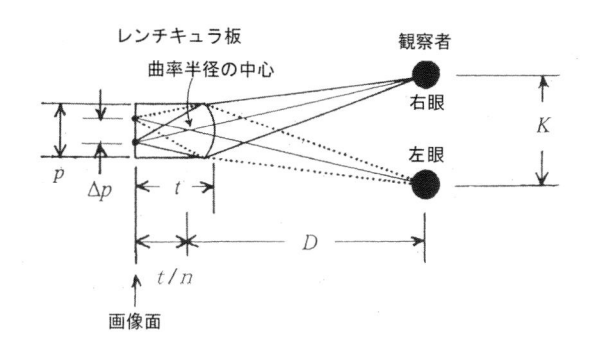

図4.5 立体視原理図

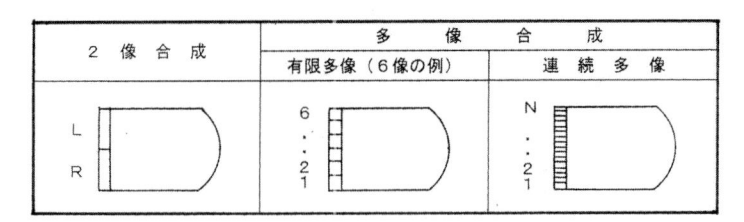

図 4.6 像数による分類

表 4.1 立体視領域の 3 態

正立体視領域	ディスプレイの画像面全体において，正しい奥行き再現が得られる立体視領域をいう
逆立体視領域	ディスプレイの画像面全体において，奥行き再現が逆転した不自然な立体視領域をいう
非立体視領域	ディスプレイの画像面の一部のみが正立体視であったり，逆立体視と混在したり，あるいは，立体視できない不自然な立体視領域をいう

続多像式に分類できる．有限多像式は通常 3～10 像程度が多い．そして，連続多像式はそれ以上であり，数十像以上の場合もある．

4.2.5 立体視領域

レンチキュラ方式 3D ディスプレイには最適な観察距離があり，その点の前後左右に立体視できる領域をもっている．これらの形を平面図で表すと六角形となる．さらに，上下方向を加えると六角柱となる．このとき，観察者の見ている場所により「正立体視領域」，「逆立体視領域」および「非立体視領域」が存在する．これら 3 態を定義すると表 4.1 となり，観察者は正立体視領域で立体視する．

立体視領域は 1 か所ではなく左右方向に展開すると，この六角柱の形をした立体視領域が左右に多く並び，立体視できる観察者の数を多くしている．このとき，3D ディスプレイに対し正面に位置する立体視領域を「主ローブ」と呼び，主ローブの左右に位置する複数の立体視領域を「副ローブ」と呼ぶ．

a. 2 像式と多像式における立体視領域の違い

正立体視領域の主ローブの中で立体視できる人数は，2 像式では 1 人に限定されるが，像数が増えるに従って数名が可能になってくる．

また，正立体視領域に重なってその左右に逆立体視領域が存在する．この逆立体視領域は，2 像式の場合はほぼ正立体視領域に近い広さをもっているが，多像式の場合は像

4.2 レンチキュラ方式の理論　　　　　　　　　　47

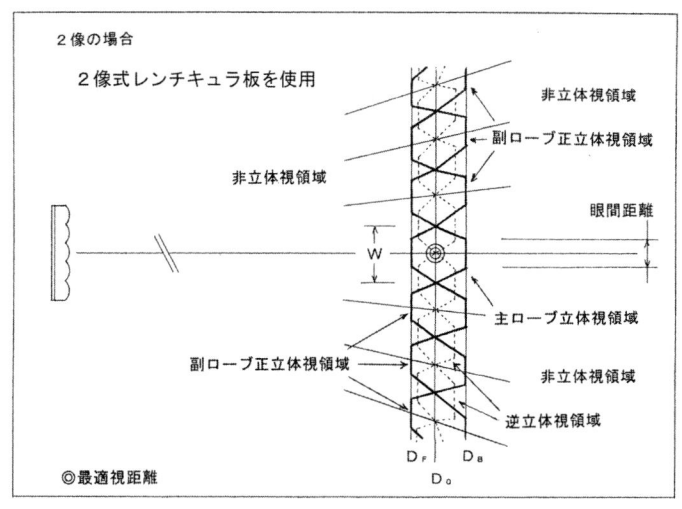

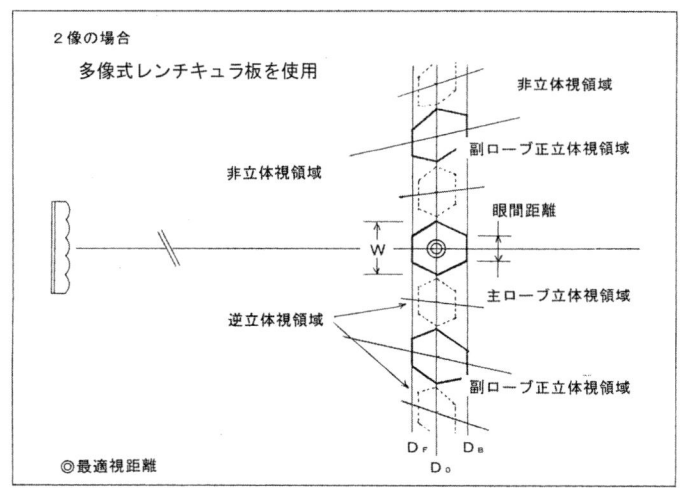

図4.7　2像式における立体視領域

数の増加に伴い相対的にその広さの影響が小さくなる．

　2像式における立体視領域を図4.7に示し，多像式における立体視領域を図4.8に示す．いずれにおいても，前後方向の最適な観察距離を D_0，立体視できる最も近い距離を D_F，そして立体視できる最も遠い距離を D_B で示す．また最適な観察距離 D_0 における立体視できる左右方向の幅を W で示す．これらの立体視領域を求める計算式の一覧表を表4.2に示す．

　とくに2像式で注意することは，レンチキュラ形状によって立体視領域が異なってく

表 4.2 立体視領域を求める計算式

				2像および有限多像式	連続多像式
正立体視領域	前後方向	D_F		$D_F = \dfrac{A+K}{A+NK} D_0$	$D_F = \dfrac{A+K}{2(x+\Delta x_F)} \cdot \dfrac{t}{n}$
					$x = \dfrac{A}{2D_0} \cdot \dfrac{t}{n}$
					$\Delta x_F = \dfrac{1}{2}\left(1 + \dfrac{t/n}{D_0}\right) p$
		D_0		D_0	
		D_B		$D_B = \dfrac{A+K}{A-(N-2)K} D_0$	$D_B = \dfrac{A-K}{2(x-\Delta x_B)} \cdot \dfrac{t}{n}$
					$x = \dfrac{A}{2D_0} \cdot \dfrac{t}{n}$
					$\Delta x_B = \dfrac{1}{2}\left(1 + \dfrac{t/n}{D_0}\right) p$
	左右方向	W		$W = NK$	$W = \dfrac{p}{t/n} D_0$
逆立体視領域	前後方向	D_F'		$D_F' = \dfrac{A+(N+1)K}{A+(N+2)K} D_0$	
		D_0		D_0	
		D_B'		$D_B' = \dfrac{A+(N+1)K}{A+NK} D_0$	
	左右方向	W'		$W' = 2K$	

p：レンチキュラのピッチ $\qquad$ D_F：立体視できる最近距離（mm）
N：画像数 $\qquad$ D_0：立体視できる最適距離（mm）
A：画像の横幅寸法（mm）$\qquad$ D_B：立体視できる最遠距離（mm）
K：眼間距離，通常 65 mm $\qquad$ D_F', D_B', W'：逆立体視領域

ることである．2像用のレンチキュラ板を使用した場合は副ローブが数多く存在するが，多像用レンチキュラ板を使用した場合は副ローブの数が少なくなる．

b. 像数，画面サイズおよび観察距離と立体視領域

表 4.2 に示した立体視領域を求める計算式には 3 つの変数があり，それらは像数 N，画像の横幅 A，および最適な観察距離 D_0 である．これらの 1 つを変数とし，他を固定した場合の前後方向の立体視領域[15]を図 4.9 に示す．

このとき，$D_B = \infty$ となる距離に注目する．そして，D_B を求める式の分母をゼロにする観察距離を「過観察距離」D_H と名づけることを提案したい．

連続多像式において，$x = \Delta x$ と置くと，

$$D_H = \dfrac{A-p}{p} \cdot \dfrac{t}{n} \quad (\text{mm}) \tag{4.2}$$

4.2 レンチキュラ方式の理論

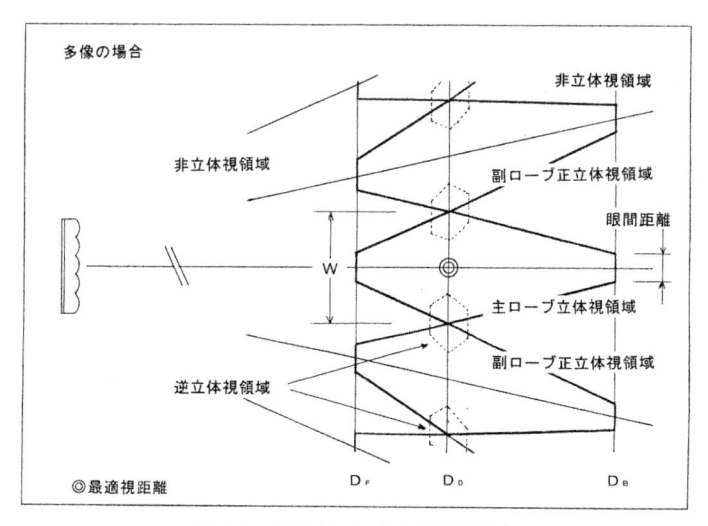

図 4.8 多像式における立体視領域

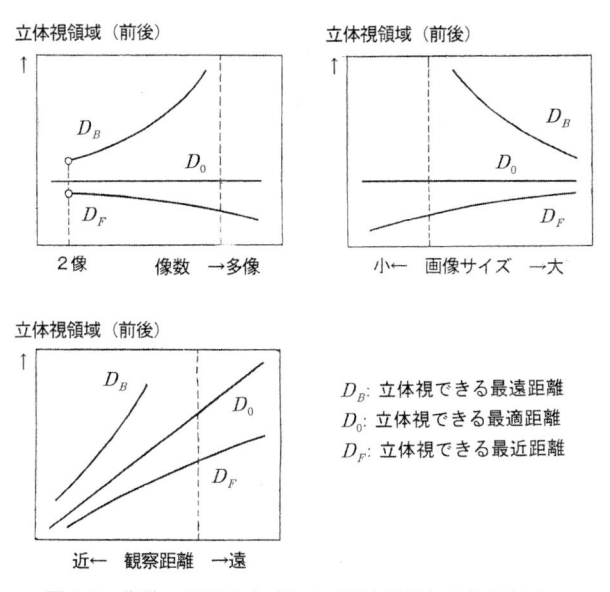

図 4.9 像数，画面サイズおよび観察距離と立体視領域

D_B: 立体視できる最遠距離
D_0: 立体視できる最適距離
D_F: 立体視できる最近距離

となる．そして，

$$D_0 = D_H, \quad D_F \approx \frac{1}{2}D_H, \quad D_B = \infty \tag{4.3}$$

となる．これは，設計時に観察距離をD_Hと設定することにより，立体視領域（前後）が最も広くなることがわかる．

1) 像数を変数とした場合の立体視領域： 像数Nを変数とした立体視領域は，2像式では最も狭く像数の増加と共にその領域は急激に広がることがわかる．

2) 画面サイズ（横幅）を変数とした場合の立体視領域： 画面サイズ（横幅）Aを変数とした立体視領域は，小さな画面サイズで広く，画面サイズが大きくなると共にその領域は急激に狭くなることがわかる．

3) 最適な観察距離を変数とした場合の立体視領域： 最適な観察距離D_0を変数とした立体視領域は，近い最適な観察距離では狭く，最適な観察距離が遠くなるほどその領域は急激に広くなることがわかる．

4.2.6 奥行き再現性
a． 視差を求める

図 4.5 に示す距離 Δp だけ離れて存在する 2 枚の画像間の両眼視差を x_F, x_B とすると，Δp は図 4.5 の幾何学的関係から，次式で求めることができる．

$$\Delta p = \frac{tK}{nD} \quad \text{(mm)} \tag{4.4}$$

このとき，K は観察者の眼間距離であり，通常 65 mm を使う．

$$x_F = \frac{\Delta p}{p} X_F \quad \text{(mm)} \tag{4.5}$$

$$x_B = \frac{\Delta p}{p} X_B \quad \text{(mm)} \tag{4.6}$$

ここで，x_F は画像面より手前に浮いて見える画像の視差，x_B は画像面より奥に沈んで見える画像の視差である．このとき，X_F, X_B は 1 ピッチ内に立体合成されている複数枚の画像の中で両端の画像間に存在する最大の視差であり，ここでは常数として扱う．

b． 奥行き再現性を求める

レンチキュラ板を通して立体視しているときの，両眼視差と再現される奥行き再現性（立体感）との幾何学的関係[16]を図 4.10 に示す．このとき奥行き再現性は次式から求める．

$$S_F = \frac{x_F D}{K + x_F} \quad \text{(mm)} \tag{4.7}$$

$$S_B = \frac{x_B D}{K - x_B} \quad \text{(mm)} \tag{4.8}$$

$$S = S_F + S_B \quad \text{(mm)} \tag{4.9}$$

ここで，S_F は画像面より手前に奥行き再現される量，S_B は画像面より奥に奥行き再現

される量，そして S は奥行き再現される全体の量である．

c. 2像式と多像式における奥行き再現性の違い

2像式と多像式とでは，まったく違った奥行き再現性を示している．

1) 2像式における奥行き再現性： 図4.5において，画像面には視差のある2画像が立体合成されている．このとき，観察者がいろいろな距離から立体視して Δp が変化しても2画像から得られる視差は一定である．そのため，式 (4.7) および式 (4.8) から奥行き再現性 S_F, S_B は観察距離 D に比例した直線となる．

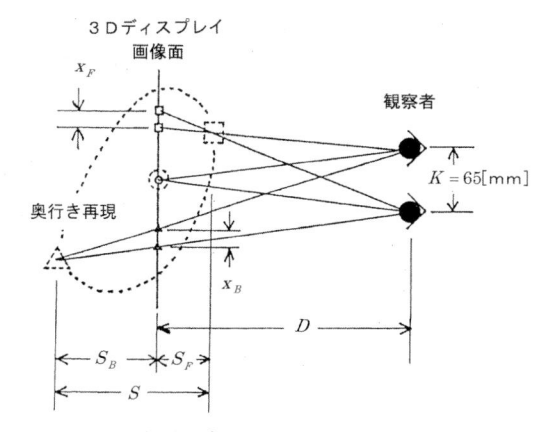

図4.10 視差と奥行き再現と幾何学的関係

2) 多像式における奥行き再現性： 図4.5において，画像面には視差のある複数枚の画像が立体合成されている．このとき，観察者がいろいろな距離から立体視して Δp が変化すると，見ている2画像から得られる視差が変化する．そのため，式 (4.7) および式 (4.8) から奥行き再現性 S_F, S_B は観察距離 D に比例した直線とはならない．そこで，4像，8像，20像および連続多像について奥行き再現性を計算し，2像を含めて，図4.11に観察距離に対する奥行き再現性[16]をグラフ化して示す．

このグラフからわかることは，2像式は観察距離によって奥行き再現性が変わるという不自然なこととなるが，逆にこの点を利用して立体効果のある3Dディスプレイとすることができる．一方，多像式においてわかることは，像数が増えれば増えるほどに奥行き再現性はほぼ一定の値に収斂している．我々の生活しているところでは観察距離に関係なく，そこに置いてある物の大きさ（立体感）は一定であり，観察距離によって奥行きは変わっていない．すなわち，多像式が自然な立体感を再現できることを意味していることとなる．

4.3 レンチキュラ方式各種3Dディスプレイ

レンチキュラ方式3Dディスプレイを各種方法に分類し，表4.3に示す．まず大分類すると，直視型と投写型に分かれる．

直視型は，通常レンチキュラ板の裏面が立体合成された画像に密着または接着されている．観察者はレンチキュラ板を通して立体視する．また，直視型は反射式および透過

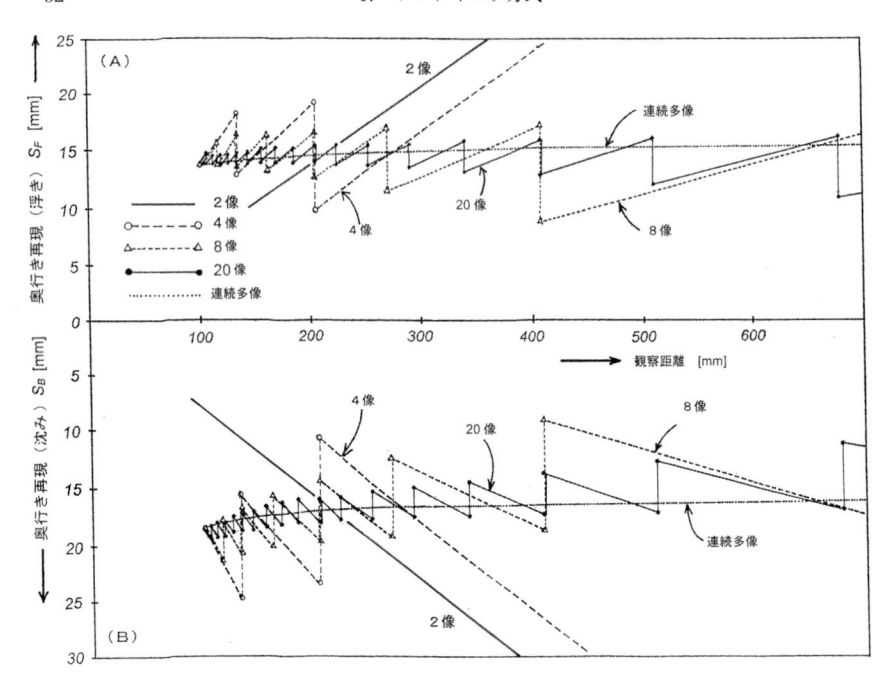

図4.11 像数と奥行き再現性

式の2種類が存在する．

投写型は画像媒体が拡散面（スクリーン）であり，拡散面に投写された立体合成画像を観察者がレンチキュラ板を通して立体視する．投写型は正面投写式（反射式）および背面投写式（透過式）の2種類が存在する．

正面投写式は，観察者が立体視できる位置がプロジェクタのレンズと同じ位置になる．そのため，投写光学系と観察位置の確保に工夫が必要である．

背面投写式は，投写側と観察側が透過拡散面を隔てて反対側に位置する利点がある．そのためシステムの設置面積はほぼ倍になるが，観察者が立体視できる位置に制限が少ないため背面投写式の方が多く実用されている．

4.3.1 直視型反射式3Dディスプレイ

立体合成画像の記録される媒体は，印刷物（紙や樹脂フィルム）[17]が一番多いが，印画紙なども使われ，最近はレンチキュラ板の裏面に直接印刷する（直刷り）例もある．図4.12に印刷製品の例を示す．

さらにレンチキュラ板の裏面に写真乳剤を直接塗布し，レンチキュラ板を通して立体合成する形態もあり，裏面は白色塗料で止めている．

4.3 レンチキュラ方式各種3Dディスプレイ

表4.3 レンチキュラ方式の各種3Dディスプレイ

区分	表示方法
直視	①反射式　立体合成画像（印刷物、等）／レンチキュラ板／観察者
	②透過式　背面照明／レンチキュラ板／立体合成画像（フィルム、等）／観察者
投写	③反射式　観察者／プロジェクタ（2台、またはそれ以上）／反射拡散板／レンチキュラ板
	④透過式　レンチキュラ板／プロジェクタ（立体合成画像）／観察者／透過拡散面
	⑤透過式　投写側レンチキュラ板／観察側レンチキュラ板／プロジェクタ（2台、またはそれ以上）／観察者／透過拡散面

　一般市場には多像式の製品が多く出回っている．2像式は医学向けなどの限定された用途に使われている．

図 4.12 直視型反射式 3 D ディスプレイの例（凸版印刷（株））

4.3.2 直視型透過式 3 D ディスプレイ

デジタル化の進んだ最近では，印刷画像に代わってフラットパネルディスプレイ（FPD）が使われる．FPD は当初画素密度が低く 2 像式の 3 D ディスプレイであったが，画素密度の増加に伴い，多像化されてきている．しかし印刷と異なり非常に高価となる．このとき，ディスプレイ背面の照明装置（バックライト）により，ディスプレイとして目視効果は大変大きくなる．

FPD の 1 つである液晶ディスプレイ（LCD）を用いた多像式 3 D ディスプレイの実施例については，4.5.2 項 g で詳述している．

また，記録媒体としては従来から使われているフィルム（黒白，カラー写真），および写真乳剤がある．写真のフィルムが記録媒体として良い点は解像力が高く，高画質で深い奥行き再現性のある 3 D ディスプレイができることである．図 4.13 にカラー写真をバックライトで照明した 100 インチサイズの 3 D ディスプレイを示す．

4.3.3 投写型反射式（正面投写）3 D ディスプレイ

正面投写式は，視差のある複数の画像が横に配列された複数台のスライドプロジェクタ，液晶（LCD）プロジェクタなどからレンチキュラ板を通して反射拡散面（スクリーン）に投写される．投写された複数の画像はスクリーン上に立体合成される[6]．そして観察者は同じレンチキュラ板を通して立体視する．図 4.14 に投写型反射式 3 D ディスプレイの例を示す．

この場合，観察者の最適な観察位置はプロジェクタレンズの位置およびその上下となる．これでは実際に立体視しにくい．そこで図 4.14 に示すように，プロジェクタとス

図 4.13 直視型透過式 3D ディスプレイの例（凸版印刷（株））

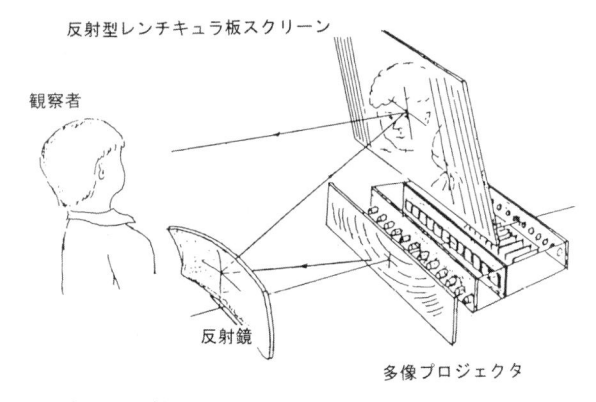

図 4.14 投写型反射式 3D ディスプレイの例（濱崎東京大学名誉教授）

クリーンとの間に反射鏡を置いて，プロジェクタの位置に相当する位置に観察者を配置できるようにすることができる．

4.3.4 投写型透過式（背面投写）3D ディスプレイ（片面レンチキュラスクリーン）

プロジェクタにはスライドプロジェクタ，あるいは LCD プロジェクタなどがある．この場合，プロジェクタは 1 台であり，投写される画像は 2 像またはそれ以上の立体合成された画像である．そしてプロジェクタから投写される画像は，透過拡散面（スクリーン）においてレンチキュラ板のピッチに合わせる[19]．

たとえば，2 像式では両眼視差のある 2 枚の画像をプロジェクタ内の LCD 上に電子

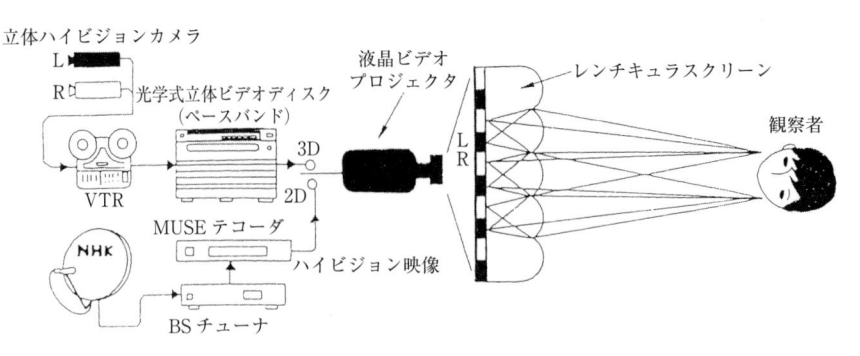

図 4.15 投写型透過式 3D ディスプレイ(片面)の例(NHK 放送技術研究所)

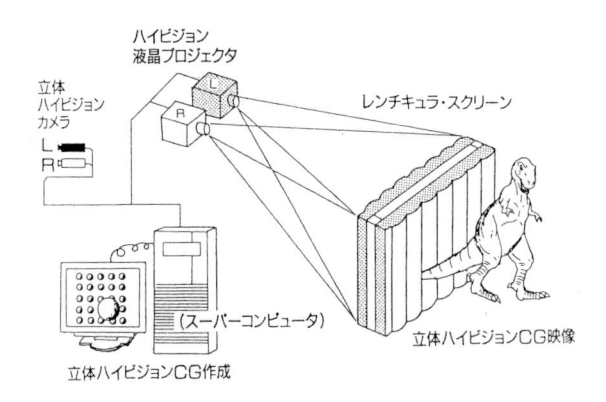

図 4.16 投写型透過式 3D ディスプレイ(両面)の例(NHK 放送技術研究所)

合成し,その画像をスクリーンに背面から直接投写する.そして,観察者は所定の位置からレンチキュラ板を通して立体視する.図 4.15 に投写型透過式 3D ディスプレイ(片面)の例を示す.

4.3.5 投写型透過式(背面投写)3D ディスプレイ(両面レンチキュラスクリーン)

プロジェクタにはスライドプロジェクタあるいは LCD プロジェクタなどがある.そして,両眼視差のある複数枚の画像と同じ数のプロジェクタが必要である.スクリーン全体は投写側レンチキュラ板,中間に位置する透過拡散面,そして観察側レンチキュラ板の 3 枚構成となっている.複数台のプロジェクタから投写された画像は投写側レンチキュラ板を通して透過拡散面(スクリーン)上に立体合成され,観察者は観察側レンチキュラ板を通してスクリーン上の画像を見て立体視する[20,21].図 4.16 に投写型透過式 3D ディスプレイ(両面)の例を示す.

この両面型レンチキュラ形状は2種類あり，投写側および観察側のレンチキュラ形状を異なった形状（両面異形）とする方法と，同じ形状（両面同形）とする方法がある．

4.4 直視型反射式3Dディスプレイの製作例

具体的な実施例として4.3.1項で述べた3Dディスプレイについて，図4.17に製造工程図を示す．

まずどのようなレンチキュラ板を使い，どのような商品に仕上げるのか？ ここで設計を行う．

4.4.1 レンチキュラ板

レンチキュラ板は，本来製品に合わせて形状を任意に設計すべきであると考える．しかし，そのためには金型の製作，レンチキュラ板の製造と多くの費用がかかってしまう．そこで，一般的には低価格で入手できる市販のレンチキュラ板を使うことになる．

市販されているレンチキュラ板には，B全判のような大型製品用から名刺サイズのような小型製品用までのいろいろな形状がある．

3D用は，ピッチに対して曲率半径の大きな形状となり，厚いほど立体感のよい製品ができる．また，製品サイズが大きくなるほど観察距離が遠くなり，レンチキュラ板は厚くなる．一方，製品サイズが小さくなるほど観察距離が近くなり，薄いレンチキュラ板となる．

2D用（4.5.3項で使用）は，ピッチの数値に対して曲率半径の小さな形状となる．

レンチキュラ形状を決定する上で参考になることは，観察者がレンチキュラのスジの見えないピッチを選択することである．このときの観察距離Dとピッチpとの間には生理学上次式が成り立つ．

$$p \leq \frac{D}{1,700} \quad (\text{mm}) \tag{4.10}$$

たとえば，観察距離が$D=1,000$ (mm)の場合，そのときのピッチは，

$$p \leq \frac{1,000}{1,700} = 0.5882 \quad (\text{mm})$$

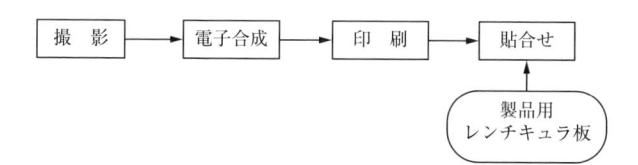

図4.17 直視型反射式（印刷）3Dディスプレイの製造工程

となり，ピッチを 0.5882 mm 以下にするとよいことがわかる．
　ここで使用する市販のレンチキュラ形状の一例を下記に示すが，この形状で以下の設計を進めていく．

$$r=0.27, \quad p=0.4220, \quad t=0.71 \text{ (mm)}, \quad n=1.55$$

4.4.2　製　品　設　計
　次に，製品の形態および観察距離は，

$$\text{A5 サイズ（210×148 (mm)）横型，観察距離 } D=700 \text{ (mm)}$$

と設定する．この製品の 1 ピッチ内に立体合成する像数 N は図 4.5 における式（4.4）から計算すると，

$$\Delta p = \frac{tK}{nD} = \frac{0.71 \times 65}{1.55 \times 700} = 0.0425 \text{ (mm)}$$

となり，

$$N = \frac{p}{\Delta p} = \frac{0.4220}{0.0425} = 9.92 \quad \rightarrow \quad 10 \text{（像）}$$

となる．この 3D 製品から得られる奥行き再現性（立体感）を試算してみる．4.2.6 項 a に述べている最大視差を $X=X_F=X_B=7$ mm と設定（詳細は 4.4.5 項で述べる）すると，観察者が立体視する場合の視差は式（4.5）および式（4.6）より，

$$x_F = x_B = \frac{\Delta p}{p} X = \frac{0.0425}{0.4220} \times 7 = 0.7050 \text{ (mm)}$$

となり，観察者の得られる奥行き再現性（立体感）は式（4.7）および式（4.8）から，

$$S_F = \frac{xD}{65+x} = \frac{0.7050 \times 700}{65+0.7050} = 7.5 \text{ (mm)}$$

$$S_B = \frac{xD}{65-x} = \frac{0.7050 \times 700}{65-0.7050} = 7.7 \text{ (mm)}$$

となる．立体視できる領域（図 4.8）を計算すると，表 4.2 より，

$$D_F = \frac{A+K}{A+NK} D = \frac{210+65}{210+10 \times 65} \times 700 = 223 \text{ (mm)}$$

$$D_B = \frac{A+K}{A-(N-2)K} D = \frac{210+65}{210-8 \times 65} \times 700 = \infty$$

$$W = NK = 10 \times 65 = 650 \text{ (mm)}$$

が得られる．D_B を求める式で分母が負のときは ∞ となる．
　次にそれぞれの工程について述べる．

4.4.3　ステレオ撮影
　アナログ時代にはいろいろな撮影方法（後述）が存在したが，いまのデジタル時代で最も単純な撮影方法を述べる．1 台のデジタルカメラを横移動台に固定し，たとえば左

4.4 直視型反射式3Dディスプレイの製作例　　59

図 4.18　ステレオ撮影の一実施例

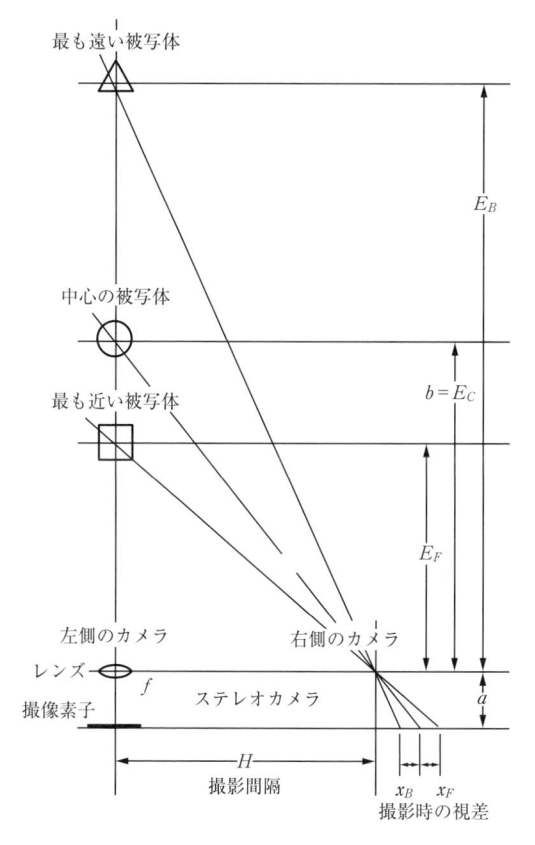

図 4.19　ステレオ撮影におけるカメラと被写体との
　　　　　幾何学的関係

から右へ所定の距離を移動しながら複数枚の画像を撮影する．図 4.18 にその例を示す．被写体は女性の銅像であり，前後の木々で奥行き感を出している．手前には三脚に固定された横移動台があり，その上に横移動のできるデジタルカメラが固定されている．

ここで，撮影間隔を求めるためのカメラと被写体との幾何学的関係を図 4.19 に示す．一例として，デジタル一眼レフカメラを使用して，

$$\text{レンズの焦点距離 } f = 35 \, (\text{mm}), \quad \text{撮像素子の大きさ } 22.7 \times 15.1 \, (\text{mm})$$

被写体までの距離が，

$$\text{最も遠い被写体までの距離：} \quad E_B = 20{,}000 \, (\text{mm})$$
$$\text{中心の被写体までの距離：} \quad E_C = 12{,}000 \, (\text{mm})$$
$$\text{最も近い被写体までの距離：} \quad E_F = 8{,}600 \, (\text{mm})$$

の場合，図 4.19 の幾何学的関係図から次式ができる．

$$a = \frac{fb}{b-f} = \frac{fE_C}{E_C - f} \quad (\text{mm}) \tag{4.10}$$

$$E_F = \frac{aHE_C}{aH + x_F E_C} \quad (\text{mm}) \tag{4.11}$$

$$E_B = \frac{aHE_C}{aH - x_B E_C} \quad (\text{mm}) \tag{4.12}$$

そして，これらの式から，撮影間隔 H は次式から求めることができる．

$$H = \frac{xE_F E_C}{a(E_C - E_F)} = \frac{xE_C E_B}{a(E_B - E_C)} \quad (\text{mm}) \tag{4.13}$$

ここで，$x \, (x_F, x_B)$ は撮影時の視差を表しており，次式から求める．

$$x = \frac{\text{製品上の視差}}{\text{画像拡大率}} \quad (\text{mm}) \tag{4.14}$$

ここで，実際に数値を代入して計算を進めると，式（4.10）から，

$$a = \frac{35 \times 8{,}600}{8{,}600 - 35} = 35.10 \, (\text{mm})$$

また，電子合成時のトリミングを考慮して，画像拡大率を 12 倍と設定する．また，画像上の視差は 4.4.2 項より $x_F = x_B = 0.7050$ mm であるから，式（4.14）から，

$$x = \frac{0.7050}{12} = 0.0588 \, (\text{mm})$$

となり，撮影間隔 H は式（4.13）から，

$$H = \frac{0.0588 \times 8{,}600 \times 12{,}000}{35.10 \times (12{,}000 - 8{,}600)} = \frac{0.0588 \times 20{,}000 \times 12{,}000}{35.1 \times (20{,}000 - 12{,}000)} \approx 51 \, (\text{mm})$$

を得る．そして，撮影時の横移動量の全体は約 460 mm となる．

4.4.4 電子合成による立体合成

撮影された N 枚の画像は,まず女性像を中心にして前後の木々で奥行き感を出すように画像処理を行い,その後 PC を使って電子合成を行う.一般の PC では PhotoShop を使って電子合成することができる.

画像のピッチはレンチキュラ板のピッチに対し,図 4.20 に示す幾何学的関係から求めることができる.

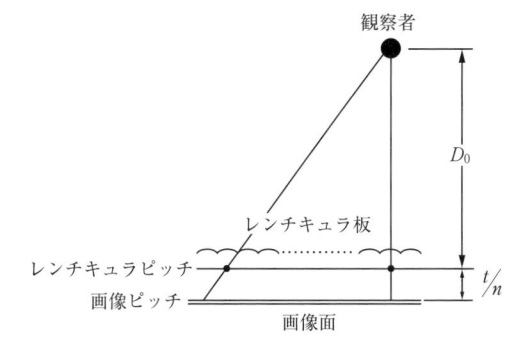

図 4.20 画像のピッチを求める幾何学的関係

レンチキュラ板のピッチ p に対し,画像のピッチ p_P は次式から求めることができる.

$$p_P = \left(1 + \frac{t/n}{D}\right) p \quad \text{(mm)} \tag{4.15}$$

さらに,1 画像を 2 (pixel) (20 pixel/pitch) で取り扱う場合,合成時の解像力 R_e は次式から求めることができる.

$$R_e = \frac{10}{p_P} \times 2N \quad \text{(pixel/cm)} \tag{4.16}$$

具体的に数値化すると,式 (4.15) および式 (4.16) から,

$$p_P = \left(1 + \frac{0.71/1.55}{700}\right) \times 0.4220 = 0.4223 \, \text{(mm)}$$

$$R_e = \frac{10}{0.4223} \times 2 \times 10 = 473.600 \, \text{(pixel/cm)}$$

となる.また,電子合成用ストライプ状マスクは,2 pixel/画像,$N=10$ 像から,

黒:白 = 2:18, 4:16, 6:14 ～ 16:4, 18:2 (pixel)

となる 9 枚が必要になる.これらのマスクを使って 9 回の電子合成を行う.

4.4.5 印　　刷

我々の身近なところでは,2 種類のプリンタが存在する.その 1 つが「インクジェット」方式であり,他は「レーザ」方式である.これら両者の中ではインクジェット方式が適している.印刷のときに注意することは,少しでも印刷画像を PC データに近づけるためにファインで印刷しないことである.

印刷における問題点(欠点)が 2 つある.その 1 つはピッチの数値が変わってしまうことである.インクは水溶性であり,そのため印刷された画像面が濡れて伸び,インクの乾燥と共に印刷面が収縮してしまうことである.できれば,予備実験として印刷によるピッチの収縮率を測定しておき,式 (4.15) の結果を修正しておくとよい.ピッチの

数値は下4桁まで表示しているが，この4桁目の数値が変わるだけで観察距離が変わってしまうからである．このとき，ピッチの数値が小さくなると観察距離は遠くなり，ピッチの数値が大きくなると観察距離が近くなってしまう．

他の1つはPCのデータどおりに印刷できない[22]ことである．印刷した画像にクロストークが発生し，このクロストークが奥行き再現性を悪くしている．

クロストークとは，1ピッチ内にストライプ状に立体合成されている画像において，隣りどうしの画像が分離されずに重なり多重となってしまうことである．

このとき，視差の多い立体合成画像では多重像が目立ち，立体視できないこともある．また，視差の少ない立体合成画像では多重像は少ないが，奥行き再現性の少ない立体感のない画像となってしまう．

そこで，撮影時にどの程度の視差を画像に与えたら多重像が目立たず立体感のある画像になるか，経験と試行錯誤が必要になる．4.4.2項における最大視差 $X_F=X_B=7\,mm$ はその結果の値である．

ここでは，紙面に立体合成画像を印刷しているが，レンチキュラ板の裏面に直接印刷（直刷り）することもできる．

4.5 応 用 展 開

4.5.1 各種ステレオ撮影法

a. 各種ステレオカメラ

アナログ時代から使われてきたいろいろなステレオカメラを表4.4に示す．

1) スタジオカメラ： ターンテーブル上に載せることのできる数秒間不動の被写体を，特殊な構造の受光部で撮影する．撮影中，ターンテーブルが所定の角度内をゆっくりと回転し，視差のある多像を得ることができる．受光部はターンテーブルの回転に合わせて，フィルム上に視差のある多像を立体合成する構造となっている．露光されたフィルムの現像後，フィルム上にレンチキュラ板を載せて，ただちに立体視できる．スタジオカメラの写真を図4.21に示す．

2) ポータブルカメラ： 室内外の数秒間不動の被写体に対応している．撮影中，ステレオカメラがレール上をゆっくり横に移動し，視差のある多像を得ることができる．このときスタジオカメラと同様に，カメラの移動中に受光部ではフィルム上に視差のある多像を立体合成する．露光されたフィルムの現像後，フィルム上にレンチキュラ板を載せてただちに立体視できる．ポータブルカメラの写真を図4.22に示す．

3) 大口径カメラ（カタログから）： 大口径レンズの中に小口径の絞りがあり，撮影中にこの絞りがレンズの中でゆっくり横に移動し，視差のある多像を得ることができる．絞りの移動中に受光部ではフィルム上に視差のある多像を立体合成する．露光され

4.5 応用展開

表4.4 ステレオ撮影法のいろいろ

通称	カメラ	レンズ	露光	被写体	得られる原画と処理
スタジオカメラ (A)	固定	単眼	数秒間	ターンテーブル上に載せることのできる数秒間不動の被写体	撮影と同時に立体合成される．その画像の上に，レンチキュラ板を載せてただちに立体視できる．(連続多像)
ポータブルカメラ (B)	横移動	単眼	数秒間	室内外の数秒間不動の被写体　　(C)	
大口径カメラ	固定	大口径単眼	瞬間	すべての被写体　(D)	
多像撮影カメラ	固定	単眼	数秒間	ターンテーブル上に載せることのできる数秒間不動の被写体	視差のある複数枚の画像を得た後，立体合成を行う．その画像の上にレンチキュラ板を載せて立体視できる．(有限多像)(2像)
	横移動			屋内外の数秒間不動の被写体　　(E)	
ワンショットカメラ (F)	固定	多眼	瞬間	すべての被写体	

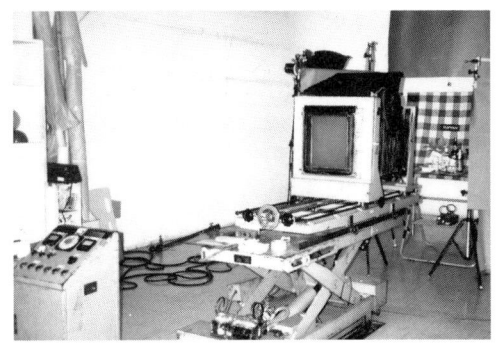

図4.21 スタジオカメラの例（凸版印刷（株））

図4.22 ポータブルカメラの例（凸版印刷（株））

たフィルムの現像後，フィルム上にレンチキュラ板を載せてただちに立体視できる．大口径カメラ（カタログから）の写真を図4.23に示す．

4) 大口径カメラ（濱崎東京大学名誉教授）：大口径レンズの中には横一列に位相反転プリズムが並んでおり[6]，受光部では撮影と同時に視差のある多像を立体合成する．このカメラには可動部がなく，通常のカメラと同様に瞬間露光が可能である．大口径カメラの写真を図4.24に示す．露光されたフィルムの現像後，フィルム上にレンチキュ

図 4.23 大口径カメラ（カタログから）の例

図 4.24 大口径カメラ（濱崎東京大学名誉教授）の例

図 4.25 単眼横移動式多像撮影カメラの例

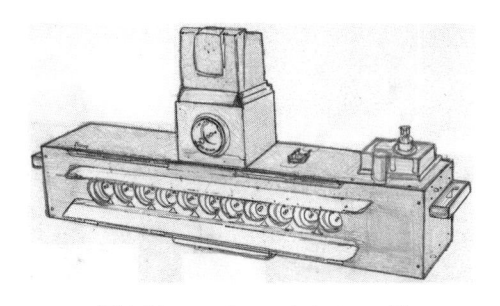

図 4.26 ワンショットカメラの例

ラ板を載せてただちに立体視できる．

5）単眼横移動式多像撮影カメラ： 4.4.3項で使われたステレオカメラである．屋内外の数秒間不動の被写体に対応している．前述のステレオカメラと違うところは，カメラにデジタルカメラを使用することが可能である．写真を図4.25に示す．4.4.3項ではカメラの移動を手動で行っているが，図4.25のカメラはPCを使って自動的に移動する構造となっている．撮影された画像は視差のある複数枚の画像である．それらの画像は次工程において製品サイズに立体合成される．

6）ワンショットカメラ： 通常のカメラ複数台を横一列に並べ，全部のシャッタと絞りを同時に操作することのできる構造のステレオカメ

ラのことである．

　通常のカメラと同様にすべての被写体に対しステレオ撮影ができる．使用されるフィルムの大きさにより，それぞれ専用のカメラがつくられる．ワンショットカメラの例を図 4.26 に示す．図 4.26 のカメラは 35 mm フィルムが使われており，主に 3D ポストカード向けの撮影に使われている．撮影された画像は視差のある複数枚の画像である．それらの画像を次工程において製品サイズに立体合成する．

b．特殊撮影の例

　1）航空写真： 4.4.3 項と同様に，表 4.4(E) の方法で撮影する．被写体までの距離が大きいため，計算結果の撮影間隔 H が非常に大きな値になる．当然，小型の撮影用横移動装置は使えない．横移動装置に相当する道具は自動車，あるいは飛行機（ヘリコプタ）となる．カメラの機能である 1 秒間に連続して撮影できる枚数および撮影間隔から，自動車あるいは飛行機の移動速度が計算できる．撮影者は横の窓から被写体を撮影することになる．一例を図 4.27 に示す．これはヘリコプタから撮影している．

　2）超広角および超望遠レンズを使用したステレオ撮影： 4.4.3 項と同様に，表 4.4(E) の方法で撮影する．計算結果としての撮影間隔 H は超広角レンズでは非常に大きくなり，超望遠レンズでは非常に小さくなる．小型の撮影用横移動装置が使える．

　3）顕微鏡撮影： 通常の顕微鏡を使い，資料台として自作の「ゴニオメータ」を置いて撮影する例である．ステレオ撮影用ゴニオメータを図 4.28 に示す．資料の回転軸に被写体の中心を設定するための上下設定ネジがついている．撮影方法は表 4.4 の上から 4 番目（図示していない）の方法である．カメラを固定し被写体を少しずつ回転させて，視差のある多像を得る方法である．

　被写体を少し回転させることにより，被写体の奥行きと回転角度から横の移動量を計算する．この横の移動量が視差となる．顕微鏡の接眼部にデジタルカメラを取り付け，受光部に所定の横移動量（視差）が得られるように被写体の回転角度を計算する．この

図 4.27 航空写真の例（凸版印刷（株））　　**図 4.28** ステレオ撮影用ゴニオメータ

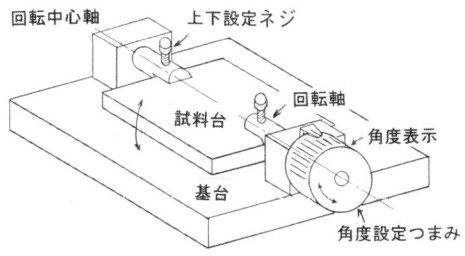

角度で被写体を少しずつ回転させながら，複数枚の視差のある画像を撮影する．

電子顕微鏡においても，同じ方法で視差のある複数枚の画像を得ることができる．

4.5.2 各種レンチキュラ3D製品
a. 円筒型3Dディスプレイ

円筒型3D製品の写真を図4.29に示す．観察者は円周外側のどこから見ても立体視できる．レンチキュラ板は円筒状に巻くことのできる薄い硬質樹脂，あるいは厚い軟質樹脂でできている．

通常の平面型3Dディスプレイと異なることは，合成画像のピッチを平面型より少し大きくすることで，円周外側のどこから見ても立体視できる．

図4.29 円筒型3D製品の例（凸版印刷（株））

b. 超大型（マンモス）3Dディスプレイ

4.3.2項の図4.13に示した3Dディスプレイは100インチサイズの大型である．これはマンモスステレオの1つでもある．

ここに使われているレンチキュラ板はアクリル樹脂製でその形状は，

$$r=6.6, \quad p=2.7500, \quad t=10+7\,(\mathrm{mm})$$

であり，有効画面サイズは横×縦=2,032×1,524 mm，アスペクト比 =4：3である．

$r=6.6$ mmにおける最適な厚さは $t=20$ mmである．レンチキュラ板の重さは80 kgとなり，取扱いが困難になる．そこで，4.2.2項の図4.4に示す中空構造としている．レンチキュラ板を10 mm厚とすると重量は40 kgとなり，中空部の隙間は7 mmとなる．また，この3Dディスプレイの観察距離は4～5 mである．

たとえば，このサイズを基本として縦横に2面並べると200インチサイズとすることができる．このとき必要なのはそのサイズに適したレンチキュラ形状とすることである．

c. レンチキュラCDケース

従来のCDケース内にレンチキュラ3D製品を入れるためには，わずかな隙間に入れることのできる薄型製品となり，立体感の少ない製品に限定されてしまう．しかし，ケースの表面（正面）をレンチキュラ板にすると，厚型の製品と同様なレンチキュラ形状とすることができ，立体感のよい製品（表紙）とすることができる．製品の一例を図

4.30 に示す．このとき，CDケース内のわずかな隙間には，製品ではなく立体合成画像の印刷紙でよいことになる．

立体合成画像とレンチキュラ板は，従来のように接着剤などで一体化されていなくても立体視できることである．

d. 直交レンチキュラ板を使用した3Dディスプレイ

直交レンチキュラ板は図4.1に含まれ，ここでは標本化記録としての直交レンチキュラ板を使用する．直交レンチキュラ板の形状を図4.31に示す．2枚のレンチキュラ板のレンズ面を直交に配置して密着している．出射側レンチキュラ板の裏面が焦点面になっている．直交レンチキュラ板はハエの眼レンズ板と同様な光学的機能をもっている．

1) 広視野3Dディスプレイ： 直交レンチキュラ板を使用した多像式3Dディスプレイである．たとえば6像式の場合，エレベータのある三脚を使ってステレオ撮影を行う．4.4.3項と同様に表4.4(E)の方法で撮影する．エレベータを一番高い位置に置いて左から右へ6枚のステレオ撮影を行い，続けてエレベータを所定の距離だけ低くし，左から右へ6枚のステレオ撮影を行う．同様にして，6×6=36枚のステレオ画像を得る．これらの画像を電子合成することにより，上下左右どこから見ても立体視できる広視野3Dディスプレイとなる．

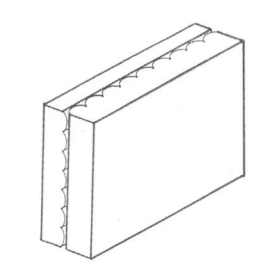

2) モアレ方式疑似3Dディスプレイ[23]： 直交レンチキュラ板を使用した応用展開として，図4.32に示すモアレ方式疑似3Dディスプレイについて述べる．ここでは直交レンチキュラ板の「1ピッチ×1ピッチ」を1単位として取り扱う．この1単位に対応する画像として，たとえば10×10 pixel/ピッチの格子状パターンをつくる．このとき，両者の大きさ（ピッチ）に少しの違いをつくることにより格子状パターンに視差が

図4.30 レンチキュラCDケースの例（凸版印刷（株））

図4.31 直交レンチキュラ板

発生し，モアレパターンが発生する．そのとき，そのモアレパターンに浮きまたは沈みが発生する．

・直交レンチキュラ板のピッチ＜格子状パターンのピッチ，のときは，モアレパターンは手前に浮いて見える．
・直交レンチキュラ板のピッチ＞格子状パターンのピッチ，のときは，モアレパターンは奥に沈んで見える．

そこで，全面が格子状パターンでつくられている平面画像の中に通常の画像，写真あるいは文字などを重畳させると，浮きも沈みもしない画像，写真あるいは文字などのまわりに浮きまたは沈んで見えるモアレパターンが見えることから，一種の3Dディスプレイとすることができる．

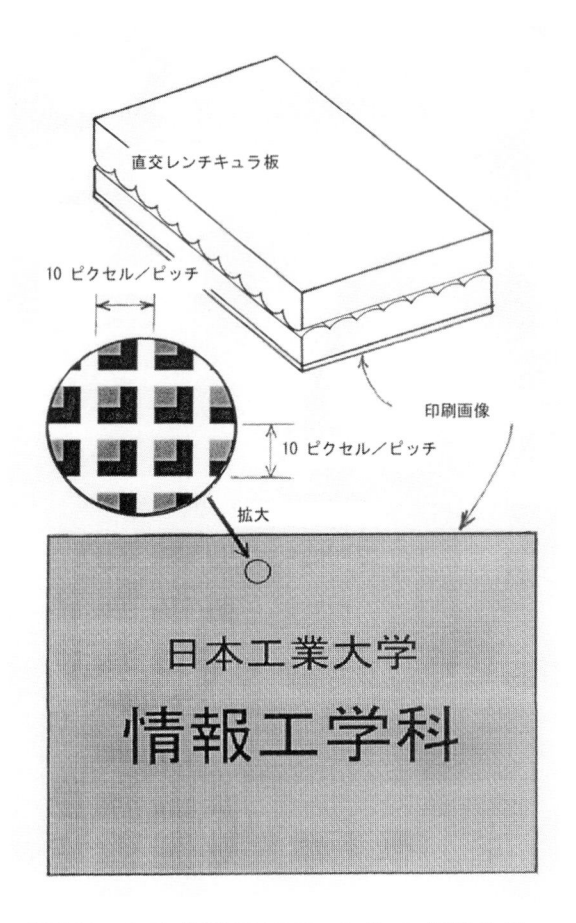

図4.32 モアレ方式疑似3Dディスプレイ（印刷方式）

ここでは印刷画像の例で説明したが，印刷画像の位置に透過拡散面（スクリーン）を置いて背面投写型とすることもできる．

用途として，商品用ラベル，写真立て，店頭広告などが考えられる．

e. **チェンジ3Dディスプレイ**

見る位置を左右に変えると，見る位置によりまったく違った3D画像を見ることのできる3Dディスプレイである．2変化あるいは3変化が多い．

一例を示す．4.4.1項で使われているレンチキュラ板において，立体合成される画像数は$N=10$像である．そこで，5像ずつまったく違う画像で3D画像とすると，2変化

4.5 応用展開

の3Dディスプレイとすることができる．

f. インデックス方式ブラウン管を用いた多像式立体TVの試作例

ブラウン管（CRT）の表面はガラスが厚く，曲面であり，スキャンされた画像の位置が大変不安定である等々の問題点から，ブラウン管の表面にレンチキュラ板を密着させて立体TVをつくることは不可能と考えられていた．しかし，ソニー社製のインデックス方式ブラウン管を用いてみごとに多像式立体TVを試作した例[8]があるのでここに紹介する．

インデックス方式ブラウン管を用いた多像式立体TVの構成図を図4.33に示し，その写真を図4.34に示す．

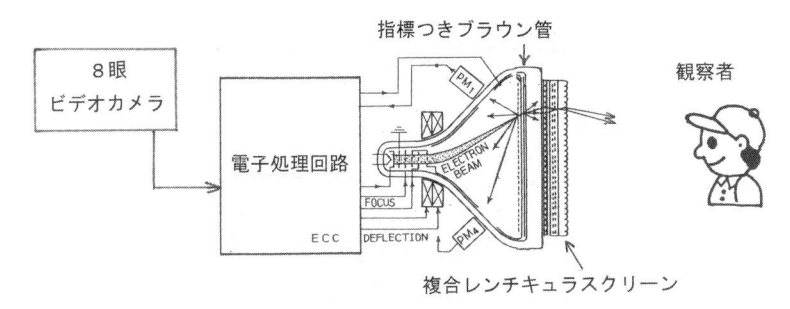

図4.33 インデックス方式ブラウン管を用いた多像式立体TVの試作例（濱崎東京大学名誉教授）

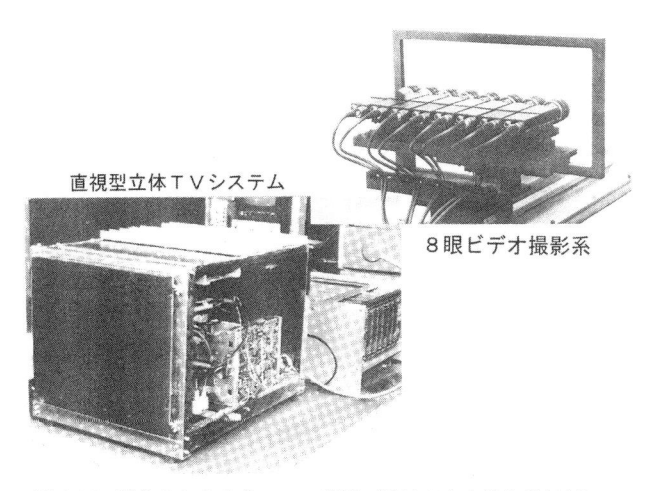

図4.34 試作された立体TVの外観（濱崎東京大学名誉教授）

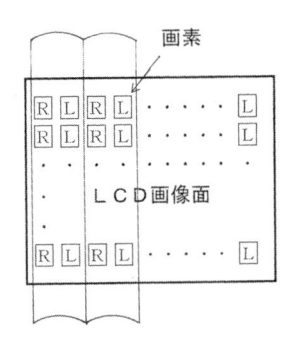

図4.35 LCDを使用した2像式立体TV

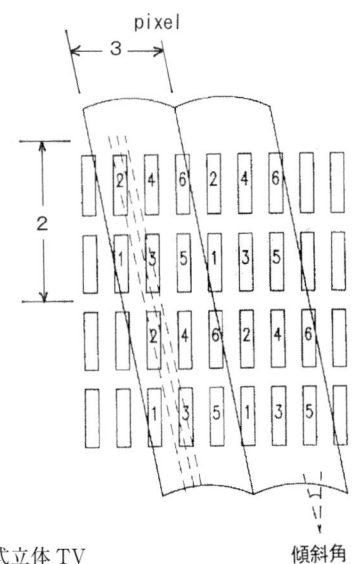

図4.36 LCDを使用した多像（6像）式立体TV

ブラウン管の表面には複雑な層構成からなるレンチキュラ板が使われており，みごとに8像式の立体TVが試作されている．

g. LCDを使用した多像式3Dディスプレイ

表4.3に示し，また4.3.2項の中で図4.13に示した3Dディスプレイはアナログ時代につくられている．近年デジタル化に伴い，画像としてLCDを使用した例を図4.35に示している．当初は1画面中の画素の数が少なかったため2像式が多かった．その後，画素の数が急激に増加し，多像化に進んでいる．このとき，多像化には2つの方式がある．1つは図4.35の延長としての多像化である．この場合，像数の増加に伴い横の解像力が落ちていく．他方，図4.36に示す方法で，レンチキュラ板を画素に対し斜めに配置して多像化[24]を実現している．図4.36は6像の例である．

4.5.3 3Dでない各種製品

レンチキュラ板の集光特性を利用すると，立体視以外にいろいろな応用商品に展開できる．

a. チェンジピクチュア

2像式の3Dディスプレイと同様に2像を1ピッチ内に合成してつくる．このとき，2像をまったく異なった画像とすることにより，この製品の見る位置により2像の中のど

ちらかの画像（2変化画像）を見ることができる．同様にして，まったく異なった3（多）像を用いて見る位置を変えることにより3（多）変化するディスプレイとすることができる．

b. アニメーション，モーフィング

上記a項における多変化の技術を用いて，連続した動きのある複数枚の画像を多像合成することができる．そして，見る位置により動きのある（アニメーション）画像を見ることができる．

画像の例として，ゴルフにおけるスウィング，サッカーにおけるボールの蹴りなどを表現する（見る）ことができる．

また，画像Aから画像Bまでの変化を多くの画像で構成し，多像合成することによりモーフィングとすることができる．

c. レインボー

印刷版は，通常Y版（Yellow），M版（Magenta），C版（Cyan）の3色でいろいろな色を出している．そこで，製作の一例を述べる．

まず，幅が約2/5ピッチのストライプ（バリア）版を3枚つくる．次に1ピッチ内でその3枚の版を左右に少しずらして固定する．そして，Y版，M版，C版の順に重ねて印刷する．

観察者はレンチキュラ板を通して眼の位置を変えることにより，黄色（Y），赤色（Y+M），マゼンタ色（M），青色（M+C），シアン色（C）となるような色の変わるシート（レインボーシート）をつくることができる．

レンチキュラ板を1mm厚以下のあるいは軟質の樹脂でつくることにより，たとえば

図4.37　サークルの写真（凸版印刷（株））　　　　図4.38　回る水車

運動靴の一部，帽子のツバ，商品ラベル等々に使用することができる．

####　d.　サークル

　レンチキュラ板を通して目の位置を変えると，放射状のパターンをグルグル回って見ることができる．

　放射状パターンを作図し，隣接する放射状パターンとの間を少しずつ回転しながら1ピッチ内に多像合成する．観察者はレンチキュラ板を通してエンドレスにグルグル回る放射状パターンを見ることができる．図4.37に基本パターンの写真を示し，図4.38に使用例の1つとして回る水車を示す．

####　e.　マイブロマイド

　個人向け商品であり，2像式チェンジピクチュアの応用製品である．

　まず，俳優，かわいい動物などの写真を1/2ピッチの幅で電子合成し，残りの1/2ピッチは空白のままとする．次に，この合成画像を透明なフィルム上に印刷するが，できれば，合成された画像の裏面は不透明な白色で止めておくとよい．そして，この印刷された画像をレンチキュラ板の裏面に接着して製品とする．

　この製品の裏面に自分（客）の写真を密着する．観察者（客）が見る位置を左右に動かすと，自分の写真と好きな俳優とのチェンジピクチュアとなる．

####　f.　高級な包装紙（箱）

　市販される商品は，通常，包装箱に入れられて販売されている．このとき，従来のレンチキュラ製品はラベルとして使われることが多い．しかし，包装箱全体をレンチキュラシート（板）でつくられた包装紙を使うこともできる．この包装紙は高価となることから高級な商品向けとなろう．

　ここで使われるレンチキュラ板は厚さ0.5 mm前後の薄いシートが適している．また，画像はラベルを兼ねて上述してきたような3D画像，アニメーション，レインボー等々商品に合わせた豪華なラベルとすることができる．

　さらに，商品を外部から見えるようにするために，包装紙の一部を型抜きしてその裏面に無色透明な樹脂フィルムを貼ることもできる．また，折り目をあらかじめ入れ，外周の型抜きをしておくことによって簡単に箱にすることができる．

####　g.　まわり灯籠（アニメーションディスプレイ）

　レンチキュラ板を使用したいろいろなディスプレイは，製品に対し観察者が移動していろいろな画像を見ている．ここで述べるディスプレイは，レンチキュラ板あるいは画像のどちらかが動くことにより，観察者が移動しなくてもいろいろな画像を見ることの

できるディスプレイである.

レンチキュラ板および画像を傾斜して使う.図4.39に傾斜したレンチキュラ板を示す.本来のピッチpに対し,見かけ上のピッチp_Aを大きくできることがわかる.

レンチキュラ板を固定して,画像の見かけ上のピッチp_Aの距離をたとえば10秒かけてゆっくり動かすと,10秒周期で画像が動くアニメーションディスプレイをつくることができる.

図4.40にアニメーションディスプレイの一例を示し,その内部構造を図4.41に示す.レンチキュラ板を表裏置き換えて画像と非接触とし,画像を動かしている.この構造を円筒状につくるとまわり灯籠ができる.

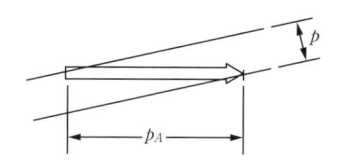

図4.39 傾斜したレンチキュラ板

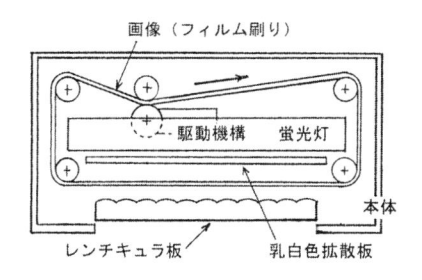

図4.40 アニメーションディスプレイ
(凸版印刷(株))

図4.41 アニメーションディスプレイの内部構造(凸版印刷(株))

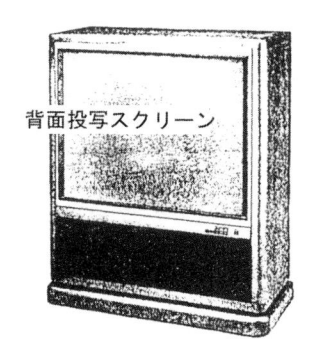

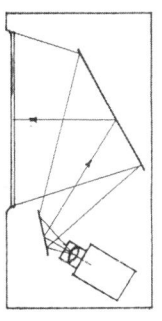

図4.42 背面投写型大型TVの外観とその内部構造の例

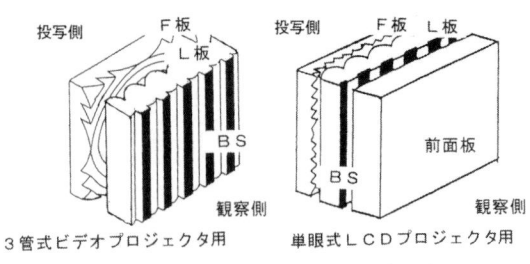

図4.43 背面投写スクリーン（RPS）

(1) レンチキュラ板　(2) バリア　(3) グラディエントインデックス板

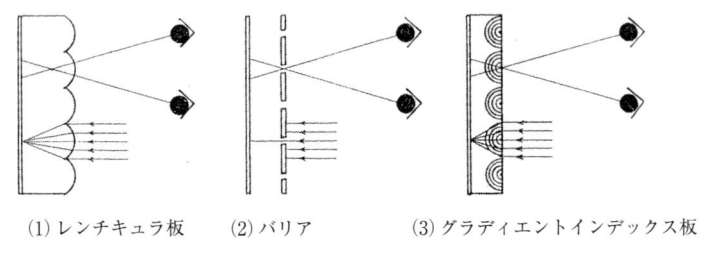

図4.44 レンチキュラ板に代わる光学材料

h. リアプロジェクションスクリーン（RPS）
　いまの大型 TV は FPD が主流になっているが，少し前には背面投写型の大型 TV が普及していた．図4.42に背面投写型大型 TV の外観とその内部構造を示す．TV 内部の下部にはビデオプロジェクタが設置されており，投写された画像は2枚のミラーを経て背面投写スクリーン（RPS）に結像する．このとき，RPS にレンチキュラ板が使われている．
　背面投写スクリーンの構造図を図4.43に示す．左は初期のタイプ，右は新しいタイプである．ビデオプロジェクタから投写される画像は，フレネルレンズ板（F 板）を通してレンチキュラ板（L 板）に結像される．レンチキュラ板の集光特性により，コントラストの高いシャープな画像を得ることができる．

4.5.4　レンチキュラ板に代わる光学材料
　レンチキュラ板と同じ機能をもつ光学材料が2つある．1つは古くからある「バリア」であり，他は最新の技術から生まれた「グラディエントインデックス板」である．図4.44にレンチキュラ板に代わる光学材料を示す．
　グラディエントインデックス板はガラスの中に屈折率の異なる材料を何層にも注入してつくられ，レンズ機能をもたせている．屈折率の異なる多くの材料をガラスの中に注

入するため，ICチップをつくるときと同様な高価な設備を使う．そして，多くのマスクを使い，多くの工程を経てつくられる．

グラディエントインデックス板は非常に高価であるが，収束幅の非常に細い集光特性をもった素晴らしいレンズ板である．

参考文献

1) 大越孝敬（1972）：三次元画像工学，産業図書
2) N. A. Valyus（1966）：STEREOSCOPY, The Focul Press
3) F. E. Ives（1903）：USP 725,567
4) C. W. Kanolt（1918）：USP 1,260,682
5) 富士フイルム（株）：FinePix REAL 3D W1 http://fujifilm.jp/personal/3D/index.html
6) 岡田三男ほか（1991）：液晶投射型連続視域三次元テレビジョンの実験，テレビジョン学会技術報告（*ITEJ Technical Report*, **15**(56), 19-24）
7) 岡田三男ほか（1991）：明るい実時間三次元映像のブラウン管直接表示装置，電子情報通信学会1991年春期全国大会 D-388
8) 濱崎襄二（1989）：三次元映像実時間撮影装置の試作研究，東京大学生産技術研究所研究成果報告書
9) 鉄谷信二ほか（1992）：臨場感通信会議における眼鏡無し立体ディスプレイ，テレビジョン学会技術報告（*ITEJ Technical Report*, **16**(80), 13-18）
10) 永嶋美雄ほか（1992）：視点追跡を用いた広視域立体表示技術，電子情報通信学会論文誌（C-11, **J75-C-II**(11), 719-728）
11) S. Shiwa, *et al.*（1994）：Development of Direct-View 3D Display for Video-phones Using 15 inch LCD and Lenticular Sheet, *IEICE TRANS. INF*, **E77-D**(9), 940-948
12) R. Boerner（1993）：Autostereoscopic 3D-imaging by Front and Rear Projection and on Frat Panel Displays, *DISPLAYS*, **14**（1）
13) R. Boerner（1999）：Four Autostereoscopic Monitors on the Level of Industrial Prototypes, *DISPLAYS*,（20）
14) 山田千彦（1994）：レンチキュラ板による立体像表示方法，日本印刷学会誌，**31**(1), 15
15) 山田千彦（1993）：レンチキュラ板立体ディスプレイにおける立体視領域，3D映像，**7**(2), 4-7
16) 山田千彦，磯野春雄（2005）：両眼視差方式3Dディスプレイにおける奥行き再現

と観察距離との関係,映像情報メディア学会誌,**59**(4),566-568
17) 山田千彦(2002):古くて新しい「ステレオ印刷」,3D映像,**16**(3),30-36
18) 岡田三男ほか(1991):液晶投写型連続視域3次元テレビジョンの実験,テレビジョン学会技術報告,**15**(56),19-24
19) NHK技術研究所(1993):メガネなし立体テレビジョン,技研公開展示試料,p.35
20) NHK技術研究所(1994):高臨場感メガネなし立体テレビジョン,技研公開展示試料,p.25
21) 金山秀行ほか(1994):メガネなし3D液晶ディスプレイ,*SANYO TECHNICAL REVIEW*,**26**(2),8-15
22) 山田千彦ほか(2003):レンチキュラ方式3D印刷画像の画質改善の一検討,映像情報メディア学会年次大会
23) 山田千彦,磯野春雄(2008):モアレ方式による疑似立体視ディスプレイの試作,映像情報メディア学会誌,**62**(3),420-428
24) Autostereoscopic Display Apparatus(2000):USP 6,064,424

5. 光線再生法

　人間は立体感を得る際に，(1) 両眼視差，(2) 運動視差，(3) 調節，(4) 輻輳をはじめとしたいくつかの生理的要因を利用しているといわれている．3D画像ディスプレイの歴史は，これら立体視の生理的要因をいかに観察者に提示するかの装置開発の歴史でもあった．現在流行している両眼視差のみを利用した2眼式ディスプレイは古くから実用化されており，既に1980年代には液晶シャッタ方式が採用されている．四半世紀の間にブラウン管はハイビジョン液晶パネルへと進化し，レンチキュラレンズを用いたメガネなしディスプレイも発売されている．周辺技術の進展のおかげでたしかに30年前からは見違える3D画像となったが，立体視の原理は同じでいわゆる眼精疲労や不快感などの問題は解決されておらず，自然な立体視とはなっていない．近年では，両眼視差のみではなく上述のいくつかの要因を同時に満たす様々な方式が提案されている．

　このような，観察者を想定し，「立体視に関わる要因をいかにして提示するか」というアプローチとは別に，実在の世界の光を再現（再生）することで，結果として人間が自然に3D画像を観察するアプローチがある．対象物体からの光の波面を再生するホログラフィが代表例である．ホログラフィの考えの根底には，「瞳にいくつ以上の視差画像を提示する」などという，観察者の想定はない．

　一方，我々の提唱する光線再生法[1]は，光の波面，位相の概念は用いないまでも，光線という概念においていかに合理的に実物体からの光を記録・再生するかについて述べたものである．光線再生法の考えに基づき記録・再生された光線は，少なくとも幾何光学的には像（実像も，虚像も）を形成することになる．光線再生法で調節が機能し輻輳と矛盾しないのは，点像の3次元的集合により3D物体を表示しているからである．観察者を想定せずとも運動視差が生じるのは，原理から明白である．

5.1 光線再生法の基本原理

点像の集合により 3D 物体を表現するため，点像の記録と再生について考える．点像からは無限本の光線が等方的に発散している．光線群の記録は，たとえば図 5.1(a) に示すようにある距離離れて配置された互いに平行な 2 曲面（Z_1 面と Z_2 面）と，光線との交点を記録することでも実現できる．図 5.1(b) に示すように，Z_1 面内の交点 z_{1i} をピンホールとし，Z_2 面内の交点 z_{2i} をカラー光検知素子とすると，z_{1i} と z_{2i} との相対的位置関係で直線が定義され，z_{2i} で検知された色情報により光線の色が定義される．

このように，z_{1i} と z_{2i} の組により記録された色つき光線は，図 5.1(c) に示すように，z_{1i} の位置に白色点光源を，点 z_{2i} の位置に記録された色で色づけされた透過型カラーフィルタを配する構成でも再生可能である．白色点光源 z_{1i} とカラーフィルタ上で色づけられた画素 z_{2i}（とりあえずここではこれらを点として考える）を結ぶ直線は唯一つだけであり，その直線は記録された光線と同じものとなる．カラーフィルタ透過後では，色も含めて記録光線が再生されることになる．再生された光線により，ディスプレイ（Z_1, Z_2 両面を含めた部分）の奥側に幾何光学的な虚像の点像が形成される．3D 物体からの散乱光は，無限個の点光源からの光線全体により構成されていると考えられるため，このようにして記録再生された点像の集合により 3D 物体の表現が可能となる．生理的要因を考えの出発点とした立体画像表示方式とは異なり，まさしく点像を 3D 空間内に配置する点に特徴がある．

ディスプレイ手前に 3D 画像を表示する場合は，実像である点像の集合を構成

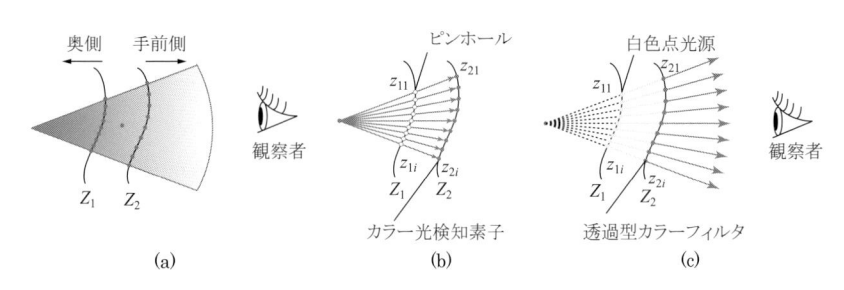

図 5.1　光線の記録・再生の一例

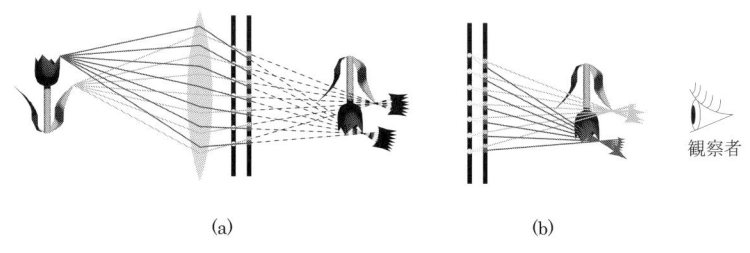

図 5.2 ディスプレイ手前に 3D 画像を再生する場合

する光線を記録・再生する．この場合については，図 5.2 に示すようにレンズ系を使って 3D 物体の実像をディスプレイ前面の表示したいところに結像させ，その結像に寄与する光線を記録すればよい．図 5.2(a) では，説明を簡単にするために倒立像を形成する光線の記録となっているが，レンズ系をアレンジすることで正立像を形成する光線を記録することも可能である．ピンホールの位置に白色点光源を，カラー光検知素子の位置にカラーフィルタを配することで，ディスプレイ手前では記録された光線そのものが色も含めて再生されることとなる．図 5.2(b) の光線を追跡すれば容易にわかるように，再生された光線によりディスプレイ前面に実像として点像が幾何光学的に結像することとなり，まさしく実像の位置に物体があるときと等価な（光線数は有限ではあるが）光線状況がつくり出されることとなる．

このように，対象物体がディスプレイよりある程度離れている状況では，点像からの光線が記録され，再生された光線により点像が形成されることとなる．少なくともこの段階では，「多視点からの画像」や「視差」というような観察者を想定した概念を導入する必要はない．記録された光線により形成された点像群（虚像も実像も）が実世界において視差を有しておれば，再生された光線群により表現される点像群にも視差があることは自明である．視差画像を形成する光線を再生するということと，再生された光線により形成された点像群には視差があるということは概念的に異なるものである．

5.2 光線再生と多眼パララックスの兼用による3D画像表示

これまでの例のように，ディスプレイからある程度離れた地点に点像を再生する状況では，光線の本数を多くとることが可能であり，点像の集合により3D画像を表現するという議論が成立した．ところが，図5.3に示すように，表示物体がディスプレイ近傍となると，点像を構成する光線を多くとることができなくなり，よほどのことがない限り観察者の眼にまで光線が到達することはなくなる．このような状況では，これまでのようないわゆる点像からの光線を記録・再生することが事実上できなくなり，点像群による3D画像再生の議論は破綻するが，上述の原理に従い記録・再生される光線は，ディスプレイ近傍の物体を多眼式パララックス法に基づき再生する場合と等価であることがわかる．

図5.3(a)のようにディスプレイ近傍に置かれた物体からの散乱光を記録・再生することを考える．カラー光検知素子の各点には，その点から対応するピンホールを通して見通す物体点からの光の色が記録されていることとなり，図5.3(b)ではパララックス情報を構成する光線群が再生されることとなる．注意が必要なのは，ここで記録・再生されている光線群は全体として視差画像を構成するもので，点像を構成する光線の再生とは異なっている．観察者は再生される視差画像によりディスプレイ近傍に3D画像を知覚するが，この状況ではピントはディスプレイに合うため，調節と輻輳の矛盾はほぼないと考えられる．

我々の方式では，点像が再生可能な領域と，多眼式パララックス法による立体視領域で光線の記録・再生の構成は変わっておらず，これらに明確な境界はない．点像の形成による表示と多眼式パララックス法に依拠する表示が混在する領域ももちろん存在するが，これらはシームレスで違和感なく観察できる．

最後に，3D画像の例を示す（巻頭カラー口絵も参照）．図5.4(a)は表示モデル，(b)は観察位置を変えたときの様子である．表

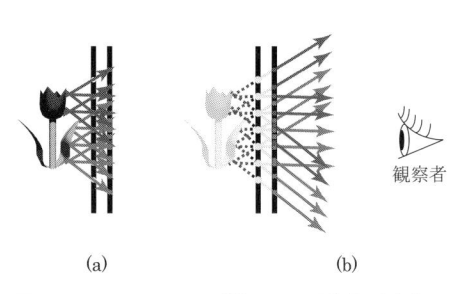

図5.3 ディスプレイ近傍に3D画像を再生する場合

5.2 光線再生と多眼パララックスの兼用による3D画像表示

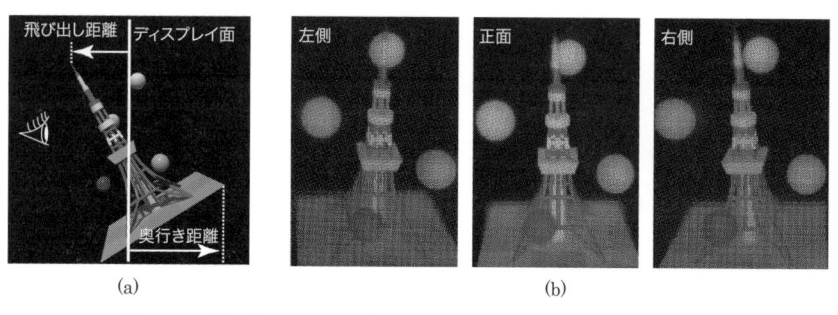

図 5.4 （a）表示モデル，（b）異なる方向から観察した3D画像

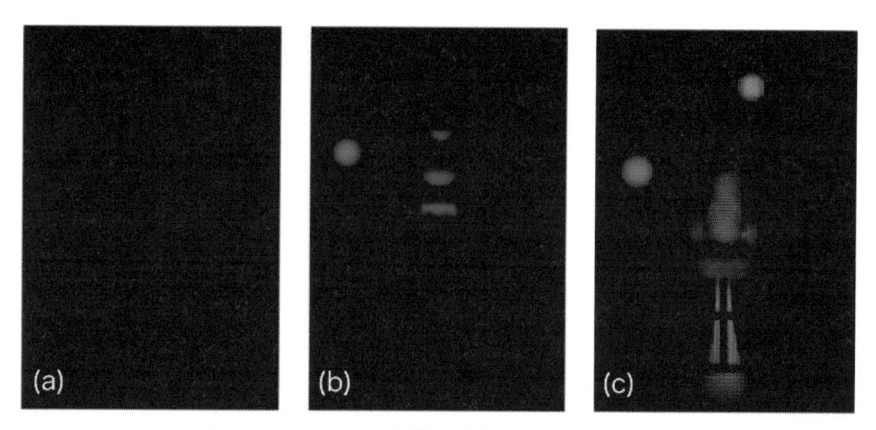

図 5.5 ディスプレイ近傍にすりガラスを置いた様子

示モデルはディスプレイ面奥から手前まで連続しており，上述したように光線再生法と多眼パララックスの兼用に基づく3D画像表示となる．図5.4(b)ではディスプレイ左側から右側へと視点（カメラ）を移動させている．タワーと黄色の球との相対関係やタワーの側面に注目すれば，視点の変化に応じて見え方が変化していることがわかる．

図5.5に3D画像近辺にすりガラスを配置することで結像の様子を示す．すりガラスの位置はディスプレイ面からそれぞれ（a）110 mm，（b）40 mm，（c）0 mmである．タワー先端は（a）から（c）へとすりガラス位置をディスプレイ面に近づけるに従いぼやけていくのに対し，タワー下部はガラス位置を近づけるほど鮮明となる．タワー中腹部分と青い球はディスプレイ面から40 mmの位置が最も鮮明である．一方，黄色と紫色の球はディスプレイ面に近づくにつれ鮮明と

なるが，ディスプレイ面上においてもいまだ像を結んでおらず，この球はディスプレイ奥側に虚像として描かれていることがわかる．

　光線再生法の基本原理と考え方について述べた．空間に像をつくるということは，光線で考える限り点像をつくるということである．原理的には，大きさゼロの点で光線が交わり点像が形成されるべきであるが，現実的には光線には太さがあり，また各光線の通過点にはズレが生じる．それでも自然に観察できる様は，多眼パララックスの領域と光線再生の領域での見え方がシームレスに接続していることからも理解できよう．許容できる点像の大きさは観測系に応じた被写界深度に依存すると考えられる．それゆえこの逆も然りであり，生理的要因に依拠するなど考えの出発点は異なるが，表示画像の密度を高めることで結果として光線再生的となる手法もある．

　物体からの光は無限個の点光源から四方八方に出る無限本の光線により構成されていると考えられる．そのため，実在の世界の光線を再現（再生）するアプローチにおいても，どのような光線を意図的にサンプリングし再生するかのコンセプトが手法を理解し，ディスプレイを設計する際に重要となる．空間に像ができているのであれば，許容される大きさの点像を再生する光線再生法とも考えられる．

図5.1～5.3は『立体視テクノロジー　次世代立体表示技術の最前線』NTS．の第2編第1章「光線再生法の考え方」図2～5に，図5.4, 5.5は「事例：光線再生法によるさまざまな3次元画像ディスプレイ」図1（a），2, 3による．

参考文献

1) 小林哲郎ほか（1997）：春季第44回応用物理学会学術関係連合講演会講演予稿集，28p-ZQ-1

6. インテグラルイメージング方式(II方式)

6.1 はじめに

　人は2つの眼で外界を見る．左右の眼に微妙に異なる景色が映ると，脳が奥行きに関する情報を知覚する．これは両眼視差と呼ばれ，立体ディスプレイの基本的な原理となっている．一方で，人は動き回りながら外界を見る．体の動きと連動して，滑らかに変化する景色を見ると，脳がさらに豊富な情報を知覚する．これは運動視差と呼ばれ，人は両眼視差と運動視差の双方により，身体と外界をより強固に結び付ける．自然で見やすい立体映像を実現するには，これらの立体知覚要因を満たすことが重要である．

　現在，様々な方式の裸眼立体ディスプレイが開発されている．本章では，視域・運動視差・クロストークの観点から，インテグラルイメージング方式（以下，II方式と表記）と多眼式を比較することで，II方式の特徴を示す．

6.2　II方式の構造

　II方式の裸眼立体ディスプレイには様々な構造がある．図6.1に，LCDパネルとレンチキュラシートから構成した一例を示す．この例でのレンチキュラシートは，水平方向だけレンズ特性をもったかまぼこ型レンズを多数並べたものである．横ストライプカラー配列かつ信号配線を傾けた画素構造のLCDを採択することで，稜線が垂直のレンチュキュラシートとの組み合わせにおけるモアレの発生を抑制できる．各レンズの背面の画素に，視差情報として，見る角度によって変わる画素情報を表示すると，立体視できる．

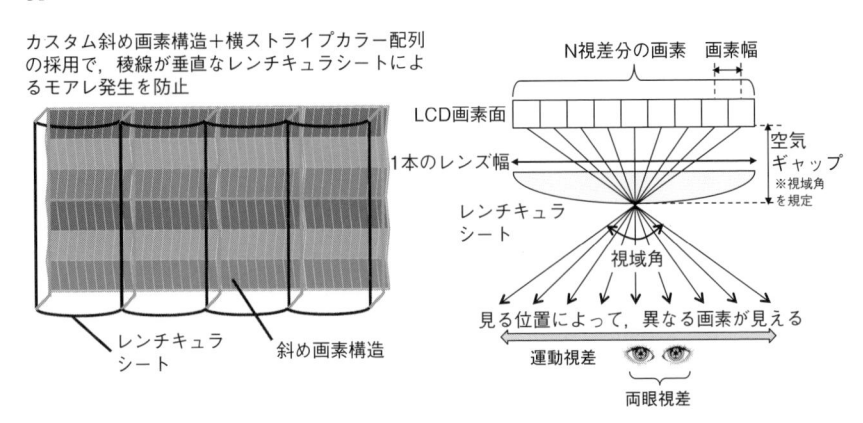

図6.1 II方式の裸眼立体ディスプレイ構造の一例

6.3 視域と運動視差

II方式では，空間像を再生するという設計指針に基づき，視点はあらかじめ設定しない．このため，比較的広い範囲内（以下，視域と表記）で頭を前後左右に動かしても，連続的に別視点から見た立体映像に変化して見える．多眼式は，あらかじめ設定した視点位置で，両眼視差に基づく立体映像を見せるという設計指針に基づく．このため，頭を左右に動かすと，別視点から見た立体映像に不連続に切り替わったり，前後方向に動かすと立体映像が破綻したりする．

図6.2に，運動視差の連続性と視域の関係を定性的に示す．視域の形状は運動視差と関係する．一般に，II方式は連続的な運動視差，多眼式は不連続な運動視差をもつものとして分類できる．一方，2眼式は運動視差をもたない．

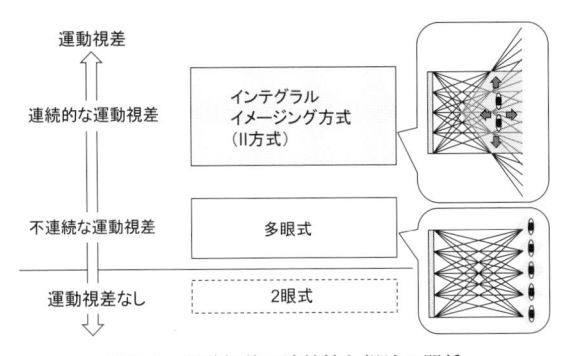

図6.2 運動視差の連続性と視域の関係

本質的には，II方式と多眼式の相違は，光線空間のサンプリングの相違である．被写体を立体ディスプレイに表示する場合，被写体をサンプリングしてデータ化する．サンプリングされたとおりの立体映像が表示されることが理想だが，再生可能な光線本数（視差数）が少ない場合，「表示される立体映像とサンプリングデータ間の誤差」と「視域の広さ」にはトレードオフの関係が生じる．

光線本数（視差数）が少ない場合，II方式では，視域は連続的で広いが，視域内のどこから見ても，サンプリングデータが不足し，立体映像に一定の誤差を含む見え方になる．一方，多眼式では，不連続ではあるものの，視点位置では正しいサンプリングデータによる誤差のない立体映像が見える．

ただし，光線本数が十分多くなると，II方式では，立体映像の誤差が減少し，多眼式では，視点位置が増える（視域が広がる）．そして，最終的には両者の見え方は同じになる．

以降は，光線本数が少ない場合について述べるので留意されたい．

II方式も多眼方式も，設定視距離に応じて，ソフトウェア的に立体映像に見える視域形状を変えられることが知られている．図6.3に，II方式における視域形状の制御法を示す．この例では，ハードウェア設計が9視差でも，1レンズに対応する画素数9個を基本としつつ，ソフトウェア的に，9より多く10より少な

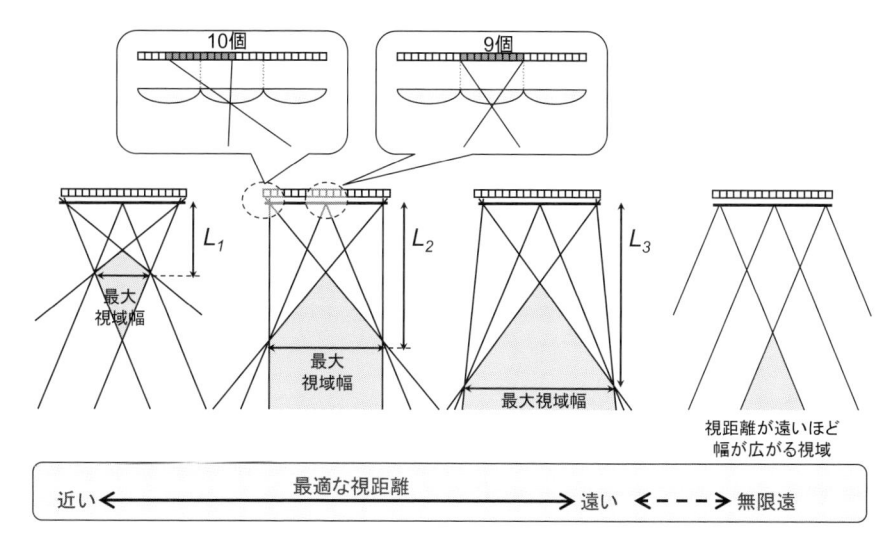

図6.3　II方式における視域形状の制御法

い画素（画面全体の平均値）を対応させることで，画面端に近づくにつれレンズと画素の対応関係を変え，視域形状を制御している．しかし，十分に広い視域で，連続的な運動視差を伴った，飛出し／奥行きが大きな立体映像を実現するには，より多くの視差数が必要になる．理想的なII方式の実現には，4K2Kパネルや8K4Kパネルの普及が待たれる．

6.4 クロストーク

II方式と多眼式の違いは，クロストークの扱いにも表れる．クロストークとは，図6.4に示すとおり，各視点で，隣り合う視差画像が混合されることを意味する．

視差数の比較的少ないII方式では，積極的に，隣り合う視差画像を適切な比率で混合する．これによって，滑らかな運動視差を実現できる．ただし，光線本数に対して飛出し／奥行きが大きいと，クロストーク起因の多重像が発生する．2眼式や多眼式では，視点位置でのクロストークを0に近づけることで，飛出し／奥行きが大きい立体映像の多重像を抑制する．ただし，大きく飛び出した場合には，輻輳と調節の不一致に基づく疲労が大きいことはよく知られている．

最後に，レンチキュラシートをはじめとするレンズアレイとLCDをはじめとするフラットパネルを組み合わせた裸眼立体ディスプレイでは，パネルのブラックマトリクス部とレンズアレイの干渉に起因するモアレの抑制が重要な課題となる．光線本数が少ない場合は，光線の分離と輝度変化，すなわち，クロストークとモアレは不可分の関係にある．II方式では，連続的な運動視差とモアレの抑制が両立する．一方，多眼式では，視点位置をはずれたときの輝度変化や不連続な

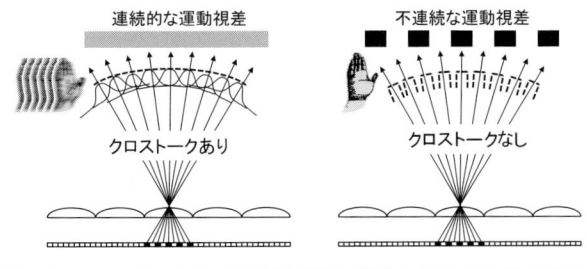

図6.4 クロストークによる運動視差の滑らかさと多重像の関係

立体映像の切り替わりを抑制するためにクロストークを導入する例もあり，クロストークの扱いによるII方式との差異は不明確になる傾向にある．

6.5 平置き型の立体視とII方式の今後

以前より，赤青眼鏡を使用するアナグリフ方式で，斜め上方から俯瞰して見る平置き型の立体視が知られていた．II方式は連続的な運動視差と視域の広さから，平置き型の立体視に適している．平置き型の立体視には，幾何学的な特性から，以下の特徴があると考えられる．
・誘導：手の届く距離（60 cm 程度）に近づく
・体感：今そこにあるかのような存在感を感じる
・誘発：手を伸ばし，立体映像に触れようとする

「手を伸ばし，立体映像に触れようとする」という能動性は，2Dディスプレイにはない特徴である．図6.5に示すとおり，II方式は，滑らかな運動視差をもつので，手や実物体と立体映像のインタラクションを，自然に行うことができる．今後，立体映像と現実世界の自然なインタラクションにより，臨場感を超えた，"今そこにあるような存在感を伴う実世界インタフェイス"の実現が期待される．

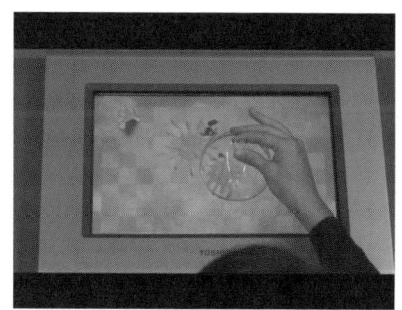

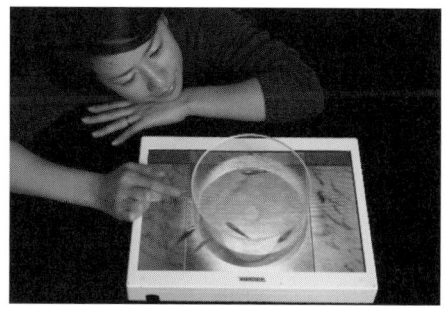

図6.5 手や実物体と立体映像のインタラクション

参 考 文 献

1) T. Koike, A. Yuuki, S. Uehara et al. (2008): Measurement of Multi-view and Integral Photography Displays Based on Sampling in Ray Space, pp.1115-1118, IDW 2008.
2) R. Fukushima, K. Taira, T. Saishu et al. (2004): Novel Viewing Zone Control Method for Computer Generated Integral 3-D Imaging, *Proceedings of SPIE*, **5291**, 81-92.
3) R. Fukushima, K. Taira, T. Saishu et al. (2009): Effect of light ray overlap between neighboring parallax images in autostereoscopic 3D displays, *Proceedings of SPIE-The International Society for Optical Engineering 7237*, art. no. 72370W.
4) H. Hoshino, F. Okano, H. Isono et al. (1998): Analysis of Resolution Limitation of Integral Photography, *J. Opt. Soc. Am.*, A **15**, 2059-2065.
5) 福島理恵子, 平山雄三 (2006): 鑑賞者参加型の3次元映像ディスプレイ, 情報処理, **47**(4), 368-373.
6) 杉田 馨, 福島理恵子, 小林 等ほか (2007): 自然で直感的な立体映像操作を実現するインタラクティブ3次元ディスプレイシステム, インタラクション 2007.

7. インテグラル方式

　インテグラル方式の立体テレビは，インテグラルフォトグラフィ（Integral Photography，以下 IP）の原理を電子媒体であるテレビジョンに応用した立体映像システムである．この方式は，現在の2眼ステレオ方式が左右の眼にそれぞれの視点から見える2次元映像を供給する方式であるのに対し，光学像を形成することでより自然な立体映像の効果を得るものである．光学像を再生できる点で同じ特徴をもつ方式としては，光の波面の記録再生によりこれを実現しているホログラフィがある．波面再生による像再生は，実物からの光に近いより忠実な状態をつくり出せるが，基本的にはレーザ照明が必要であることやこれまでの映像信号と異質の干渉縞パターンを扱うことから，立体テレビジョンとしての実現には相応の時間を要する．一方，IP はホログラフィに比べて現在の映像技術をそのまま適用しやすい．このため，IP の原理を用いたインテグラル立体テレビは，自然な立体像再生を比較的近い将来に実現できる可能性がある．本章では，インテグラル立体テレビの特徴とその開発状況について述べる．

7.1　インテグラルフォトグラフィの原理と特徴

　IP は，いまから100年以上前の1908年にリップマン（Gabriel M. Lippmann）が提案した方式である[1]．彼の提案は，微小なレンズを隙間なく平面状に敷き詰めたレンズアレイ（レンズ板とも呼ぶ）を撮影と表示の双方に用いるものである．その提案によれば，両面に微細な凸状加工を施したレンズアレイを形成した透明フィルムを製作し，その片面に感光剤を塗布したものを用いて撮影しそれを現像してそのまま表示に用いる，としている．ここで彼は，立体写真としての特徴以外に，微小レンズごとに遮光セル構造を用いることにより通常のカメラで用

いられる暗箱が不要である，との利点もあげている．当時の技術的な制約もあり，リップマン自身はこの提案を十分に実証できたわけではなく，試作による実証や原理的な検討は後の人々によって行われてきた[2]．

なお，インテグラルフォトグラフィという名称は原論文のタイトルに用いられているものである．インテグラルは我々には積分記号でなじみが深いが，ここでの意味は「完全な」という意味で用いられており，被写体の奥行きを含めた情報を完全に写し取るという意味をもたせたものと解釈できる．

a. インテグラルフォトグラフィの基本原理

IPの基本原理は，被写体から発する光線群の記録と，その逆過程と解釈される光線群の再生である．図7.1にこれを示す．リップマンの原案では，両面に凸レンズが形成されたレンズアレイを用いるが，ここではレンズの結像作用は除外し単純に光線群の状態を説明するためにピンホールアレイを用いて説明する．

撮影・記録の原理は図7.1(a)のように示される．ここでピンホールアレイは，ピンホールが規則的な2次元パターンで並んだものであり，それと同様な大きさをもつ記録媒体（写真乾板や撮像デバイス）がその後に配置される．ピンホールアレイと記録面の間隔は一定に保たれる．記録面には各ピンホールごとに被写体の倒立像が形成されるが，この小画像の一つひとつを要素画像と呼ぶ．

表示・再生（図7.1(b)）では，記録媒体の代りに写真乾板を現像したもの（撮像デバイスの場合は大きさが同じ表示デバイス）が配置されるが，ピンホールアレイとそれらとの位置関係は撮影時と同一とする．写真乾板は裏面から照明され，要素画像はピンホールを通じて，元に被写体が位置した空間に投影される．ここで，図中の被写体である矢印上の1点に着目すると，この点に対応する各要素画像からの光線は各ピンホールを通って被写体が存在していたその点の位置に集まり，点像（実像）を形成することがわかる．被写体像全体にわたって考えた場合も同様に，記録時と光線が逆に再生されて光学的な像が，元に被写体が存在した場所に形成されることになる．これを観察した場合，光線が眼に入る一定の角度内の領域に限られるが，実物を見る場合と同様な視点に応じた変化のある自然な像が得られる．

なお，図7.1(b)で観察される映像は，輝度・色の情報は被写体のピンホールアレイ側から見たものであるが，その奥行きは反対側すなわち図の眼の側から見

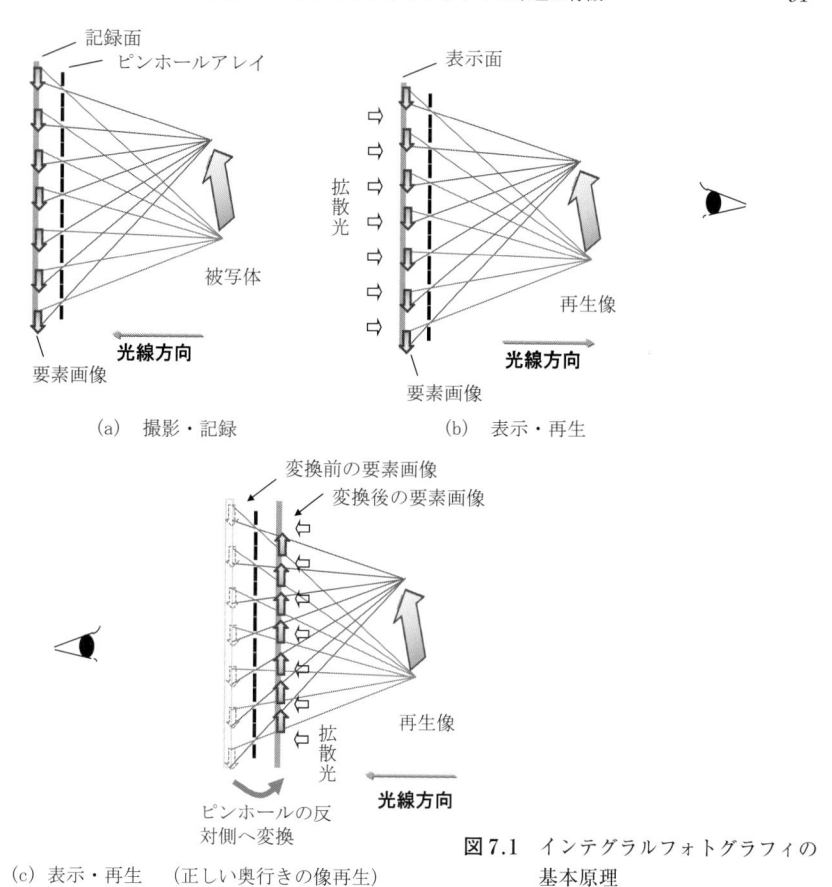

7.1 インテグラルフォトグラフィの原理と特徴

(a) 撮影・記録

(b) 表示・再生

(c) 表示・再生　（正しい奥行きの像再生）

図7.1　インテグラルフォトグラフィの基本原理

たものとなり，奥行き反転映像となる．これを正しい再生像として見るためには光線群の向きを再度逆転し，図において左側から観察できるようにすればよい．そのためには図7.1(c)に示すように，ピンホールと要素画像群の位置を入れ替え，要素画像の各々をピンホールに対しさらに反転した映像に変換する必要がある．この変換は画像処理的に行えるが，光学的にこの変換と等価な作用をもつレンズを用いることも可能である．

　ここまでピンホールにより説明したが，実際には再生像の明るさ確保の点でレンズが用いられることが多い．レンズを用いた場合も原理は同様である．レンズの結像特性を積極的に用いて特定の奥行き位置において再生像の解像度を改善する手法もあるが，本章では図7.2に示すように表示面（あるいは記録面）とレン

(a)レンズアレイ　　　　　(b)ピンホールアレイ

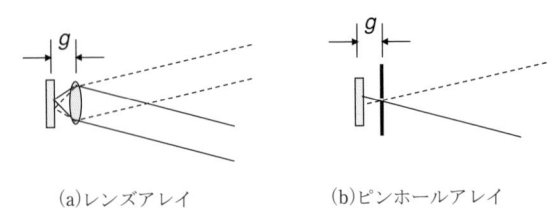

図7.2　レンズアレイとピンホールによる光線再生
レンズの焦点距離の位置に要素画像を置き，その1点から再生される光線が
並行となるように配置する．ピンホールを用いた場合より明るくなる．

ズアレイの間隔は，レンズの焦点距離に保つものとする[3]．これにより，要素画像上の各点からの光線は，点の位置に応じた角度をもちレンズ径の幅をもつ平行光線となる．

b. インテグラルフォトグラフィの特徴

IPの原理に基づく再生像は，他の立体映像方式とくに2眼ステレオ式に比べ次の特徴をもつ．
(1) メガネなどの特殊な装置なしで見ることができる．
(2) 視点の移動に応じた自然な変化が再現できる（自然な運動視差）．
(3) 水平だけでなく垂直方向の奥行き手がかりも再現できる．

視点の移動に対しては上下左右だけでなく前後においても，たとえば前景と背

左右だけでなく，上下・遠近の視点移動に
対しても自然な映像変化

全方向視差により横になって見ても立体像を見ることができる

図7.3　インテグラルフォトグラフィの再生像の特徴

景のパースペクティブの変化のように実物同様の変化がある．垂直視差を含めた全方向視差を備えることは，観察時の両眼の位置関係が水平でなくとも正しい3D映像を見ることができることであり，寝転がって横になって見てもよい（図7.3）．また，2眼ステレオ式では見る人の瞳孔間隔の違いにより奥行き感の差異を生じる可能性があるが，IPでは実物を見る場合と同様にそれぞれの奥行き感覚で見ることができる．

c. 解像度と視域

図7.1の基本原理で示すように，再生像はピンホール1つが1輝点となって見える離散的な構造となるため画質はピンホール密度（またはレンズアレイのレンズ密度）に依存する．また，再生像は，要素画像が一定の角度で拡大投影された像が集積することで生成される．このため要素画像に解像度の制限要因（記録表示面の限界解像度や有限の画素数など）があれば拡大投影を通じて再生像に影響し，それはピンホールアレイ（またはレンズアレイ）から離れるほど顕著になる．この特性は，IPの設計上重要であるため以下に詳細に述べる[4]．

IPの表示装置から視距離 L で3D再生像を観察することを考える．解像度は，観察位置から映像を見込んだ単位角度（ラジアン）当りの周波数として表すこと

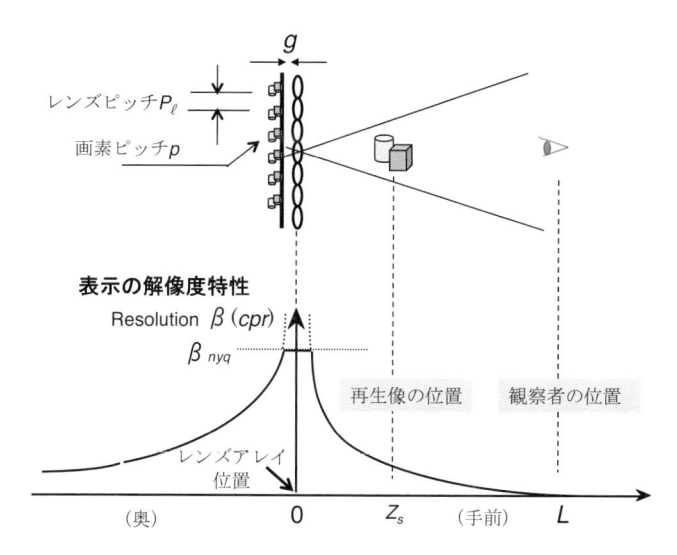

図7.4 インテグラルフォトグラフィの解像度

にする．ここで，アレイを構成するピンホール（もしくはレンズ）に起因する解像度劣化要因（回折やレンズの性能）の影響がないものとし，要素画像を投影する際の解像度劣化要因は表示面の有限な画素数による解像度限界であると考える．図7.4の上図にIP表示の構成要素の位置関係を示す．ピンホールアレイでも同様であるので，以下ではレンズアレイを用いて説明する．レンズアレイの位置を原点とし再生像位置をZ_S（正負は図の座標によるものとする），表示面とレンズアレイ間隙をgとすると，要素画像の表示面における画素構造（画素ピッチp）は拡大投影によりZ_S/g倍に拡大される．再現可能な空間周波数の上限は画素構造のナイキスト限界で表される（画素の空間周波数の1/2）．それが再生像位置に応じた倍率により空間的に拡大され，観察位置から見込むことを考える．観察位置と再生像間は$L-Z_S$であるから，Z_Sの符号を考慮し，さらに整頓すると観察位置から見た（画素構造に起因する）空間周波数の上限βは，

$$\beta = \frac{g}{2p} \cdot \frac{L-Z_S}{|Z_S|} \quad (7.1)$$

となる．これはレンズアレイ構造を考えない場合である．一方でレンズアレイ構造を観察位置から見込んだ場合のナイキスト限界β_{nyq}は，

$$\beta_{nyq} = \frac{L}{2P_l} \quad (7.2)$$

で与えられる．ここでP_lはレンズ間隔である．式（7.1）と式（7.2）は限界解像度であり，観察される再生像の限界解像度$\bar{\beta}$は両者の値の小さい方，

$$\bar{\beta} = \min[\beta_{nyq}, \beta] \quad (7.3)$$

で与えられる．

　これらの式により，IPにおける一般的な解像度特性を示すと図7.4の下図のようになる．再生像の奥行き位置が表示装置（レンズアレイ位置）より手前に飛び出す，あるいは奥に位置する場合，限界解像度は低下するが，表示装置の位置あるいはそれに近い位置では限界解像度が高くなる．しかし，どちらの場合も最終的にはレンズアレイ構造により離散化した映像が観察されるため，たとえ表示面付近の条件のよい場合でもレンズアレイの離散構造のナイキスト限界β_{nyq}で制限される．

　この特性は，表示面から遠い対象物の記録・再生に関わる像は，要素画像の中で相対的に小さくなり，そのため表示面の解像度制限の影響を極端に受けるのに

7.1 インテグラルフォトグラフィの原理と特徴

対し，表示面（正確にはレンズアレイ）付近の対象物は，対象物の部分部分の拡大された映像が要素画像として記録再生されるため，表示面の解像度制限の影響が小さくなるためと考えることができる．とくに，ちょうどレンズアレイ上では要素画像内の映像変化はなくなり同一色で塗りつぶされた形となる．

なお，これらの原理的な解像度特性に関わる劣化のほか，実際の映像システムでは種々の解像度劣化要因が存在する．これらについても，撮影・表示時のレンズのフォーカス距離による解像度の変化要因や，総合的な MTF（Modulation Transfer Function：解像度特性）の波動光学的な特性の検討が行われている[5]．

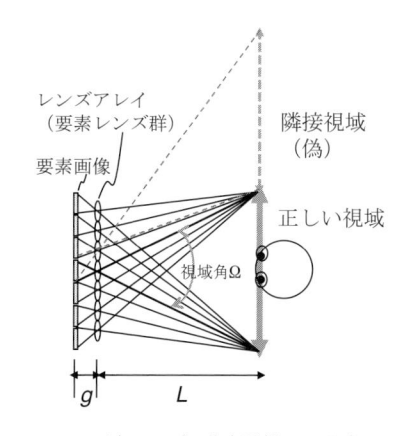

g は要素レンズの焦点距離 f に設定

図 7.5 インテグラルフォトグラフィの視域

次に視域を考える．視域は，観察者が視点を動かしても正しい3D再生像が見える範囲をいう．IPの特徴の1つに運動視差があるが，視域は運動視差を再現できる範囲でもある．視域の形成の様子を図7.5に示す．視域は要素画像が要素レンズによって投影される角度に相当し，その角度（視域角）を Ω（ラジアン）とすると，

$$\Omega \approx \frac{P_l}{g} \tag{7.4}$$

で表される．なお，間隔 g は，レンズアレイを用いた場合はほぼ焦点距離 f に設定する[3]．視域は g に反比例するが，式（7.2）で示される解像度は g に比例する．

上記をまとめると，(a) 解像度の上限はレンズ密度で決まる，(b) 手前・奥の再生像の解像度は要素画像の解像度で決まる，(c) 画質を保ちながら（(a)と(b)を保ったままで）視域を広げるためには，要素画像の解像度も高くする必要がある，というトレードオフがある．たとえば，総画素数が N である同一の映像システムをベースにした場合，レンズ数が N_l，要素画像当りの画素数を N_e とすると，おおよそ $N = N_l \cdot N_e$ と書ける．両者はトレードオフになるため，

解像度特性 β (cpr)

(A)

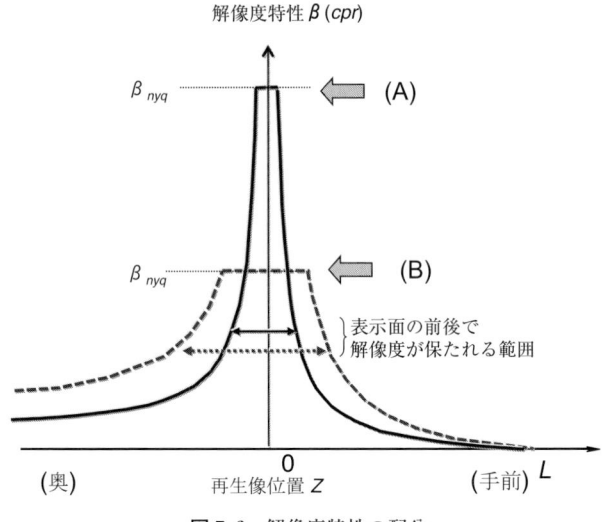

(B)

表示面の前後で
解像度が保たれる範囲

(奥)　　　再生像位置 Z　　　(手前) L

図 7.6 解像度特性の配分

たとえば図 7.6 において図の A の特性から N_l を 1/2 とすると，B の特性となり，$β_{nyq}$ は減じるが $β$ は 2 倍となってより広い奥行き範囲で解像度が保存されるようになる．

このように，3D 映像の表示品質に関係する (a)〜(c) の 3 要素についてすべてを改善しようとすると，ベースとして用いる映像システムには非常に高い解像度が要求される．

7.2　インテグラルフォトグラフィのテレビジョンへの応用

IP を将来の放送や情報通信に応用する場合，電子的手段による動画映像システムを構築する必要がある．この場合の課題を列挙すると，
(1) 解像度が十分に高いカメラとディスプレイの使用
(2) 撮像・表示間のレンズアレイの位置精度の確保
(3) リアルタイム性の確保

があげられる．(1) の必要性は前項で述べた．(2) については以下に説明する．
　オリジナルの IP の提案では，レンズアレイと感光材とは一体で，同一の組合せでカメラ，ディスプレイ双方に用いたと考えられる．実は，この場合はレンズ

アレイの配列位置の誤差はあまり問題にならない．記録と再生で同一のレンズアレイを用いる限り，再生される光線の方向は記録時と同一になるからである．これに対して，IPをテレビに応用した場合，レンズアレイは撮影と表示で異なる．このため，相対的な位置誤差がある場合には問題になる．このため高い位置精度のレンズアレイを用いることが必要になる．

（3）については，テレビジョンの特徴といえるが，実際の装置では種々の信号処理による特性の補正や補強も必要であり，これらを含めたリアルタイム性が求められる．とくに，（1）の要請により膨大な映像情報を扱うため，これらの処理を高速に行う必要がある．

IPの電子化における当面の研究開発では，（1）の課題，すなわち3Dの画質を確保するため，いかに高解像度な映像システムを構築するかが最大の課題となっている．このため，IPの3D映像としての特徴を水平方向のみにとどめ，現行の技術による高画質3D像の再生を目的とした研究も行われている[6,7]．

なお，冒頭で述べたようにインテグラルフォトグラフィは立体写真としての名称であるが，同一原理に基づき電子的な手段あるいはデジタル映像として応用した場合の一般名称としてはインテグラル式，インテグラルイメージング，あるいはインテグラル方式などとも呼ばれる．

7.3 インテグラル立体テレビの基本構成

インテグラル立体テレビはNHKが開発しているインテグラル立体テレビの原理に基づく立体テレビである．1995年より静止画による基礎的な検討が始まり，その後ビデオシステムによる試作が行われ，将来の実現に向けた研究が進められてる．

インテグラル立体テレビの基本構成を図7.7に示す[8]．この構成は試作開始の当初よりほとんど変更がなく，映像システムの高性能化を図ることで3D映像としての改善を進めてきている．以下に要素となる技術を説明する．

a. 奥行き制御レンズと集光レンズ

図7.1に示した基本原理では，レンズアレイの後方焦点位置の付近に写真乾板を置くことを想定した．写真乾板ではなくカメラを用いることを考えると，写真

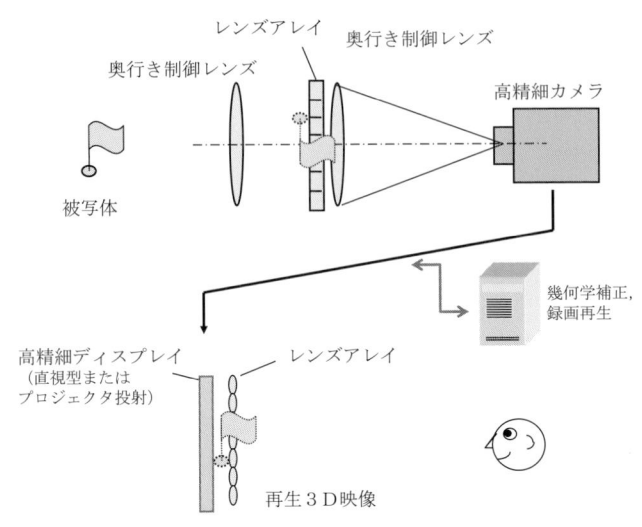

図 7.7 インテグラル立体テレビの基本構成

乾板の位置にスクリーンを置いて像を形成し，それをカメラで撮影することが考えられる．しかし，遠方の被写体を考えた場合，この位置に要素画像の実像が形成されるため，スクリーンを省略し，実像を直接カメラで撮影することができる．ただし，スクリーンの代りに集光レンズを置き，カメラ方向に光線を集中させることが必要である．

奥行き制御レンズは，被写体の実像をレンズアレイ近傍に形成する機能をもつ．この操作により，7.1 節 c 項で述べたレンズアレイから離れた再生像の解像度低下を防ぐことができる．また，この奥行き制御レンズを用いれば，表示の際の表示面からの飛び出し量を効果的に制御することができる．

b. レンズアレイ

ディスプレイ側のレンズアレイは凸レンズアレイを用いるが，撮像側は屈折率分布レンズ（gradient-index lens の頭文字から GRIN レンズとも呼ばれる）と呼ぶファイバレンズを用いる[9]．これは半径方向に屈折率が変化する特性をもつ特殊なファイバレンズであり，通常，凸レンズでは倒立像となるのに対して正立像の要素画像が得られる．この性質により，7.1 節 a 項で述べた奥行き逆転現象を回避することができるため，撮影した映像を直接表示することが容易となり，

リアルタイムの撮像・表示システムが構成しやすい．

これらのレンズアレイは撮影・表示とも位置精度の高いものが必要となる．

c. 補正処理

IPはその原理から，映像情報（たとえば奥行き量）を抽出・処理することは必要なく，カメラとディスプレイを直接接続することで3D映像の生成が行える方式である．しかし，撮影・表示で共通のレンズアレイを用いるオリジナルのIP構成と異なり，カメラ側と表示側でそれぞれ別のレンズアレイを用いることから，これら相互のレンズ位置の誤差が再生像に影響する．

図7.8はレンズアレイの中の1つのレンズに位置誤差が生じた場合の影響を示す．この誤差が撮影時に生じると，表示時にはそのレンズから生じる光線は正しい方向に再生されず解像度低下や再生像の歪みを生じさせる．その影響は，レンズアレイから離れた再生像で顕著になる．誤差の分布と大きさがわかっている場合に，誤差のある要素画像の位置を誤差の量だけシフトすることで補正を行うことができる．図7.9において，撮影時の光線Aは撮影・表示の相互のレンズ位置に誤差δがあると光線Bのように方向が変化し，再生像に著しい劣化を生じる．誤差δがわかっている場合，要素画像をδだけシフトすれば光線Cとなり，位置の誤差δは残るが正しい光線と平行な光線Cを得ることができ，表示面から離れた再生像の劣化を低減することができる[10]．

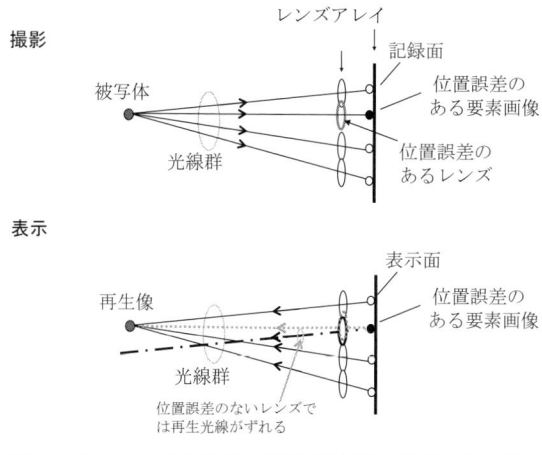

図7.8 レンズの位置誤差の影響（撮影時に誤差のある例）

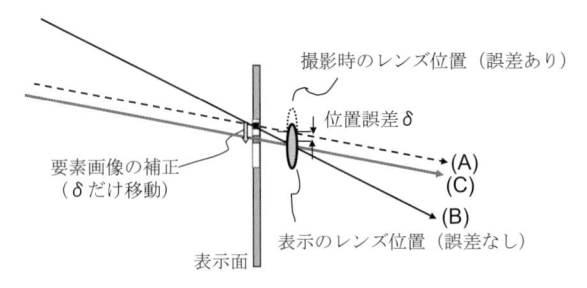

図7.9 レンズの位置誤差の補正

歪み要因はレンズアレイだけでなく，カメラの撮影レンズ，ディスプレイに投影装置を用いる場合の投射レンズと設置，カメラとレンズアレイの設置などでも生じるため，映像系全体にわたって歪みを管理し，補正することが必要となる[11]．

d. 映像システム

レンズアレイと組み合わせる高精細映像システムは，7.1節c項に示したように非常に多くの画素数が利用可能なものが望ましい．マルチカメラ，マルチプロジェクタの構成，すなわち1台当りの画素数が多くなくとも多数組み合わせることで超高精細映像システムを構成する考えがある．一方でこの技術は高度な位置補正技術を要する．このため，インテグラル立体テレビでは単一の高精細映像システムをカメラ，ディスプレイ双方に用いている．NHKでは，次世代の超高精細テレビジョンとしてスーパーハイビジョン（SHV）の開発を進めており，インテグラル立体テレビの最近の試作ではSHVの技術を取り入れることで，カメラ，ディスプレイや記録装置を含めた映像システムの構築を行っている．

7.4　インテグラル立体テレビの試作装置

a. 初期の試作

試作を行った最も初期のモデルは1998年に学会発表され，翌年のNHK技研一般公開に展示された（図7.10）．これは，HDTV解像度のカメラとSXGA解像度の液晶ディスプレイを適用して構成したものであり[12]，展示の際にはカメラとディスプレイを接続してライブ映像を映した．レンズアレイは撮像側は

7.4 インテグラル立体テレビの試作装置   101

|撮像装置|表示装置|

図 7.10 インテグラル立体テレビの初期の試作（1999 年 NHK 技研公開で展示）

GRIN レンズを，表示側は凸レンズアレイを用いており，レンズ数は約 3,000，視域角は約 8°であった．

その後，HDTV の縦横倍の解像度となる走査線 2,000 本級システム（いわゆる 4k 映像システムに相当）をベースとした撮像表示システムの試作を行った[13,14]．レンズ数は約 18,000，視域角は約 12°であった．

b. スーパーハイビジョンの適用による試作

NHK では次世代のテレビとして，ハイビジョンの 16 倍の 3,300 万画素を有する超高精細映像と，22.2 マルチチャンネルの 3 次元音響からなるシステム，スーパーハイビジョン（SHV）の開発を進めている[15,16]．カメラやディスプレイの機器開発，さらには愛知万博（2005 年）や国際伝送実験（2008 年）などでの実績を重ね，将来の放送を目標に据えている．この SHV 技術をベースシステムとしてインテグラル立体テレビへの適用を行い，3D 再生像の画質改善を進めてきた．

初期の SHV は，その仕様を直接達成できるデバイスがまだ存在しなかったため，組合せ技術である画素ずらしを用いた．すなわち，2 枚の 4k 映像デバイスを，相互の画素配置が縦横に 0.5 画素オフセットした位置になるように組み合わせ，8k 相当の解像度を得る技術である．カメラ，ディスプレイ双方にこの技術を用いた走査線 4,000 本級システムに基づくインテグラル立体テレビを試作した[17,18]．これによる再生像の例を図 7.11 に示す．

SHV の画素数は本来 3,300 万画素（水平 7,680×垂直 4,320）であり，その仕様（フル解像度）をもつ SHV 映像システムをベースにした試作を進めており，

図 7.11 インテグラル立体テレビによる再生像（走査線 4,000 本級ベースのシステム）
再生像を上下左右 4 か所から撮影したもの

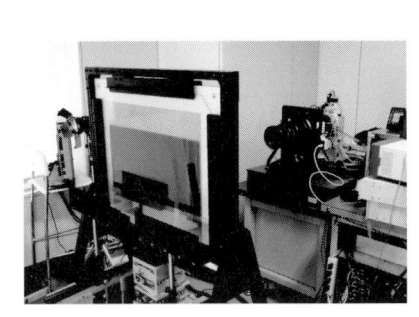

（左上：上視点、左下：左視点、右上：右視点、右下：下視点）

図 7.12 フル解像度スーパーハイビジョン技術を用いた試作装置
（左：撮像装置、右：表示装置）

2009 年にレンズ数約 25,000 の装置（図 7.12），2010 年にレンズ数約 100,000 の装置を公開した[19]．視域はともに約 24° である．この間，幾何学歪みの解析[18,20]，画素構造に起因するモアレ妨害の解析[21]，奥行き制御レンズ機能を信号処理で行う試み[22]などの画質要因の解析とその改善を進めた．

インテグラルフォトグラフィは，原理の上から多くの特徴をもち，将来の放送や情報通信技術への適用が期待できる．インテグラル立体テレビはこの原理に基づく立体テレビ方式であり，最新の SHV 技術の適用などにより画質改善が進められてきた．放送を意図したような多様な被写体の表現には全体的な性能がまだ

不足しており，解像度と視域のいっそうの改善を目指した技術開発が必要である．

一方で，インテグラル立体テレビにより取得した3D映像をホログラフィへ変換する手法や[23]，複数配置したカメラ映像からIP画像に変換する技術の開発[24]など，新たな可能性に向けた試みも行われている．

なお，SHV技術に基づく装置の試作は，一部を情報通信研究機構（NICT）委託研究「多並列・像再生型立体テレビ・システムの研究（平成18～22年度）」として，JVC・ケンウッド・ホールディングスと共同で実施したものである．

参考文献

1) G. Lippmann (1908)：Photographie — Épreuves reversibles. Photographies intégrales., *Comptes-Rendus*, **146**, 446-451
2) 大越孝敬（1991）：三次元画像工学，朝倉書店
3) 洗井 淳ほか（2001）：インテグラルフォトグラフィの撮影時におけるフォーカスに関する検討，映情学誌，**55**(5)，678-687
4) H. Hoshino *et al.* (1998)：Analysis of resolution limitation of integral photography, *J. Opt. Soc. Am. A*, **15**, 2059-2065
5) F. Okano *et al.* (2007)：Wave Optical analysis of integral method for three-dimensional images, *Opt. Lett.*, **32**(4), 364-366
6) Y. Takaki, and N. Nago, (2010)：Multi-projection of lenticular displays to construct a 256-view super multi-view display, *Opt. Express*, **18**(8), 8824-8825
7) 岩澤昭一郎ほか（2010）：プロジェクタアレイ方式裸眼立体ディスプレイの試作，映情学技報，**34**(43)，29-32
8) F. Okano *et al.* (1999)：Three-Dimensional Video System Based on Integral Photography, *Opt. Eng.*, **38**(6), 1072-1077
9) J. Arai *et al.* (1998)：Gradient-index lens-array method based on real-time integral photography for three-dimensional images, *Applied Optics*, **37**(11), 2034-2045
10) M. Okui *et al.* (2004)：Improvement of integral 3-D image quality by compensating for lens position errors, *Proc. of SPIE*, **5291**(36), 321-328
11) J. Arai *et al.*(2004)：Geometrical Effect of Positional Errors in Integral Photography, *J. Opt. Soc. Am. A*, **21**(6), 951-958
12) 洗井 淳ほか（1998）：屈折率分布レンズを用いたインテグラルフォトグラフィ撮像

実験，三次元画像コンファレンス'98, 3-2, pp. 76-81
13) J. Arai *et al.* (2003)：Integral Three-Dimensional Television Based on Super-High-Definition Video System, *Proc. of SPIE*, **5006**, 49-57
14) J. Arai *et al.* (2006)：Integral three-dimensional television using a 2000-scanning-line video system, *Applied Optics*, **45**(8), 1704-1712
15) 金澤　勝（2010）：未来の放送スーパーハイビジョンを目指して，放送文化，**26**, 60-65
16) 西田幸博，山下誉行（2011）：特集　超臨場感技術，2-2 超臨場感映像，映情学誌，**65**(5), 598-603
17) 洗井　淳，末廣晃也（2007）：インテグラル立体テレビ，月刊ディスプレイ，**10**, 35-41
18) 河北真宏ほか（2007）：投射型インテグラル立体表示における要素画像の歪みの影響，映情学技報，**31**(48), 11-14
19) J. Arai *et al.* (2010)：Integral Three-Dimensional Television Using a 33-Megapixel Imaging System, *Journal of Display Technology*, **6**(10), 422-430
20) 佐々木久幸ほか（2008）：インテグラル立体映像方式における要素画像群の歪曲の影響，映情学誌，**62**(12), 2013-2022
21) M. Okui *et al.* (2005)：Moire fringe reduction by optical filters in integral three-dimensional imaging on a color flat-panel display, *Applied Optics*, **44**(21), 4475-4483
22) J. Arai *et al.* (2008)：Depth Control Method for Integral Imaging Using Elemental Image Data Processing, *Proc. of SPIE*, **6803**, 68030G-1.2
23) 三科智之ほか（2008）：視域拡大法を適用させたインテグラルフォトグラフィ―ホログラム変換を用いた実写入力電子ホログラフィ，映情学誌，**62**(10), 1565-1572
24) 岩舘祐一，片山美和（2010）：3次元オブジェクトからインテグラル式立体像を生成する手法に関する検討，三次元画像コンファレンス講演論文集 P-15, pp. 137-140

8. 浮遊映像(フローティングビジョン)方式

8.1 フローティングビジョンとは

近年,3D技術に対する注目度やニーズが増加している.そのきっかけは本格的な3D映画や家庭向けの3Dテレビあるいは携帯型ゲーム機であるが,こうした3D表示技術とは異なるコンセプトと技術で立体的な映像表現の新しい形として実用化されたものが,浮遊映像表示技術「フローティングビジョン」である.

フローティングビジョンは専用のメガネを必要とせず,裸眼で空中に浮かぶ映像(浮遊映像)を見ることができ,小さなジオラマ世界が手の届くところにあるように感じる箱庭的臨場感を映像空間として表現するパイオニア(株)独自の映像表示技術である.観察者は何もない空間に映像が表示されることから,あたかもそこに何か在るかのような不思議な感覚をもつと同時につい手を伸ばして触りたくなる.浮遊映像に触れると映像や音声が反応するインタラクティブ機能やコミュニケーション機能により,ユーザーインターフェイスの新しい形として様々な応用が可能となる.

8.2 フローティングビジョンの原理,構成

図8.1に示すように,ディスプレイに表示された映像は3D用レンズによって集光されて焦点を結び,観察者が見ている側の空間に結像される.この浮かんでいる映像は,両眼視差を利用し脳による融像でつくり出される立体映像と異なり,実際に空中につくられた実像そのものである.このため観察者は,輻輳と調節の不一致を起こさず,眼に負担が少ない映像を裸眼で自然に観察することができる.これはフローティンビジョンの大きな特徴の1つである.また視野角の範囲内であればどの観察距離からでも観察することができ,首を傾けても(顔を寝かせても)見ることができる.

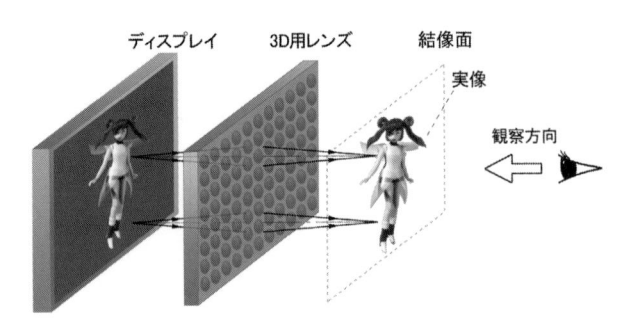

図8.1 フローティングビジョンの構成，原理

　図8.1の3D用レンズは，一般的にマイクロレンズアレイと呼ばれる小さなレンズの集合体であるが，空間に映像を結像させるフローティングビジョン用に最適化された特殊な仕様，構造となっている．

　フローティングビジョンによって映し出される浮遊映像は3D用レンズによって定義される空間上の平面であり，スクリーンや霧のような光を拡散する物体が存在せず，何もない空中に映像が表示される．この映像は多くの立体映像方式とは異なり両眼視差情報をもたないが，人間の視覚的・心理的な特性を考慮しフローティングビジョンに適した映像コンテンツを制作することで，空中に浮かんでいる映像の浮遊感や立体感を最大限に高められる．具体的には映像制作時に，浮かび上がらせて表示したいオブジェクトに陰影や遠近感などの単眼立体情報を適度に加味して描き（または撮影をし），それ以外の背景を黒色にすることで3D用レンズによる結像との相乗効果により，実際には平面映像であってもより立体的に感じる浮遊映像とすることができる．

　単眼立体情報とは，両眼視差によらずに単眼でも立体感，奥行き感を知覚する手がかりのことで，このほかコントラスト，物の大小，運動視差，きめの勾配，重なり合い，色相などがよく知られており，CG制作や実写撮影時のライティング，カメラアングルなどで普段からノウハウとして用いられている場合も多い．

　このようにコンテンツ制作においては，両眼視差による立体映像方式のように右眼用と左眼用の映像を用意する必要がなく，CG，実写撮影によらず比較的容易に映像制作を行うことができる．

8.3 ユーザーインターフェイスへの応用

　フローティングビジョンは，浮遊映像と観察者の間で優れたインタラクティブ性を実現することができる．観察者が浮遊映像に触れようと近づけた手や指をセンサが検出し，それに応じて素早く映像や音声を切り替えることで，あたかも浮遊映像に触れたかのような感覚や印象を与えることができる．

　フローティングビジョンの浮遊映像は，観察者が実際に触れられる位置につくられた実像なので，観察者とのインタラクティブなやりとりには大変適している．

　図8.2に示すように両眼視差を利用した立体方式の場合，たとえばディスプレイ表面より手前に浮かび上がった立体映像に対して輻輳は正しく機能しているが，眼のピント（調節距離）はディスプレイの表面上にあり本来の調節距離ではない．このような輻輳と調節の不一致は視覚的な疲労の要因になりうるだけでなく，インタラクティブなやりとりをする場合においても不都合が生じる可能性を含んでいる．例としては観察者が手や指を伸ばし立体映像に触れようとすると，眼のピントがディスプレイの表面から視界に入ってきた手や指の位置に自ずと移動することで本来の観察状態ではなくなり，少なからず違和感が生じてしまうことがある．

　これに対しフローティングビジョンの浮遊映像は，3D用レンズによって結像

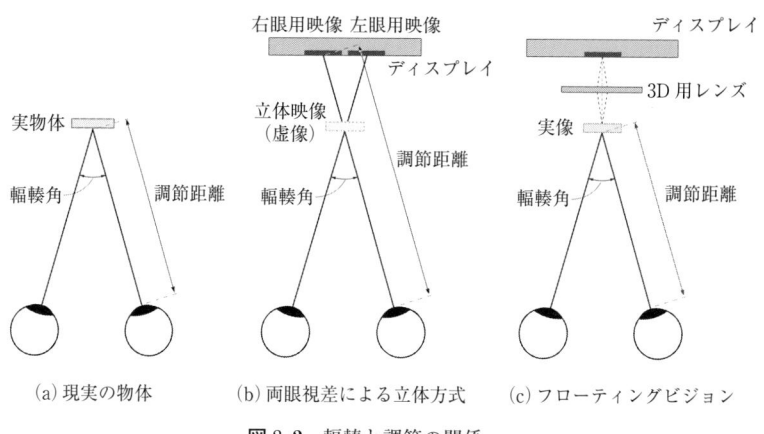

図8.2　輻輳と調節の関係

8. 浮遊映像（フローティングビジョン）方式

ディスプレイ　3D用レンズ　センサ

リアルタイム描画　PC　センサ入力

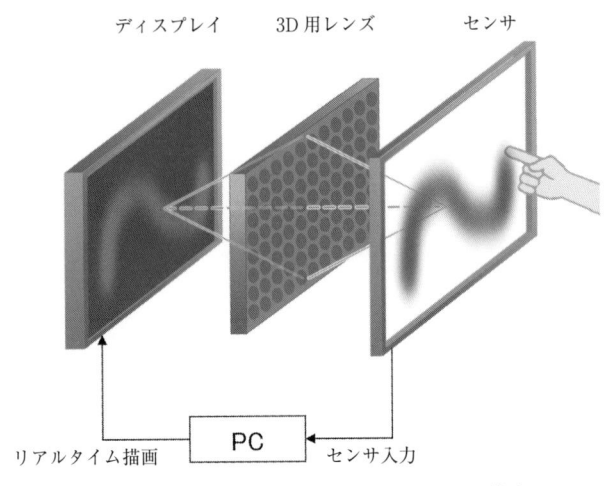

図8.3　ユーザーインターフェイス応用の構成

する実像であるので眼のピントは最初から浮遊映像の位置にあるため，これに触れる手や指があってもピントの移動はなく，触れていることを自然に認識することができる．このようなインタラクティブ性に優れた特徴をいかすことで，指先で直感的に操作できるタッチパネルに続くユーザーインターフェイスの新しい形を提案することができる．

ユーザーインターフェイスへ応用するための基本構成を説明する．図8.3に示すように空間中の浮遊映像が位置する結像面付近にセンサを設け，センサが検出した観察者の指の位置データ（座標）をPCに送り，その位置データから映像（リアルタイムCG）が作製され，反応がリアルタイムにディスプレイ上にフィードバックされる．センサの種類は，赤外線型やカメラ型など用途や目的に合わせて最適なものを選択すればよい．図8.3では，何もない空間に指を挿入するとその指の移動の軌跡に沿って線を描くことができ，あたかも空中に絵を描いているような不思議で新鮮な感覚が体験できる．他にも空中に浮かんだ軟らかそうな物体の浮遊映像を指でさわると触れた部分が凹み，指を離すと元に戻るというような映像演出や，浮遊映像に触れることによって操作する空中タッチパネルのような映像表現も可能となる．

8.4 具体的応用例

フローティングビジョンがもつエンタテインメント性や実用性をいかし，様々な分野への応用，展開が考えられる．たとえばゲームや玩具などのアミューズメント用途，インタラクティブサイネージ（とくに1回に1人の顧客を対象とした小型のデジタルサイネージに向いている）やインフォメーションなどの広告案内用途，科学館，博物館やインタラクティブアートなどの教育用途，空間で手を動かすジェスチャーコントロールの目標物などが考えられる．他にもユーザーの新しい発想によって，楽しく便利な使い方が期待できる．

具体的な実用例をいくつか挙げると，浮遊映像を楽しむためのパソコン接続型モニタとしてFV-01（図8.4）が既に発売されている．パソコンからはセカンドモニタとして認識され，ユーザーは自分で作製した映像や好きな映像をFV-01上に表示し，正面から観察すると本体表面から5cm程度手前に浮遊した映像を簡単に楽しむことができる．また，携帯電話と連動したインタラクティブサイネージとして，「ケータイでTouch！」（図8.5）を試作した．筐体に内蔵されたFeliCaセンサに携帯電話をかざすと，情報を明示する浮遊映像（図の例では気球の映像）が携帯電話に吸い込まれるように変化する．浮遊映像が吸い込まれた後，携帯電話の画面を確認すると関連情報サイトへのアクセス画面が出ていて，簡単に情報を入手することができる．このような浮遊映像と実物体（携帯電話）の掛け合わせにより，情報を取る楽しさと利便性を兼ね備えた効果的な映像演出が可能となり，店舗やイベントでの集客，携帯販促システムでのインターフェイスへの応用が期待されている．

フローティングビジョンは，シンプルな構成でありながらリアルで自然な

図8.4 浮遊映像表示モニター FV-01
図中に表示されている浮遊映像はイメージです．
実際にはこの方向からは見えません．

図 8.5 ケータイで Touch！
図中に表示されている浮遊映像はイメージです．
実際にはこの方向からは見えません．

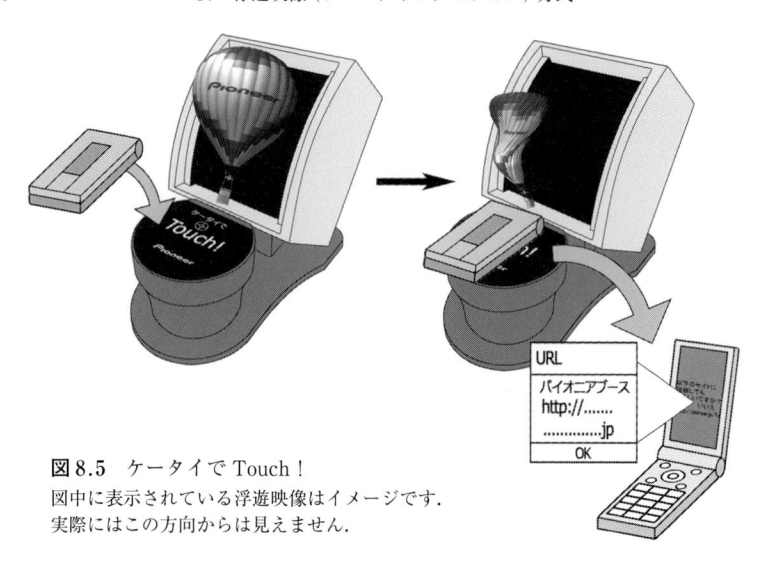

映像を空中に浮かび上がらせることができるシステムであり，いままでにない新しい感覚を実現し，立体映像の新たな方向性を示すものである．とくに優れたインタラクティブ性をいかし，見るだけのシステムに留まらずユーザーインターフェイスの新しい形を提案することで立体映像における新たな価値，概念を生み出すことが可能である．

参考 URL　http://pioneer.jp/fv/fv_01
　　　　　http://pioneer.jp/crdl/rd/pdf/16-2-7.pdf
「FeliCa」は，ソニー株式会社が開発した非接触 IC カードの技術方式でソニー株式会社の登録商標です．

9. フラクショナルビュー方式

フラクショナルビュー（Fractional View）方式（以下，nFV 方式）は，立体視映像の描画と表示に関する技術であり，FPD（Flat Panel Display）と量産品のレンチキュラといった簡易なハードウェアを使用しながらソフトウェアによる光線計算を精確に行うことで，自然な空間立体像の表示を実現したものである[1,2]．光線密度を上げることで，観察位置の限定が少ない立体像の生成を目指した方式は総称して「空間像方式」と呼ばれるが，nFV 方式はその特徴を多く有している．また，水平垂直両方向視差への対応も可能であるが，ここでは視差が水平方向のみの構成を扱う．

9.1 多眼方式から空間像方式へ

レンチキュラを用いた立体視ディスプレイは，FPD の表面に配置したレンチキュラ板によって光線の方向を制御することで立体視を実現する．このうち，多眼式の（空間像方式でない）ディスプレイは，視点を両眼間隔（60 mm 程度）ずつ離した設計とするのが基本である（図9.1 (a)）．

空間像方式における十分な空間像の形成に必要な光線密度については，第 1 段階として，「なめらかな運動視差が得られること」，第 2 段階として，「調節と輻輳の矛盾が解決できること」を基準に分類することが提案されている[3]．

空間像を実現するための方法としては，両眼間隔で配置された視点の間に中割りの視点を多数挿入する方法（図9.1 (b)）[4] や，平行光線群の方向を多数設ける方法（図9.1 (c)，レンズと画素のピッチ比が実長で整数比となる）[5,6] が提案されている．

nFV 方式は，最初から，特定の視点位置や方向に光線をそろえておくことをせずに，空間像の表示を実現する方法であり，FPD の画素ピッチに対し整数比

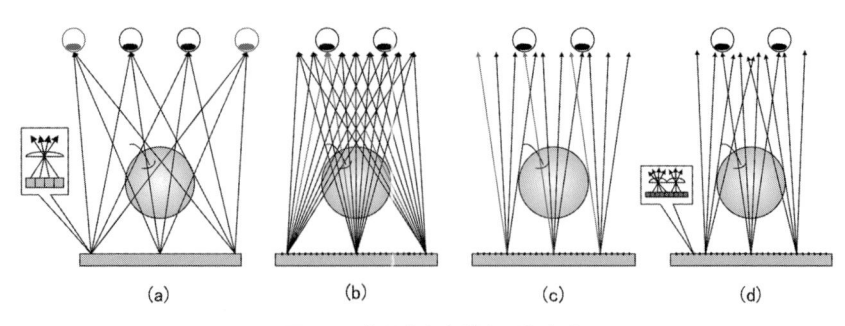

図9.1 (a) (b) (c) (d)　多眼式と各種空間像方式

になっていないピッチの（いわゆる「ピッチの合っていない」）レンチキュラを用いる．これにより，光線の方向に多様性が生まれ，仮想物体を貫く光線が均一にサンプリングされた状態に近くなる（図9.1 (d)）．そして，光線密度が上がるほど，より自然な立体空間像を生成することができる．

9.2　光線方向の計算

　nFV方式で，画素とレンチキュラのピッチが整数比でないにもかかわらず立体視の描画ができるのは，画素（RGBのサブピクセル）ごとに光線の方向を計算していることによる．そのためには，レンチキュラのピッチLや配置角度ϕを精確に求める必要がある．そこで，インタラクティブに変化させられるテストパターンを用いて，これらのパラメータを取得できるようにした[7]．図9.2 (a)にテストパターンの模式図を示す．これを，レンズを通して1視点（標準的な想定観察位置）から見たとき，イメージがなるべく均一色になるようにLとϕを調整する．図9.2 (b)はLとϕが共に実際のレンズと合っていない状態，(c)はϕのみ合っている状態，(d)はLとϕが正しく合っている状態である．

　これにより，レンズピッチと画素ピッチが整数倍対応するような設計・製造の必要がなくなり，印刷物用に大量生産されているレンチキュラ板を使用することができるようになった．非常に安価に実現でき，レンチキュラの製造誤差や温度・経年変化に対しても，ソフトウェア的な再調整だけで対応できる．これらは他方式にはない特長である．

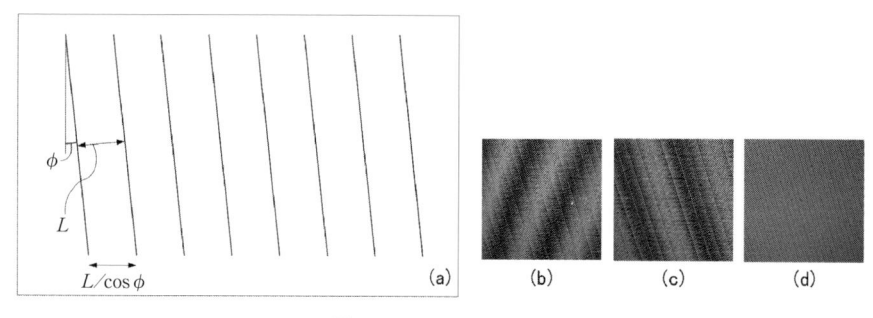

図 9.2 テストパターン

9.3 スペックの算出とコンテンツの選択

nFV 方式においては，レンズピッチ L を FPD のサブピクセルピッチ S で割った量 $n(=L/S)$ が，ある程度（7.5 程度）以上であることが望ましく，大きいほどよい立体像が得られる．

nFV 方式に限らず，空間像方式では表示位置が画面位置から離れるに従ってしだいに像がぼやける．すなわち，飛び出しと引き込みの距離に限界がある．nFV 方式においては，この限界距離はレンズの焦点距離を f としておよそ $\pm 2nf$ と求められ，立体視の解像度 $(w_3 \times h_3)$ は，元の画素数 $(w_2 \times h_2)$ からの低下が $1/n$ で，それが縦横に均等に割り振られると仮定すれば，$(w_3, h_3)=(w_2/\sqrt{n}, h_2/\sqrt{n})$ の式で求められることが示されている[8]．

空間像方式では，画素数による情報量をなめらかな運動視差を実現するために多く消費するため，2眼式や多眼式と比較して見かけの解像度の低下が大きい．そのため，リアルな映像表現が重要なコンテンツに用いると，欠点の方が目立ってしまう結果になることも多い．しかし，パズルゲームなどはそれほど高い解像度を必要としないことから，空間像方式に向いたコンテンツといえる．

9.4 描画の高速化

nFV 方式の描画には，高速性を問わなければレイトレーシング法が適用できる．一方，高速な CG 描画に特化された GPU（Graphic Processing Unit）で用い

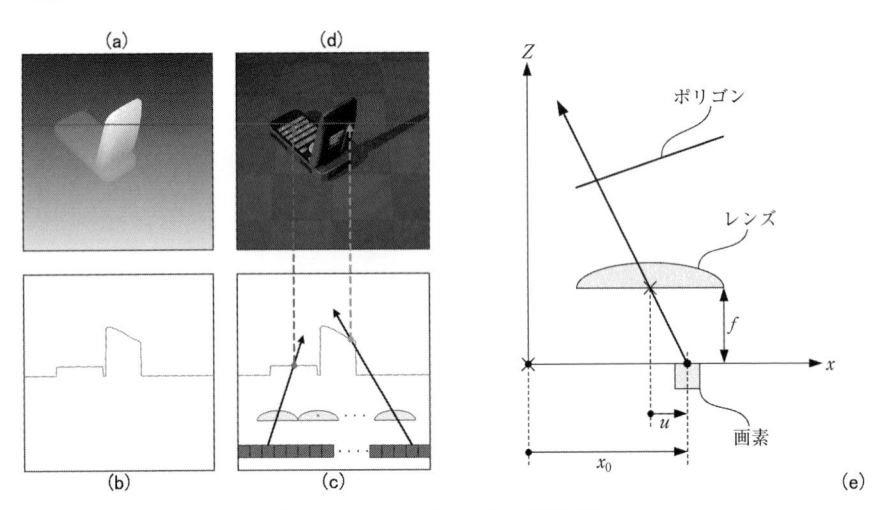

図 9.3　nFV 方式における描画方法

られる視点ベースの描画方法を適用することは，光線方向の多様性から困難である．

そこで，2眼・多眼方式でも用いられる主画像とデプス画像から求める方法が考えられる．この方法は，輪郭部分に不自然さが残る場合があるが，既存のプログラムからの流用が容易である．光線方向の多様性に対応させるために，図 9.3 のように，デプス画像（a）による立体表面（b）と，画素から射出される光線との交点を求め（c），その位置に相当する主画像の画素値を参照（d）して立体画像を得る．この計算を簡略化し，プログラマブルシェーダを用いて GPU 用に実装することで，リアルタイム描画を実現できた[9]．

他には，平面視の CG 描画で用いられる Z バッファ法のデプス計算をカスタマイズし，各サブピクセルにおける射出光線とポリゴンの交点のデプス値を Z バッファに保持しておくという方法もある（図 9.3 (e)）[10]．この方法は，回り込みにも対応できることから GPU に対応した高速化が期待される．

（本章の著作権は，株式会社バンダイナムコゲームスに帰属します）

参 考 文 献

1) 石井源久（2004）：フラクショナル・ビュー・ディスプレイ—非整数ビューの立体

視一，3次元画像コンファレンス2004論文集，pp. 65-68
2) 石井源久，宮澤 篤（2004）：画像生成装置，電子機器，印刷加工物，画像生成方法及びプログラム，公開特許広報 特許第4672461号，特許庁
3) 高木康博（2006）：空間像方式，平成17年度3次元情報のインタラクティブな利用に関する調査研究報告書，pp. 138-140，（社）日本機械工業連合会・（社）日本オプトメカトロニクス協会
4) 須佐見憲史ほか（2000）：超多眼立体画像に対する輻輳，調節反応，3次元画像コンファレンス2000論文集，pp. 155-158
5) 中沼 寛ほか（2004）：128指向性画像を高密度表示する自然な三次元ディスプレイの開発，3次元画像コンファレンス2004論文集，pp. 13-16
6) 平 和樹ほか（2004）：1次元インテグラルイメージング方式3Dディスプレイシステムの開発，3次元画像コンファレンス2004論文集，pp. 21-24
7) 石井源久（2005）：配置レンズ諸元導出方法，プログラム，情報記憶媒体及び配置レンズ諸元導出装置，公開特許広報 特許第4832833号，特許庁
8) 石井源久（2006）：フラクショナル・ビュー方式による空間像の再現特性について，映像情報メディア学会技術報告，**30**(58)，33-38
9) 坂本龍一（2005）：画像生成装置，プログラム及び情報記憶媒体，公開特許広報 特許第4856534号，特許庁
10) 石井源久（2005）：画像生成装置，画像生成方法及びプログラム，公開特許広報 特許第4695470号，特許庁

10. ＤＦＤ方式

　DFD（Depth Fused 3D：奥行き融合型3次元）方式[1〜3]は2面以上の発光画像の積層により構成された，立体メガネなどを必要としない裸眼式3D表示技術である．

　表示装置を見ながら頭を左右に傾けても3次元表示が維持されるので，使用時の姿勢に対する制約が少ない，奥行きが反転してしまう逆視が発生する観察領域が存在しない，表示装置の画素ピッチが粗くても奥行き分解能には影響しないなどの特長がある．また，奥行き感が眼間距離に依存しない，片眼の視力が極端に低くても立体を知覚しやすいなど，多くの人が立体を感じることができるユニバーサル性をもった3次元表示方式である．疲労感が少ないので[4]，長時間使用しても人に優しい快適な3Dディスプレイになると期待されている．

10.1　DFD表示の原理

　2D画像の積層で立体を表現する奥行き標本化型3D表示では，なめらかな奥行きを表現するために多く積層数が必要となるので[5]，層数を減らすことによるデータ量削減が検討されていた．その過程で，離散的な2D画像の積層で連続的な奥行きを表現する方法としてDFD表示が誕生した．

　同一形状の図形を離散的な積層画面に観察者から見て互いに重なり合うように表示すると，積層表示された図形を融合して1つの図形として知覚するのがDFD効果である．2つの発光画面を積層した構成の例を図10.1に示す．4個の四角形を下段ほど手前に表示した場合である．四角形は2つの画面のうちより高輝度で表示されている画面に近く感じられ，前後の図形の輝度比で画面間を内分した奥行き位置におおむね知覚される．

　DFD表示の原理は，両眼の網膜に結ばれる像を考えることにより説明できる．

10.1 DFD 表示の原理

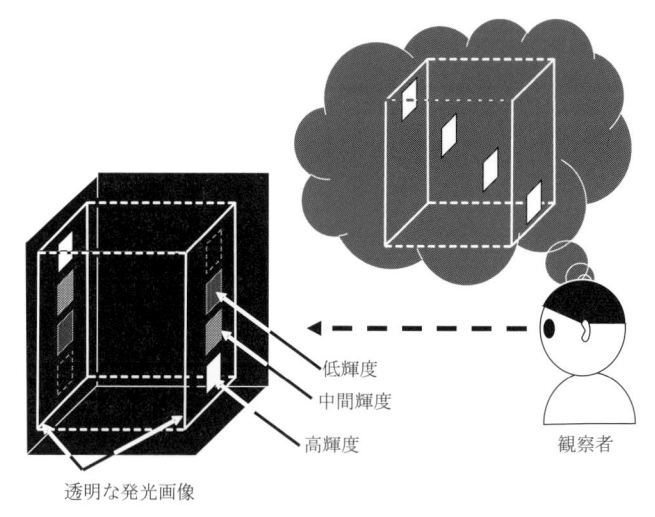

図 10.1 DFD 表示の基本構成

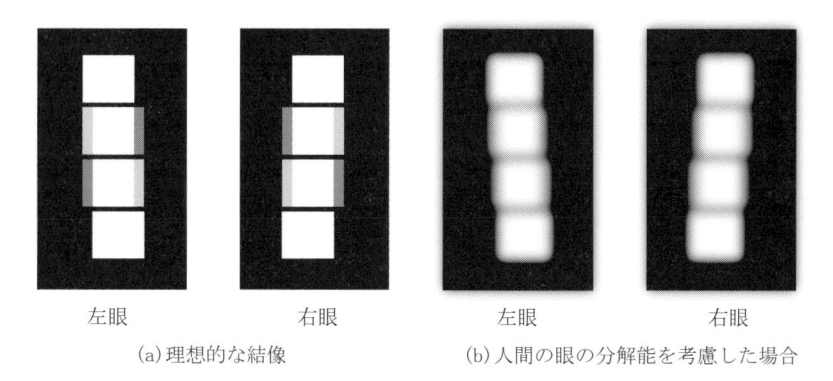

（図中ラベル：低輝度，中間輝度，高輝度，透明な発光画像，観察者）

図 10.2 DFD 表示で左右眼の網膜に結像される像

(a) 理想的な結像　　(b) 人間の眼の分解能を考慮した場合

（左眼，右眼，左眼，右眼）

図 10.2 は，左右眼の網膜像である．図 10.2（a）は，理想的な結像がなされた場合を示す．最上段，最下段のように一方の画面だけに四角形を表示する条件では，両眼視差に相当する水平位置に四角形が結像される．一方，中間の 2 条件のように前後の画面両方に表示する場合には，四角形の左右端に帯状の領域が存在する．真正面から 2 画面の四角形は完全に重なり合うが，人間の眼が顔の中心から左右に離れているためずれてしまい帯状の領域が生じる．一般の物体を見たときの網膜像は左右眼でほぼ同じだが，帯状の領域は左右眼で鏡面対称となる点が

特徴的である．

図 10.2 (a) では単純に理想的な結像を示したが，実際の DFD 表示では両端の帯状の領域の幅が人間の眼の分解能と同程度である．したがって，人間は図 10.2 (b) に示したようにローパスフィルタをかけた画像を見ることになる．四角形の水平位置は上から下に行くに従って内側に寄って見える．観察者がこの水平位置の違いを両眼視差として奥行きを知覚したと考えるとよく説明できる．

人間の生理的な奥行きの知覚は，左右眼の画像の違いである両眼視差，眼球の回転角である輻輳，眼球レンズのピント制御に基づく焦点調節，視点の位置変化による網膜像の変化である運動視差の主として 4 要因による．立体メガネを使用した 2 眼式表示は最初の 2 つの要因しか満たすことができない．DFD 方式は網膜像の説明から自明なようにこの 2 要因を満たす．さらに，視点位置により両端の帯状の領域の幅が変化するため，微小な視位置の変化であれば運動視差をも満たす．また，画面間隔を眼の被写界深度の 2 倍程度以内とすることにより焦点調節の矛盾を回避できる．すなわち，視位置の制約はあるが，生理的奥行き知覚の要因に対し矛盾がないため，人に優しい表示となっていると考えられる．

ここでは四角形を例に説明したが，正面から見た 2D 映像の輝度をその奥行き位置に応じて前後面に分配することで，一般の映像の 3D 表示も可能である．

10.2 DFD 表示装置

最初の DFD 表示装置は，ハーフミラーにより複数台の 2 次元表示装置の画像を合成する構成であった（図 10.3 (a)）[1]．装置サイズが大きくなってしまうが，原理に忠実に複数の画面の輝度の加算を観察者に提示することができ，画質の劣化要因も少ないので基本となる．

次に，装置の奥行きサイズの問題を解決するため液晶パネルを積層した偏光型 DFD 表示装置が開発された（図 10.3 (b)）[6,7]．一般の液晶ディスプレイと比べて，表示部の体積はパネル間の空隙とパネル 1 枚の厚さだけ増加するが，フラットパネルディスプレイを構成できる．画像の最前面は表示装置の表面にあるので，画像が近く効果的に立体感を表現でき，タッチパネルを併用して画像に触れることも可能である．観察者が見る輝度は各画面の厳密な和にはならないが，通常の使用では問題なく補正も可能である．前面のパネルの影響で後面画質が劣化

(a) ハーフミラー型

(b) 偏光加算型

(c) 投射型ＤＦＤ表示装置

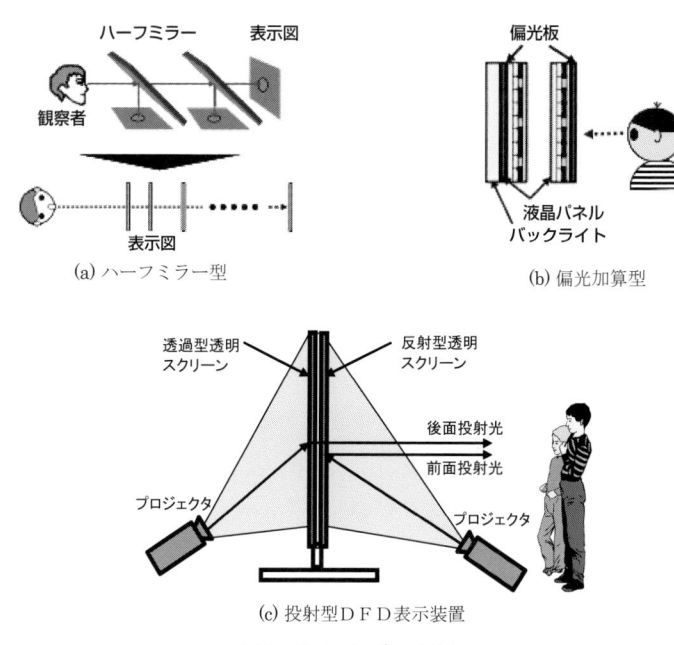

図 10.3　DFD 表示装置

しやすい，光効率を上げるためにはカラーフィルタレスの液晶パネルを使用する必要がある[8]といった制約もあるが，シンプルで汎用性が高い構成である．また，画面が透明な EL（エレクトロルミネッセンス）表示素子や透明フィルムを使用した印刷物[9]でも積層により立体表示が可能である．積層構成で大画面化する試みとしては，2 枚のスクリーンにプロジェクタ 2 台で映像を投射する投射型DFD 表示装置が提案されている（図 10.3（c））．前後面の映像が混ざらないようにするための工夫が重要となるが，光の回折を利用した透明スクリーンや偏光選択性のスクリーンの積層により実現されている[10,11]．

どの表示装置でも，斜めから見ると各面の映像が分離し表示が崩れてしまうという制約があるが，1 人で使用する場合にはヘッドトラックにより解消可能である．

10.3　広 視 域 化

複数人で使用する場合には，斜め観察時の 3D 映像の破綻を防ぐため広視域化

が課題であった.

　視域はコンテンツの種類によっても異なる.中間の奥行きに細線を表示する場合の視域は狭くなるが,前後面に書き割り的に表示すれば視域は広い.したがって用途を選ぶことにより視域の問題を回避できる.たとえば,DFD表示で顔を表示すると視線の方向性を表現できるので,通信会議やサイネージへの応用が提案されている.顔は細線が少ないためあまり違和感なく広視域から観察することができる[12,13,14].また,ロゴのような図形は周囲の階調表現方法を工夫することで視域を拡大する方法が提案されている[15].

　根本的な解決としては,一方の画面を通常の2D表示,他方を多眼表示とし,観察位置から見て前後の画像が重なるように多眼表示を行うことで観察可能な視位置の数を増やす方法が提案された[16].多眼の境界で多眼映像を暗くすることで,広範囲で違和感の少ない映像を提示できる.続いて,前後画面の両方を2眼または多眼にすることにより複数の視域をなめらかに接続し,広視域なDFD表示を実現できることが示された[17].

　DFD方式は,人間の知覚に与える情報の矛盾が少ないことから,長時間常用可能な人に優しい裸眼3D表示技術であるとして期待される.視域が狭いことが課題とされていたが,多眼表示との組合せにより解決されつつある.今後は複数表示方式が融合することで,互いの長所を備えた方式に発展すると考えられる.

参 考 文 献

1) S. Suyama *et al.* (2002): A Direct-Vision 3-D Display Using a New Depth-fusing Perceptual Phenomenon in 2-D Displays with Different Depths, *IEICE trans. electron.*, **E85-C**, 1911-1915
2) S. Suyama *et al.* (2004): Apparent 3-D image perceived from luminance-modulated two 2-D images displayed at different depths, *Vision Res.*, **44**, 785-793
3) 伊達宗和 (2008):DFD表示方式の表示原理と最新研究開発,立体視テクノロジー,pp. 264-277, NTS
4) 石樽康雄 (2008):3Dディスプレイと視覚疲労,立体視テクノロジー,pp. 631-640, NTS
5) S. Suyama *et al.* (2000): Three-Dimensional Display System with Dual-Frequen-

cy Liquid-Crystal Varifocal Lens, *Jpn. J. of Appl. Phys.*, **39**, Part 1, 480-484
6) 高田英明ほか（2004）：前後 2 面の LCD を積層した小型 DFD ディスプレイ，映像情報メディア学会誌，**58**，807-810
7) M. Date *et al.*（2005）：Luminance addition of a stack of multidomain liquid-crystal displays and capability for depth-fused three-dimensional display application, *Applied Optics*, **44**, 898-905
8) M. Date *et al.*（2005）：Reduction of Power Consumption in Compact DFD Display by Using FS Color Technology, *IEEE Trans. on Electron Devices*, **52**, 190-193
9) H. Takada *et al.*（2005）：A new 3-D display Method Using 3-D Visual Illusion Produced by Overlapping Two Luminance Division Displays, *IEICE Trans. on Electron.*, **E88-C**, 445-449
10) M. Date *et al.*（2006）：Projection-Type Depth Fused 3D（DFD）Display, *Proc. of IDW '06*, 1393-1396
11) 伊達宗和（2010）：投写型 DFD 表示装置，プロジェクターの最新技術 II, pp. 251-260, CMC 出版
12) 伊達宗和ほか（2010）：二画面積層表示を用いた先鋭な視線方向表現，3 次元画像コンファレンス，97-100
13) 磯　和之ほか（2011）：視線の向きを表現可能な 2 画面積層表示を用いたテレビ会議システムの提案，情報処理学会論文誌，**52**，1224-1233
14) K. Iso *et al.*(2012)：Video Conference 3D Display That Fuses Images to Replicate Gaze Direction, *J. of Display Tech.*, in press
15) 安藤康子ほか（2007）：DFD 表示装置における広視域角コンテンツ表現法の提案，映像情報メディア学会技術報告，**31**，27-30
16) M. Date *et al.*（2007）：Depth-Fused 3-D（DFD）Display with Multiple Viewing Zones, *Proc. of SPIE*, **6778**, 17-1〜17-8
17) M. Date *et al.*（2010），Depth reproducibility of multiview depth-fused 3-D display, *J. of SID*, **18**, 470-475

11. レーザプラズマ発光表示方式

　レーザ（laser）とは，光を増幅し，コヒーレントな光を発生させる装置（レーザ装置）またはその光（レーザ光）をさす．とくに，瞬間的にだけ光を発生することができるレーザをパルスレーザと呼ぶが，他のレーザに比べてパルスレーザの光の強さは非常に大きい．このパルスレーザ光を空気中の1点（焦点）に集める（集光する）と，焦点近くの空気が「（空気）プラズマ」という状態に変化する現象が物理学者の間では古くから知られていた．

　プラズマとは，物質が正の電荷をもつ粒子（イオン）と負の電荷をもつ電子が電離状態で同程度存在する，いわば非常に高いエネルギーをもっている状態にある．プラズマはそのエネルギーを光として失うが，そのとき発生する光が人間の眼には白く光る「発光体」として観察される．あたかも夜空の花火に似た空中に浮かぶ光の点のように観察される．

　パルスレーザにより生成したプラズマは非常に短時間にしか存在しないため，プラズマ発光体から光が発生している時間も非常に短いが，人間の眼には「残像」として残るので，短い時間に繰り返しプラズマが生成するとたくさんの光の点が同時に見えて，1つの映像となって知覚されることになる．さらに，肉眼では見えない赤外線の波長のレーザ光を使うと，プラズマの発光体からの光だけが空中に浮かんで見えるようになる．

　レーザプラズマ発光表示方式[1]とは，このプラズマの光を3次元（3D）空間中に3次元的に配置することにより，"リアルな3次元（3D）映像"の表示を行う3D映像の表示技術であり，体積表示方式の1つに分類される．図11.1に示してあるのは，2006年にレーザプラズマ発光表示方式により世界で初めて空中に描かれた光のピラミッドの写真である[2～5]．

　レーザプラズマ発光表示方式のハードウェアは，「レーザ光源」，「光学系」，「走査系」，「制御系」の4つの装置から構成されている．

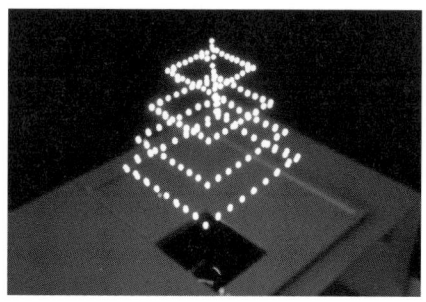

11. レーザプラズマ発光表示方式

図 11.1 レーザープラズマ発光表示方式により空中に描かれた光のピラミッド
(提供：(株) バートン)

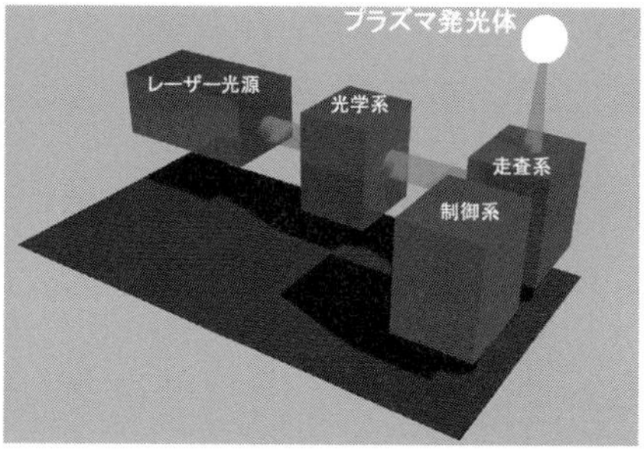

図 11.2 レーザープラズマ発光表示方式のハードウェア[11]

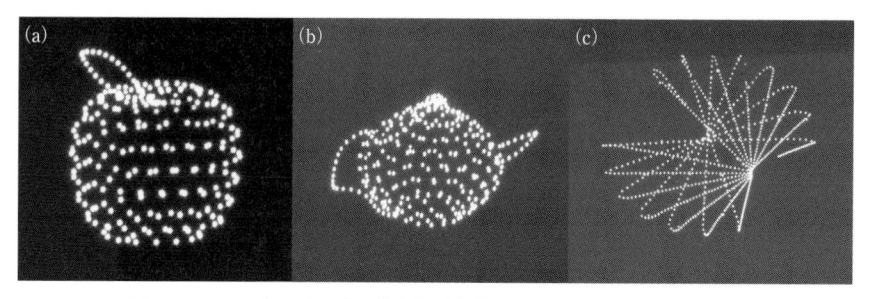

図 11.3 レーザープラズマ発光表示方式により描かれた
(a) 光のリンゴ，(b) 光のティーポット，(c) 光の三角形

「レーザ光源」は，肉眼には見えない赤外線の波長の光を発生させるパルスレーザで，(株) 浜松ホトニクスが開発した毎秒1,000個以上の光点を発生させる性能を有するレーザを使用している[6〜9]．「光学系」は，遠く離れた焦点にできるだけ効率よくレーザ光を絞り込むための装置で，精密に設計・製造されたミラーやレンズが組み込まれている．「走査系」は3Dスキャニングシステムとも呼ばれており，3D空間の任意の位置に高速かつ正確にレーザの焦点を移動することができるようになっている．「制御系」は特殊なコンピュータとソフトウェアから構成されていて，以上の3つの各装置を適切に制御することによって，3D映像を描画することを可能にしている（図11.2）．

次に示すのはレーザプラズマ発光表示方式により実際に空間に描画された様々な3D映像である．映像は白色の光の点から構成されていて，どの映像もリアルな3D映像であるので，360°どの方向から見ても，見る方向に対応した見え方で

見える．たとえば，図 11.3（a）は空中に描かれた光のリンゴで，どの方向から見てもリンゴに見える．図 11.3（b）は光のティーポットで，見る方向により取っ手が見えたり注ぎ口が見えたりする．図 11.3（c）は光の三角形がぐるぐると回転している映像で，幾何学図形や文字，それらのアニメーションも描画することが可能である．

　我々の住んでいる地球上の 3D 空間は「空気」に満たされているので，原理的にはレーザプラズマ方式では，スクリーンなしにどこにでも"リアルな 3D 映像"を描画することができることになる．レーザ照射は一方向からのみなので観察位置の制限は低く，空気がスクリーンなのでスクリーンの大きさにより映像の大きさが制限されるという問題も存在しない．レーザプラズマ方式のこの特徴をいかして，たとえば屋外での広告や，信号や警告表示といった用途への応用が考えられている．

参 考 文 献

1) 木村秀尉，籾内正幸：特許 3650811
2) 産業技術総合研究所（2006）：空中に浮かび上がる 3 次元（3D）映像，TODAY 6, 16
3) http://www.aist.go.jp/aist_j/aistinfo/aist_today/vol06_04/vol06_04_topics/vol06_04_topics.html
4) H. Kimura, T. Uchiyama, and S. Shimada（2006）：True 3D Display Using Laser Plasma in the Air, ACM SIGGRAPH2006, Emerging Technologies
5) http://www.siggraph.org/s2006/main.php?f = confere nce&p = etech&s = true
6) 産業技術総合研究所（2007）：空間立体描画技術の高性能化実験に成功，TODAY 7, 18
7) http://www.aist.go.jp/aist_j/press_release/pr2007/pr20070710/pr20070710.html
8) http://jp.hamamatsu.com/hamamatsu/press/2007/2007_07_10.html
9) 松岡伸一，吉井健裕，佐藤方俊，中野文彦，玉置善紀，王涎，加藤義則，伊山功一，西畑　実，菅　博文，中井貞雄（2006）：1TW, 10 Hz および 0.1 TW, 1 kHz 全固体フェムト秒レーザーの開発，レーザ研究，**34**, 610
10) H. Saito, H. Kimura, S. Shimada, T. Naemura, J. Kayahara, S. Jarusirisawad, V. Nozick, H. Ishikawa, T. Murakami, J. Aoki, A. Asano, T. Kimura, M. Kakehata, F. Sasaki, H. Yashiro, M. Mori, K. Torizuka, and K. Ino（2008）：Laser-plasma

scanning 3D display for putting digital contents in free pace, *Proc. International Symposium on Electronic Imaging*, Stereoscopic Displays and Applications XIX, 6803-07

11) 島田　悟：(2009) レーザープラズマを用いた三次元映像の空間描画，応用物理，**78**, 1044
12) 石川尋代，斎藤英雄 (2009)：レーザープラズマ式3Dディスプレイにおける点列を用いた物体表現，映像情報メディア学会誌，**63**, 665
13) H. Ishikawa, and H. Saito (2008)：Point Cloud Representation of 3D Shape for Laser-Plasma Scanning 3D Display, The 34th Annual Conference of the IEEE Industrial Electronics Society, 1913
14) H. Ishikawa, and H. Saito (2008)：Closed-Line Based Representation of 3D Shape for Point Cloud for Laser-Plasma Scanning 3D Display, *Proc. 18th International Confrence on Artificial Reality and Telexistence*, 28
15) 石川尋代，斎藤英雄 (2009)：レーザープラズマ式3Dディスプレイにおける文字表現：電子情報通信学会技術報告，PRMU2008-266, 177
16) 伊野浩太，苗村　健 (2008)：レーザープラズマ方式自由空間点群ディスプレイにおける3次元コンテンツ制作の基礎検討，信学技報．MVEマルチメディア仮想環境基礎 **107** (554), 19
17) 伊野浩太，苗村　健 (2008)：レーザープラズマ方式自由空間点群ディスプレイにおける文字コンテンツの基礎検討，日本バーチャルリアリティ学会第13回大会，2B4-3
18) 石川尋代，斎藤英雄 (2008)：レーザープラズマ3Dディスプレイにおけるハードウェア特性を考慮した点群を用いた3次元形状表現，画像の認識・理解シンポジウム (MIRU2008), IS1-42
19) 青木悟史，ノジクヴァンソン，石川尋代，斎藤英雄 (2008)：レーザープラズマ方式自由空間ディスプレイによる顔表示のための点群生成法，情報処理学会CVIM研究会第163回，177
20) 石川尋代，斎藤英雄 (2008)：視覚特性を考慮した2次元形状の効率的な点群表現手法:電子情報通信学会技術報告，PRMU2007-206, 305 (2008)
21) 堀　宏明，高畠　俊，益子幸司郎，山崎洋平，佐伯純子 (2008)：広告メディアとしての3次元ディスプレイの展望について，CREST「自由空間に3次元コンテンツを描き出す技術」シンポジウム

12. スキャンバックライト方式

12.1 バックライトスキャニングとスキャンバックライト方式

　一般に液晶ディスプレイにおける液晶の応答速度は十分に速いとはいえず，動く物に対し残像が出たりする．また，応答速度の比較的速いものは画像のコントラストを維持できる時間が短い．そのため図 12.1 に示すように，液晶の対信号応答特性において立上りと立下りのタイミングに合わせバックライトを同期消灯させることにより液晶表示画像の S/N 比を高めることを，バックライトスキャンまたはバックライトスキャニングといい，この方式の液晶ディスプレイ用のバックライトをスキャンバックライトという．

　液晶ディスプレイにおける時分割表示方式の立体ディスプレイの場合，バックライトスキャンを行わないと残像が左右眼用画像の交じり合うクロストークの原因となるため，現在バックライトはすべてスキャンバックライトが用いられてい

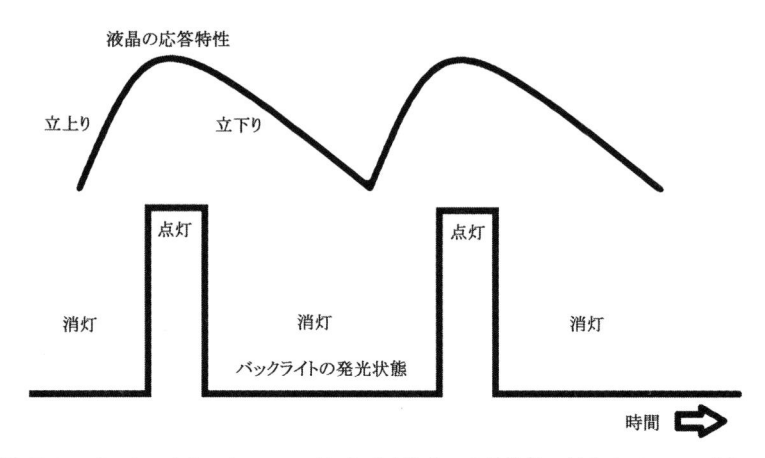

図 12.1 バックライトスキャニングにおける液晶の応答特性に対するバックライトの点灯および消灯タイミングの一例

る．そのため，スキャンバックライト方式の立体ディスプレイとは時分割表示式立体液晶ディスプレイともいえる．

12.2 スキャンバックライト方式を目指した過去の立体ディスプレイ

スキャンバックライト方式の立体表示原理に視点を置き歴史を遡ると，1983年にアイヘンラウブ（J. B. Eichenlaub）により考案された図 12.2 に示した立体ディスプレイ[1]があげられる．この方式ではバックライトとして CRT を用い CRT に点光源を発生させ，手前の視差像が記録されたフィルムなどの透明画像媒体を高速に送りその視差像と CRT 上の点光源を同期表示させることにより，ホログラムと同様のカラー立体画像を得るもので，視差は連像的に上下左右に存在した．これが超多眼像表示の始まりと思われる．

余談ではあるが，この後アイヘンラウブはダイメンションテクノロジー社を立ち上げ製品開発をしたのだが，当時液晶ディスプレイは黎明期であったため，バックライトは点光源から縦長の線光源に変化し，水平視差のみの超多眼像表示に変更され，最後には縦長の線光源を短冊状に配置し，液晶にも縦型の短冊状に 2 視差像を表示させるステレオディスプレイに変貌していった[2]．この方式は現在シャープも採用している方式で，皮肉なことに応答特性のよい液晶とバックライトがなかったため，表示方式としては時代と共に退化していった．

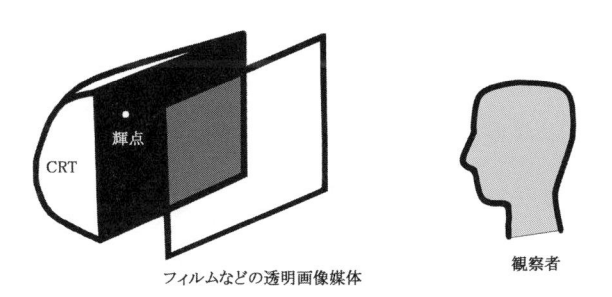

図 12.2 アイヘンラウブにより考案された水平および垂直視差を再生可能な超多眼ディスプレイ

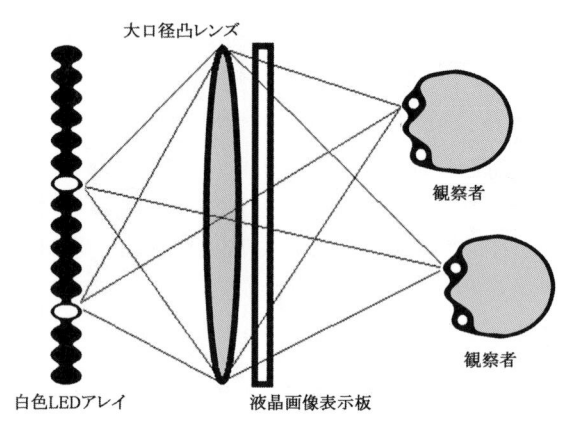

図12.3 バックライト分配方式立体ディスプレイ
(上面から見た図で，右眼用バックライト点灯時)

12.3 バックライト分配方式

バックライト分配方式にもスキャンバックライト方式が提案されている[3,4]．

図12.3のように大口径凸レンズにより，複数の観察者の特定の眼（図中では右眼）のみに配光される方式で，液晶画面に表示する左右2視差画像を交互に時分割表示させ，バックライトスキャニングしながら左右眼用の位置のバックライトを交互に同期点灯させることにより，任意の位置の複数人にステレオ像を表示することができる[5]．

12.4 多眼像表示可能なスキャンバックライト方式

多眼像表示可能なものに(有)シーフォンと(株)豊田自動織機のスキャンバックライト方式がある[6〜8]．

まず，原理の理解のため，ステレオ（2眼）表示の場合を解説する．図12.4に示すように，液晶画像表示版の水平方向にピクセルごとに左右の視差像を交互に短冊状に表示し，観察者の右眼に右眼用視差像が入射し，左眼には左眼用視差像が入射するような位置のバックライト点灯領域が，ちょうど点灯領域と消灯領域がお互い同じ面積で水平方向に交互にストライプ状に存在するような位置関係

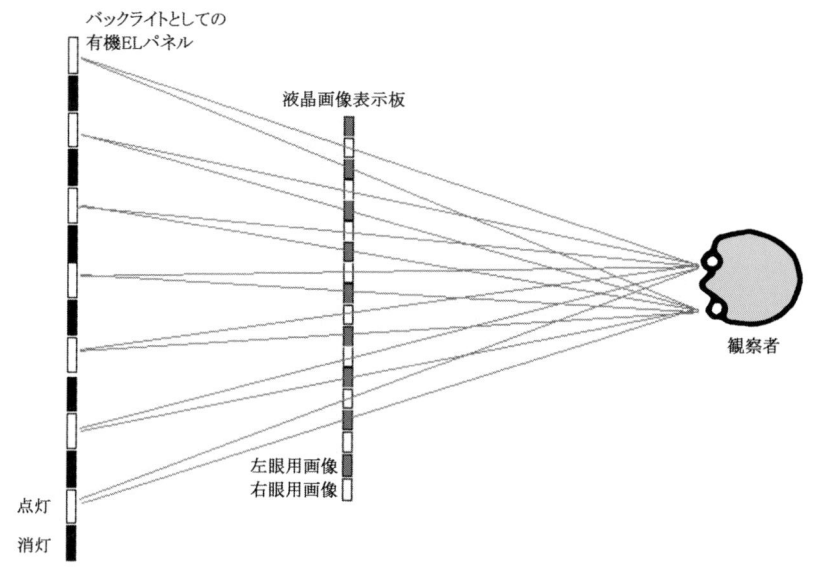

図 12.4 多眼像表示可能なスキャンバックライト方式
(上面から見た図で，2眼像表示)

で，液晶画像表示板とそのバックライトを構成する．すると，画面の解像度は左右眼用視差像が短冊状に切り取られたそれぞれ半分の画像であるため，元画像の 1/2 になる．

ここで，次の時間に，左右視差像を互いに未表示画像に切り替えると，表示視差像は左右入れ替わるので，これに同期させバックライトも点灯位置と消灯位置を入れ替えることにより，左右視差像は正しく観察者に配光される．これを時分割で繰り返すことにより，ステレオ像表示であっても表示解像度は下がらない．

ここで，液晶画像表示板に表示する画像を水平方向に短冊状に連続 n 視差像を表示しバックライトも n 個の領域に分割させ，液晶画像表示とバックライト点灯を同期することにより，解像度を落とさず多眼立体表示ができる．

12.5 シンプルなスキャンバックライト方式

三菱電機(株)は観察者の視点や眼の位置は固定されるが，バックライトは2点のみの部品点数の少ないディスプレイを公開している[9,10]．

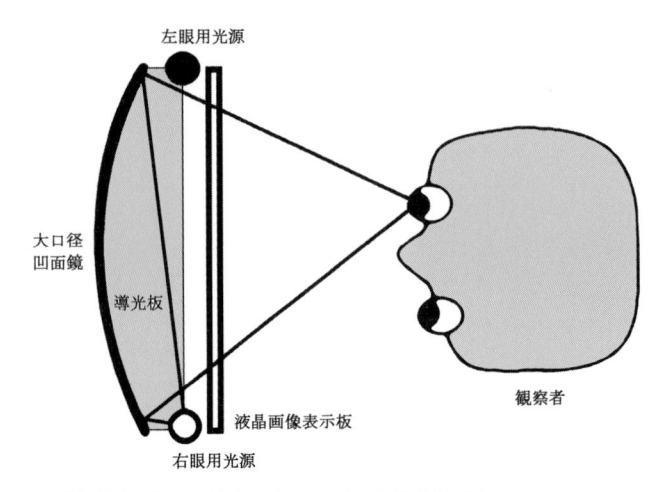

図 12.5 シンプルなスキャンバックライト方式
(上面から見た図で，右眼用バックライト点灯時)

　この方式は図 11.5 に示すように，バックライト分配方式の一種で，大口径レンズの代りにバックライトの導光板の中央部が周辺部より厚くなるように形成された大口径凹面鏡を用いている．バックライトの LED は左右に 2 点に固定されていて，左右眼用光源と観察者の左右眼はそれぞれ互いに焦立条件を近似的に満たすため，各 LED 光源は左右眼専用のバックライトとして働く．この液晶表示画面に時分割で左右視差画像を表示させ，それに同期させ LED 光源が交互に点灯を繰り返すことにより，スキャンバックライト方式のステレオ表示が可能である．

　スキャンバックライト方式のための要素技術はやはり液晶とバックライト光源である．この液晶は現在 n 倍速表示などで表される表示速度はどんどん n が大きくなり速くなっている．この n はスキャンバックライト方式では n 視差表示を可能にするが，バックライトの点灯時間は $1/n$ になるため，n 倍の輝度を有したバックライト光源が必要になる．幸いバックライト光源となる通常の白色 LED や有機 EL も高輝度化が進んでいる．また立体表示に関する原理は確立されているため，これら液晶とバックライト光源の発達に応じスキャンバックライト方式は，この先確実に退化から進化へと進路を変更するものと思われる．

参 考 文 献

1) J. B. Eichenlaub (1983)：Three dimensional imaging system, US Ptent 4367486
2) アイヘンラウブ，イエッシー (2004)：自動立体ディスプレイ，特許公表 2004-512564
3) T. Hattori (1998)：Stereoscopic television, US Patent 5774175
4) T. Hattori, S. Sakuma, K. Katayama et al. (1994)：Stereoscopic liquid crystal display I (general description), SPIE, **2177**, 143-148
5) 尾上守夫，池内克史，羽倉弘之ほか (2006)：3次元映像ハンドブック，朝倉書店
6) 服部知彦，横田　勲，則武和人ほか (2005)：表示装置，該表示装置の制御方法および制御用プログラム，特許公開 2005-10304
7) T. Hattori, K. Noritake , M. Tsuzaka et al. (2004)：Display unit and method for controlling display unit, EP1489860
8) T. Hattori, I. Yokota, K. Noritake et al. (2006)：Display unit capable of displaying two- and three-dimensional images and method for controlling display unit, US. Patent 7068252
9) 結城昭正，小田恭一郎，田畑　伸ほか (2009)：液晶表示装置，特許公開 2010-198021
10) 結城昭正ほか (2005)：平成 16 年度立体映像表示に関する調査研究報告書，pp. 49-50，社団法人日本機械工業連合会，社団法人日本オプトメカトロニクス協会

13. ペッパーズゴーストの多層化方式

13.1 スマートフォンの立体映像化

 周知のとおり，スマートフォンは筐体は小型でありながら比較的大きいサイズの画面が取り付けられており，映像を観賞するためには優れている．そこでスマートフォンとハーフミラーによって生成された多層のペッパーズゴーストのレイヤによって立体的な映像をつくり出す装置[1~4]を紹介する．本装置は奥行き方向に複数配置した平面のレイヤによる立体的な表現であり，奥行き方向において不連続であるため，厳密な意味では3Dと呼ぶことはできない場合もあるが，本章では「立体映像」と呼ぶ．
 本装置は両眼視差による一般的な立体映像とは違い，裸眼での観賞はもちろん人間の視覚の生理的要因（輻輳，調整，両眼視差，運動視差など）においても自然であるため，眼への負担が少ない．そのため装置を傾けて見ても立体映像の見え方に影響しないため，観賞者は自由な姿勢で見ることができる．また装置の構造が単純であるため，安価な商品化が可能である．そして映像コンテンツの制作も比較的簡単であることも特徴である．
 ペッパーズゴーストは19世紀に考案され，劇場などで使用された視覚的なトリックである．ハーフミラー（板ガラス）と特殊な照明によりハーフミラーに写った虚像と実物の物体を重ねて見せることができる．その後この技術は立体映像にも広く利用されてきた．

13.2 装置の仕組み

a. ハーフミラーと平面映像との組合せ方
 平面映像から虚像を生成する場合，ハーフミラーが1枚の場合には生成される虚像も1枚であるため，単に平面映像を立てただけになる．しかし，図13.1の

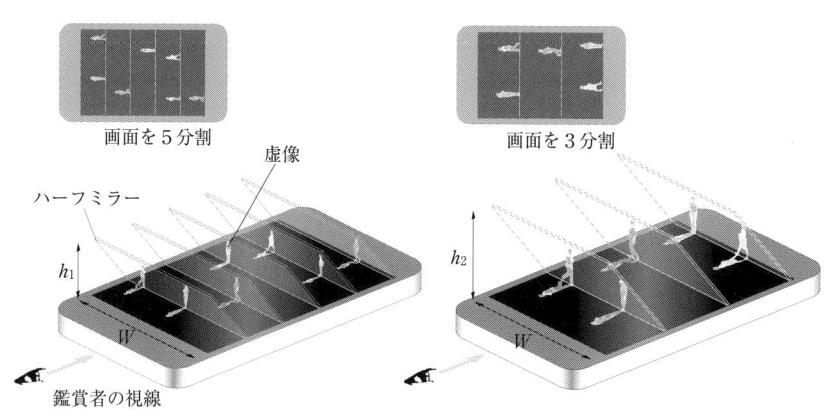

(a) レイヤを多くすると奥行き感は増すが，正面から見た立体映像は小さくなる

(b) レイヤを少なくすると正面から見た立体映像は大きくなるが，奥行き感は乏しくなる

図 13.1　レイヤの枚数と奥行き感の関係

ように奥行き方向に間隔をあけて複数のハーフミラーを置き，複数の虚像を間隔をあけて生成すると立体感が発生する．このとき，複数の虚像をつくり出す場合に1枚の虚像につき1個の平面映像を使うと，虚像の数だけ平面映像が必要になる．そこで1枚の平面映像を分割して領域に分け，それぞれの領域に対応したハーフミラーを設置することで，1枚の平面映像から奥行き方向に間隔がある複数の虚像を生成することができる．つまりハーフミラーによって生成された虚像面が空間的に多層化されたレイヤとなって生成されることになる．

b. レイヤ（ハーフミラー）の数

図 13.1 はレイヤ（ハーフミラー）の枚数と奥行き感の関係を示している．たとえば図 13.1（a）のように1枚の平面映像を5分割して5枚のハーフミラーを配置すると，奥行き方向に配置されるレイヤの枚数が増え立体感が増す．しかしハーフミラーの高さ h_1 は低くなり，正面から見た立体映像のサイズが小さくなる．またハーフミラーの数が多すぎると，透過率が重なることで奥の虚像が暗くなってしまう．

逆に図 13.1（b）のようにハーフミラーの数を3枚に減らすと，ハーフミラーの高さ h_2 は高くなり正面から見た立体映像のサイズは大きくできるが，奥行き感が減少してしまう．このようにレイヤの枚数は，スマートフォンの画面の大き

さ，正面から見た立体映像のサイズ，ハーフミラーの透過率・反射率などの諸条件から最適なレイヤの枚数を吟味する必要がある．

最適なハーフミラーの数は3枚から5枚と考えられる．2枚では2種類の奥行きしかなく，立体感が乏しい．3枚になると奥行きが広がり，ようやく十分な立体感が得られると考えられる．4枚ではさらに奥行きが広がるが，正面からの立体映像のサイズがやや小さくなる．

正面から見たサイズをできるだけ大きくするために，またハーフミラーを重ねすぎると奥のレイヤの映像が暗くなるという理由から，本装置 i 3DG はレイヤの枚数を3枚とした．このことは画面の分割数が3であり，映像コンテンツも手前，中，奥の3つの空間に分けるだけとなるため，映像コンテンツの制作のしやすさも適度であると考えた．

c. ハーフミラーの"くさび形"配置

3枚あるハーフミラーの高さは手前が大きく，奥にいくほど低くしてある．これは立体映像が観賞できる視野を図13.2 (a) に示すようにくさび形にすることで，視認性を高めるためである．くさび形の視野にすることで視点位置が上下方向にある程度ずれても立体映像の観賞に支障を与えないようにすることができ

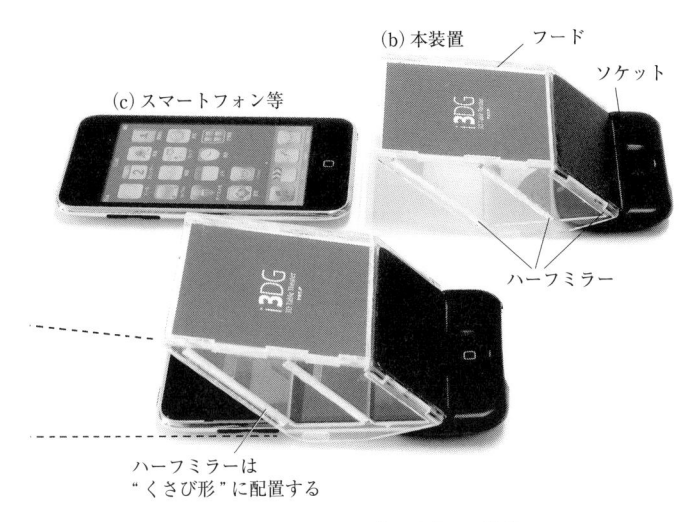

(b) 本装置　フード
ソケット
(c) スマートフォン等
ハーフミラー
ハーフミラーは"くさび形"に配置する

(a) 本装置をスマートフォン等に取付けた状態

図 13.2　本装置のプロトタイプ

13.3 映像コンテンツのつくり方

フード
フードをめくることで立体映像
との切替えが簡単にできる
ヒンジ

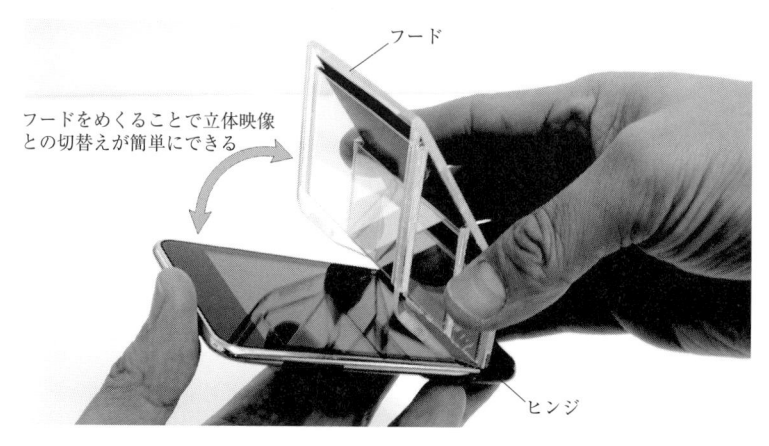

図 13.3　立体映像と平面映像の切替え

る.

d. アダプタ化

図 13.2 (b) のように 3 枚のハーフミラーを一体化しフードに納め，スマートフォンに簡単に着脱できるようにすると，本装置はスマートフォンの 3D アダプタになる．アダプタの機能は，スマートフォンに手を加えることなく簡単に着脱でき，装着時においても立体映像とスマートフォンの通常の映像との両方が簡単に選択できることを基本とした．図 13.2 は本装置のプロトタイプである．ソケットはスマートフォンの端部を覆う形状にすることで簡単に装着できる．ソケットとフードはヒンジによって接合されており，図 13.3 のようにフードをめくることで，立体映像を観賞するポジションと，スマートフォンの画面を本来の 2 次元映像を観賞するポジションとを簡単に変えることができる．フードをめくった状態ではタッチパネルを指で触れる操作も可能になる．

13.3　映像コンテンツのつくり方

本装置は現在一般的となっている両眼視差による立体視を採用していないため，映像コンテンツの制作方法もそれらとは異なる．3 つのレイヤにより立体映像を生成しているため，図 13.4 に示すように映像は手前，中，奥の 3 つの領域

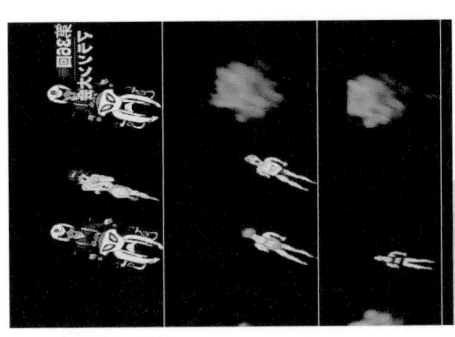

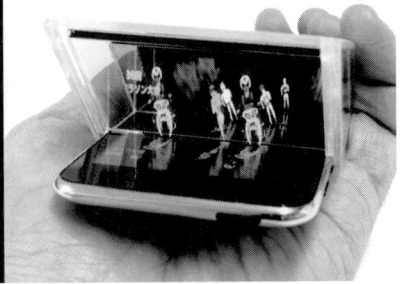

図 13.4　映像コンテンツのフォーマット[5]　　図 13.5　鑑賞できる立体映像[5]

に分割したフォーマットで制作する．これらの 3 つの領域の映像がそれぞれのハーフミラーによって奥行き方向に配置されたレイヤが生成され図 13.5 のような立体映像[5]になる．

　それぞれの映像領域に描く映像は，実写，CG，手描きアニメなど何でもよく，かつ 2 次元的な映像で構わない．そのため，実写や CG の場合，2 つの視点差でのカメラで撮影する必要がない．このことはとくに手描きアニメに対して有利である．手描きアニメは映像を手描きするため，2 つの視点差で見た絵を描くことが難しい．しかし本装置では通常の 1 枚の絵による映像を制作するだけでよい．このように特殊な 2 台のカメラなどを必要とせず左右の視差ごとの映像制作も必要ないため，映像コンテンツの制作は格段に簡単になる．たとえば従来の映像制作・編集ソフトだけでも十分に制作することができる．

　ただし，映像コンテンツの制作にはいくつかのコツがある．とくに奥行き方向に移動するオブジェクトの表現は，適切なタイミングでオブジェクトを 3 つのレイヤを渡るように表現する必要がある．また鏡面映像（左右反転）にしなくてはならない．図 13.4 のように，とくに文字などの表現には注意が必要である．

　これとは別に本装置特有の表現方法も見つかりつつある．たとえば回転するオブジェクトに現れる立体感や，同じ図形を 3 つのレイヤに表示した場合に現れる視覚的に不思議な感覚など，未解明の表現方法がいくつか確認されている．本装置特有の映像コンテンツ制作手法についての解説は，ある程度まとまってから別の機会に譲りたい．

参 考 文 献

1) 本装置は 2012 年に日本国内特許取得および 2011 年に PCT 国際出願済み
2) 本装置は（有）ディレクションズ（日本），v2_Institute for the Unstable Media（オランダ）と共同開発中
3) 関連ウェブサイト　http://i3dg.mobi/（iPhone/iPod touch 専用）
4) 関連動画サイト　YouTube では"palm top theater i3dg"で検索可能
5) 図 13.4・図 13.5 の映像は"ACBU-TV"© AC 部（映像制作ユニット）

14. 受動結像光学素子方式

14.1 受動結像光学素子とは

　空間に飛び出す映像表示を行う手法はいくつか提案されている．本章で紹介する新しい光学素子は，鏡映像の実像を結像させることができる結像光学素子であり，この実像によって空中映像表示を行うことに利用できるものである[1]．

　一般に，結像光学素子を用いて結像させた場合，この像は実像と虚像とに分類される．虚像は像として見える場所に実際に光線が集まっているわけではなく，像の位置にスクリーンを配置したとしても像が映ることはない．たとえば平面鏡に映る鏡映像は虚像であり，像と観察者の間には鏡面という物理的障壁が存在している（図14.1）．一方，実像は空間において実際に光線が集まって像をつくっており，そこにスクリーンを配置すれば像が映る．この場合，像と観察者の間には何も存在せず，実像による映像表示とは空中映像表示ということになる．

　さて，実像を結像することができる結像光学素子は，これまでにも存在し利用されてきた．それは，凸レンズであり凹面鏡である．実際，凸レンズや凹面鏡を利用した空中映像表示装置が考案されており，商品化されている．最も有名なものは，凹面鏡の一種である放物面鏡を2枚対向させて底面に観察物を配置し，上方にあけた穴から覗きこむものである（ボルマトリクス，ミラージュなどの商品

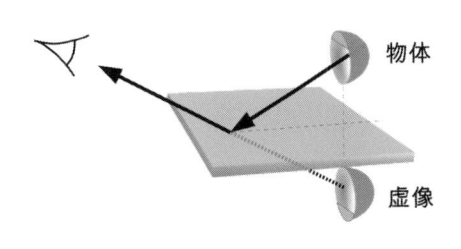

図14.1　平面鏡による鏡映像（虚像） 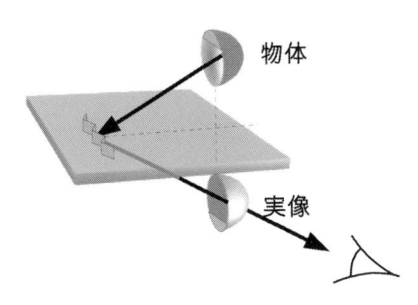　　図14.2　DCRAによる鏡映像（実像）

名で市販されている).これによって観察物の実像を穴の中に見ることができる.ここで使われているような凸レンズや凹面鏡には固有焦点距離というものがあり,物体と素子面との距離に応じて像の拡大縮小が起こる.また,必ず中心となる光軸が存在し,一般的な凸レンズや凹面鏡の場合には光軸からずれた場所では1点に光が集まらなくなるという欠点(収差)がある.そのため,上で述べた装置においても,見る位置を変えると,空中における表示位置がずれたり,あるいは形状が歪んだりという現象が観察できる.

一方,平面鏡には固有焦点距離がなく,距離とは無関係に面対称位置に等倍結像し,さらに中心としての光軸は存在しないため,どの部分であっても同様に鏡映像を結像できる.本章で紹介する結像光学素子は,この平面鏡の性質をもちながら虚像ではなく実像として鏡映像を結像できる結像光学素子である(図13.2).鏡映像の性質をもつため,視点を変えても空中の表示位置が変わることがなく,また立体物であっても歪まずに結像するという特徴をもつ.

14.2 受動結像光学素子の構造および動作原理

このような機能をもつ結像光学素子の構造としては,素子面に垂直な反射面をもつマイクロミラーからなる微小な単位光学素子を多数並べたものとなっている.単位光学素子は,お互いに垂直配置された2枚のマイクロミラー(2面コーナーリフレクタあるいはルーフミラー)からなり,入射した光線はこの2枚の鏡面において各1回ずつ,合計2回反射する.2面コーナーリフレクタによって2回反射された光は,2鏡面の垂線を含む平面(素子面と平行)内においては再帰反射し,元の方向に戻っていく.一方,入射光の素子面に直交する方向成分はそのままとなるため,結果として入射光は素子面に対して面対称な方向に出射することになる.なお,顔を映すような大きさの2面コーナーリフレクタは,リバーサルミラーという名称で左右が反転しない鏡として市販されている.この鏡を覗き込むと瞳から出た光線が2回反射でまた瞳に戻ることから,自分の瞳が常に2鏡面の交差部分にくることが確認できる.

この2面コーナーリフレクタを単位光学素子として素子面内に多数並べたものが2面コーナーリフレクタアレイ(Dihedral Corner Reflector Array,以下DCRA)である.上で見たように各2面コーナーリフレクタを2回反射で通過し

た光線はすべて面対称変換されるため，ある点光源から出た光線が各2面コーナーリフレクタを通過すると，点光源の面対称位置で再度集光することとなる．これはすなわち実像の結像である．しかも面対称結像であるので，鏡映像となっている．

このようなDCRAの結像方式は，凸レンズや凹面鏡，あるいは平面鏡とは大きく異なっている．上で述べたように，光線は微小な単位光学素子である2面コーナーリフレクタごとに分割され，この分割された光線を再び集めることで結像させている．各2面コーナーリフレクタから出射する光線は，幾何光学的および波動光学的に距離と共に広がっていくため，残念ながら解像度は既存の結像光学素子に及ばない．

DCRAを実際に製造する場合の構造としては，様々なものが考えられる．たとえば，ニッケルなどの金属薄板に正方形の穴をあけその内壁を鏡面とすると，DCRAが実現できる．金属光沢がない物質であれば，反射膜を付ければよい．また，ガラスや樹脂などの透明体を利用する場合には，四角いピラーを立てることで，光学的な穴を形成でき，側面における全反射によってDCRAが構成できる．また，直角配置された2枚の鏡によって2回光線が反射されればよいので，短冊状の平行ミラーからなるスリットミラーアレイを直交させて2枚重ねることでもDCRAを構成可能である．

14.3 受動結像光学素子の利用の仕方

上述したような2面コーナーリフレクタを利用した結像光学系は，実はエビ類の複眼において観察されている[2]．エビ類の複眼は，各個眼が一般的な六角形ではなく四角い構造をもっており，この四角い個眼がまさに2面コーナーリフレクタとなっている．複眼は曲面構造をもつことから，遠方からの物体光である平行光が視細胞上で焦点を結ぶようになっている．これを平面構造で考えれば，上で述べたように鏡映像を結像することになる．

ただし，2面コーナーリフレクタの構造上，入射光は必ず2回反射するわけではなく，入射光の角度によっては反射せずに直接透過したり，あるいは鏡面に1回だけ反射して透過する光線も存在する．これらの光は面対称変換を受けるわけではないので，鏡映像の結像に対しては迷光の原因となる．しかも直接光，1回

反射光の透過率は2回反射光よりも高く，そのままではシャープな結像を得ることはできない．

　この問題を解決する方法は簡単である．図 13.2 のように DCRA を軸外結像によって利用すればよい．直接光，1回反射光は，2回反射光よりも素子面に対してより垂直方向に高い透過率をもつため，素子面に対して斜めに光線が透過する軸外結像によれば，これら迷光を避けることが可能となる．なお，DCRA は鏡映像を結像するので，構造上の中心というものはなく，一般的な意味での光軸は存在しないが，光源とその結像点を結ぶ軸が素子面に直交するため，便宜上これを光軸と考え，この光軸上から離れた視点から観察できる結像を，軸外結像と呼ぶことにする．凸レンズや凹面鏡の場合には，軸外結像は収差の影響による劣化を受けやすくなるが，DCRA では鏡映像であるため，このような収差の影響を受けることはなく，軸外結像による劣化は起こらない．

　以上により，DCRA による実像は，素子面に対して斜めに角度をもって観察する（しなければならない）ことになる．この特徴は，平面上に屹立して浮き上がる映像を表示させることができることを意味しており，複数方向からの観察に適した表示が可能となる．また，幾何光学的な光線分割による結像であるためにボケが生じるものの，鏡映像であることから等倍結像で，しかも視点による結像点のずれという形での収差が存在しないことから，実像の空間定位は非常に安定している．

　以上見てきたように，DCRA は，鏡映像を実像として結像できる新しい光学素子である．解像度の問題があるものの，固有焦点距離が存在しないために素子直近から任意の距離で結像可能，等倍結像で立体物であってもまったく歪まずに結像可能，中心となる光軸が存在せず任意の素子部分が同等に結像可能，角度を大きく付けた軸外結像で平面上に屹立した映像を提示可能，視点移動しても空間における定位位置が完全に不変，というような，これまでの凸レンズ・凹面鏡では不可能な実像提示が可能となった．

　DCRA は，結像光学素子であり，非常に高い加工精度が要求されるという難点があるため，これまで量産は困難であった．しかし，レンズや凹面鏡と比較すると曲面をもたずに平面（鏡面）のみで構成されるという利点もあることから，現在問題は解決されつつあり，量産開始も間近となっており，今後市場が開拓さ

れていくもの思われる.

参 考 文 献

1) S. Maekawa, K. Nitta, and O. Matoba (2006) : Transmissive imaging device with micromirror array, *Proc. of SPIE*, 6392, 63920E
2) M. F. Land (1980) : Compound eyes: old and new optical mechanisms, *Nature*, **287**, 681-686

15. テーブル型裸眼立体ディスプレイ方式

15.1 全周から観察可能なテーブルトップに浮き上がる立体映像

　テーブルの上の空間（テーブルトップ）は，複数の人々が共同して様々な作業を進めるのに適している．そこは書類や模型などの資料を並べる場所として使うことができ，それらを共有して書き込んだり修正しながら議論を進めることができる．これをコンピュータで支援し，テーブルトップに表示された立体的な資料を作業対象として扱えれば，その場に集まった人どうしだけでなく，遠隔地間でもテーブルトップを介したコミュニケーションができるようになる．ここで紹介する「fVisiOn（エフ・ビジョン）」と名付けたテーブル型裸眼立体ディスプレイは，テーブルトップにて立体映像を複数人で自然に共有するためのコミュニケーションツールとして提案しているものである（図15.1）．
　テーブルに置かれた模型がそうであるように，テーブルトップに表示された立体映像の模型は，テーブル周囲の観察方向に応じて異なる見え方をしなければならない．しかも自然な立体映像として知覚させるためには，特殊なメガネなどを装着することなく，観察像に両眼視差を生じさせる再生原理が必要である．ま

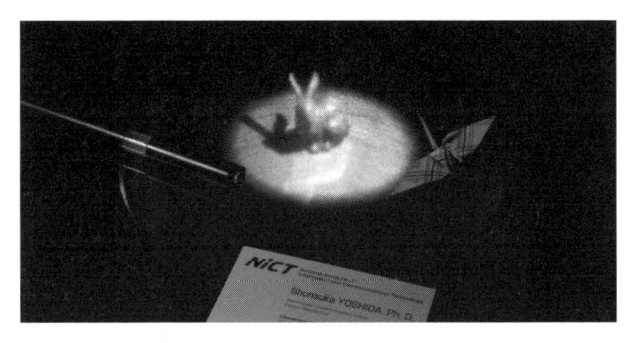

図 15.1　テーブル型裸眼立体ディスプレイ「fVisiOn」による立体映像の再生環境
（中央に立体映像のウサギ，周囲には実物であるペンや折り鶴を配置）

た，テーブル上の空間を占有するような装置を用いた再生原理では，テーブルトップでの自由な作業を阻害してしまう．そこで，何もない平らなテーブルの上に，全周から観察可能な高さのある立体映像が浮かび上がり再生されている環境を目指し，新しいテーブル型の立体ディスプレイとその再生原理を提案した．

15.2 光線群によりテーブルトップに立体映像を再生する原理

照明下にある不透明な実物体の表面のある1点は，受けた光を様々な方向に散乱させている．光源から発する光を無数の光線群だと考えると，その点は波長と輝度の異なる光線をあらゆる方向に射出しているバーチャルな点光源だとみなすことができる．すなわち，物体の表面は無数のバーチャルな点光源の集合として記述される．そして，これらの光線群の一部が両眼でとらえられ，ヒトはそこに物があると立体的に知覚する．本ディスプレイの再現原理は，このような光線群で記述される現実世界の光の振舞いを離散化して模擬する方式を基本とし，テーブルでの利用環境に最適化したものである．

テーブルトップでの利用を想定した場合，観察者はテーブルの周囲360°からそれぞれの視点で立体像を観察できる必要がある．ここで，着座時のような利用形態を想定すると，上下方向の視点移動は限定的であると考えることが可能である．そこで，本ディスプレイでは，立体像の観察に適した領域（視域）をテーブルの上方で円環状に生成する手法を提案し，その円環状視域に向かう光線群のみを効率よく生成する技術を確立した．すなわち，本方式は斜め上からディスプレイ面を観察する状況に特化した，水平面の円周方向に視差を与える立体ディスプレイであり，ディスプレイ面を正面（真上）から観察する状況などは本方式の対象とする利用形態ではない．

提案手法では，円状に配置された複数台の小型プロジェクタと，すり鉢状の光学素子とを用いて，以下の原理で立体映像を再生する（図15.2）．

簡単のためにプロジェクタは投影中心から大量の光線群を放射する装置だと考える．光学素子は，特殊な背面投影型のスクリーンとみなすことができるものであり，入射した光線を稜線方向のみに広く拡散し，円周方向にはほとんど拡散させないで射出する光学機能をもつとする．ここで，円環状視域上のある点 E_a と，あるプロジェクタPから放射される光線群との関係に着目する．Pから投

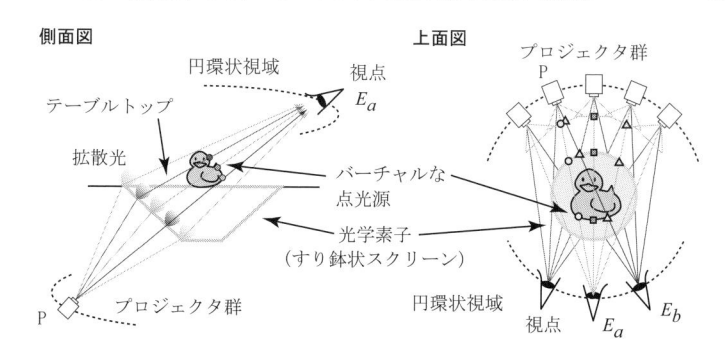

15.2 光線群によりテーブルトップに立体映像を再生する原理

図 15.2 提案手法における指向性光線群による立体映像の再生

連なったスリット状画像
（疎なプロジェクタ群での例）

射され光学素子を通過して E_a に届く光線群は，光学素子の異方性拡散性能によってスリット状の一部のみ（図 15.2 上面図内の○印の個所）となる．円状に配置された別のプロジェクタから E_a に届く光線群は，同様にそれぞれの一部（□，△）である．ここで多数のプロジェクタが密に配列されているならば，それぞれのスリット状の像が円周方向に連なった1つの像として観察される．一方，円環状視域の別の点 E_b にPから届く光線群は，E_a に届くものとは別の一部（△）であり，そこでも同様に複数のスリット状の像から1つの像が形成される．

これは，この原理によって円環状視域の位置に応じて異なる像が提示できることを意味する．言い換えると，様々な指向性を備えた大量の光線群はテーブル上の空間の至るところで交差し，その交点はバーチャルな点光源とみなすことができる．すなわち，各光線の進行経路を計算して，想定する物体表面が円環状視域方向に放つはずの光の波長や輝度を適切に再現することにより，テーブルの周囲上方から観察可能な立体映像がテーブルトップに再現される．

15.3 試作機による再生原理と再生像の確認

上述の性能を有する光学素子として，円錐体の側面に糸状のレンズを貼付して製作する方式を開発した．これは，糸状レンズの円の断面では入射光線群は焦点を通過して放射状に射出され，線の断面は一定厚の薄い透明体とみなせるので入射光線はほぼ直進して射出されるとの考えに基づく．試作した光学素子は，すり鉢状に削りだしたアクリルの円錐側面に，ナイロン製の釣り糸を巻き付け，紫外線硬化樹脂を用いて接着させたものである．これに100台強の市販の小型プロジェクタから，円環状視域に向けて光線群を再生するように計算された画像を投影した．計算の際に定義した円環状視域は，おおよそ手が届く距離としてテーブル中央から半径50 cm，座った際の眼の位置を勘案してテーブルトップからの高さ34 cmとした．

再生された立体映像を撮影した結果を図15.3に示す．再生した立体映像のモデルは上段の左からそれぞれ，ティーポット，おもちゃのアヒル，ガイコツであり，下段のウサギの立体映像は，実物である折り鶴を手前に添えて異なる方向から撮影した結果である．本試作機における立体映像のモデルは，テーブルの中央から半径5 cm程度の球の領域に定義されるように設計されており，図15.3の立体映像はそれぞれ，テーブルトップと同じ面にある直径8 cmほどのプレートの上に，高さ5 cmほどの物体が置かれている状態を再現している．図15.3か

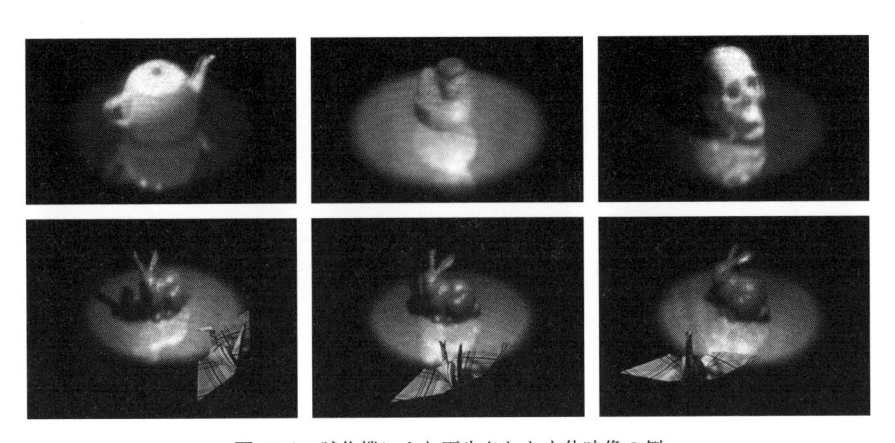

図 15.3　試作機により再生された立体映像の例

らは，ウサギのモデルの見え方の変化と共に，プレートに落ちるウサギの影の変化なども再現されていることが確認できる．今回の試作では，用意したプロジェクタの台数の制限により，周囲360°の1/3程度の範囲で観察可能なシステムとして構築したが，その領域にて裸眼で両眼立体視が可能であることが確認できた．

以上，テーブルトップに周囲から観察可能な浮かび上がる立体映像を提示できる，新しい方式の裸眼立体ディスプレイ「fVisiOn」の実装技術について述べた．現在は初期の試作段階であるために実験で得られた像はまだ不鮮明である．今後は光学素子や投影系の改良などによる画質の向上を試みたいと考える．

本方式では，光学素子は透明なテーブル天板の直下に配置され，さらに下方にプロジェクタが円状に並べられているために，テーブルの上部には表示装置が存在しない．また，立体映像を観察するための特殊なメガネなども必要とせず，何人でも同時に観察が可能である．そのため，従来のテーブルトップ作業との親和性が高く，テーブルの周囲に集った人らが立体映像の脇で書類を交わしたり，模型を隣に置くことが容易に可能である．また，静止画だけではなく動画も再生可能であり，動画により実物の模型ではできない動きのある情報提示が可能となる．さらにもう1つの特色として，本提案原理は駆動する個所をもたないため，比較的装置の大型化が容易である点があげられる．観客席からフィールドを見下ろすスタジアムでのスポーツ観戦などは提案手法が対象とする観察形態に類似するため，立体映像を転送して家庭のテーブルで鑑賞するテレビとしての利用に加え，将来的に大型化ができれば立体映像のスタジアムといった娯楽への応用も広がると考える．

参 考 文 献

1) 吉田俊介，矢野澄男，安藤広志(2010)：全周囲より観察可能なテーブル型裸眼立体ディスプレイ―表示原理と初期実装に関する検討―，日本バーチャルリアリティ学会論文誌，15(2), 121-124

16. 透明薄板からの発光を利用した体積表示方式

　SFなどに登場する「何もない空間に浮いて表示される全周型3Dディスプレイ」を実現するためには，透明体からの発光を利用すればよい．可視光において透明な媒質中での非線形光学過程を利用すればそのような状況が実現できる．非線形光学結晶中での2光子吸収を利用する手法[1,2]が1990年代後半に提案されているが，結晶体積は$1\,cm^3$程度と小さい．非線形光学結晶を利用する手法は大型化が難しく，また空気と媒質との屈折率差のため透明物体中に埋めこまれた像として認識され，「何もない空間」とはいかない．

　我々の提案する体積表示型3Dディスプレイ[3]は，紫外の励起光を照射すると可視光を発する媒質を利用するもので，線形光学過程である．発光媒質を含むプレートを薄くすることで，薄板と空気との屈折率差はほとんど意識されず，何もない空間からの発光と認識される．発光媒質の励起・発光波長は選択可能であり，R（赤），G（緑），B（青）それぞれの発光媒質を混合することで，フルカラー表示への拡張も可能である．

　以下では本方式のキーとなる発光媒質含有透明薄板とこれを用いた3D画像の表示例について述べる．

16.1　希土類錯体含有透明薄板

　発光媒質としてはたとえば希土類錯体を利用することができる．希土類錯体は量子効率が高いために，少量の溶解でも高い発光を得ることができる．また，希土類錯体は可視光に対する吸収が小さいため，非常に透明度の高い平板が作製可能となる．

　光硬化性樹脂を透明母材として試作した希土類錯体含有透明薄板を図16.1に示す（巻頭カラー口絵も参照）．薄板の面積は$6\,cm \times 8\,cm$，厚さは$500\,\mu m$であ

16.1 希土類錯体含有透明薄板　　　*149*

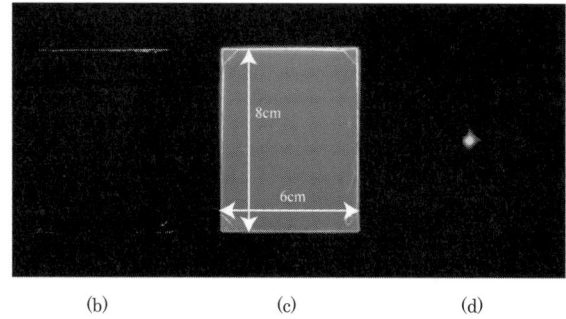

図16.1　希土類錯体含有透明薄板[3)]
(a) アルファベット背景の前に薄板を配置，(b) 励起光なし，(c) 一面励起，(d) 1点励起

図16.2　2D画像（励起光）を投影したときの発光の様子

る．溶解させた希土類錯体は Eu（TTA3）Phen で，395 nm の励起光に対して 615 nm の発光が得られるように設計されている．図中 (a) では，ABC…のアルファベットの文字が試作薄板の後ろ側に配置されており，透明度の高さがわかる．(b) は励起光なし，(c) は励起光全面照射，(d) は励起光1点照射時の薄板の様子をそれぞれ示している．(c) から均一に希土類錯体が溶解している様がわかる．また，(d) に示すように，非発光領域からの赤色光の散乱はほとんど見られない．

　もちろん，励起光によりつくられる2次元模様を薄板上に投影すれば，図16.2 に示すような透明薄板からの面発光が得られる．図ではプロジェクタを用

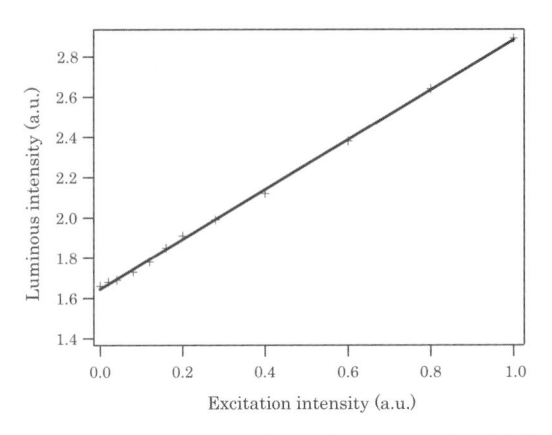

図16.3　希土類錯体含有薄板の発光強度の励起光強度依存

いて市松模様を薄板に表示している．2次元画像として発光模様が制御できるため，白色散乱板への画像投影の手法[4~8)]と同様の装置により3D画像の提示も可能となる．

　3D物体の濃淡表現は励起光強度の変調を通して実現することができる．図16.3に発光強度の励起光強度依存性を示す．発光強度は励起光強度に比例する．励起光用の画像を用意すれば，発光による画像が濃淡も含めてその線形写像となるため，画像制御が容易である．

16.2　3D画像の表示例

　線画により3D画像を表示するシステムの概要を図16.4（a）に示す．希土類錯体を含有した薄板を人間の眼の時間分解能以上のスピードで回転させる．薄板が掃引する体積が3D画像表示領域となる．voxel（pixelの3D版）は薄板に溶解している希土類錯体からの発光により表現され，それらvoxelの集合により3D画像が構成される．紫外の励起レーザ光の方向を回転と同期させて2機のガルバノミラーにより制御することで，3D物体を描画する．

　図16.4（b）に実際に構築したシステムを示す．制御用コンピュータからガルバノミラーへ2系統，薄板回転用モータへ1系統の信号が供給される．薄板の回転位相はフォトインタラプタにより検出され，位相同期ループにより制御用コンピュータから供給されるクロック信号の位相に同期される．2機のガルバノミラ

16.2　3D画像の表示例

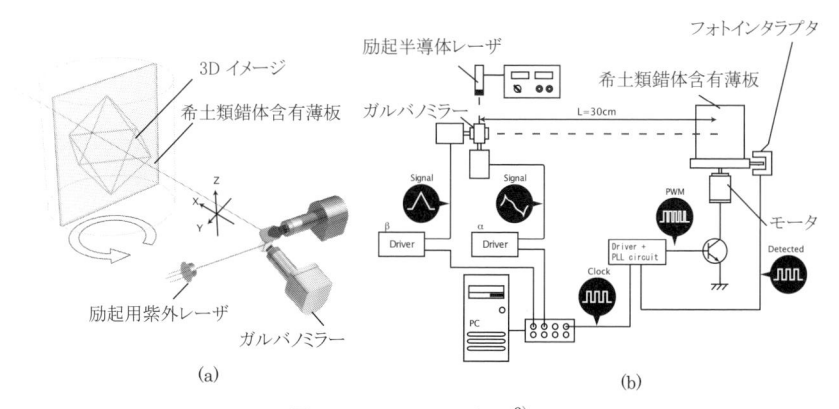

図 16.4　システムの概要[3)]

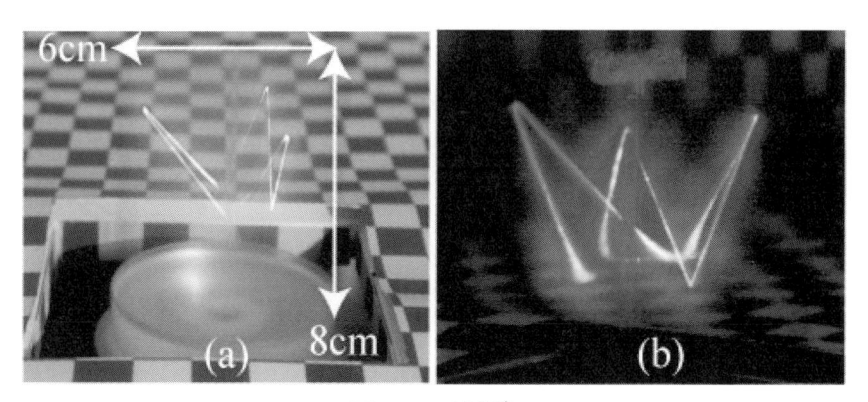

図 16.5　再生像[3)]

ーは制御用コンピュータのクロックと位相同期を保ちながら操作されるため，結果的に2機のガルバノミラーと希土類錯体含有薄板の回転の位相が同期されることとなる．ガルバノミラーと回転軸との距離は $L=30$ cm である．使用した希土類錯体の励起波長は395 nm であるが，簡便のため410 nm の半導体レーザ光を励起光とした．

図 16.5 に一筆書きで描画した3D画像の一例を示す．(a) はディスプレイ斜め上方から，(b) は真横方向から観察した状況を示している．透明薄板の屈折率は1よりも大きいが一見すると何もない空間中に発光する3次元物体が表示されているように見える．

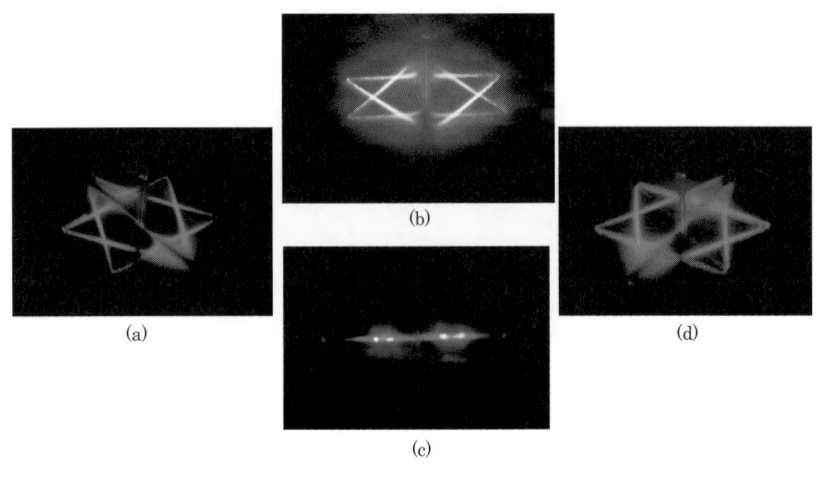

図 16.6　再生像

　一筆書きでは複雑な図形を表示することができない．図 16.6 に励起光の On/Off 制御を伴う六芒星の表示例を示す（巻頭カラー口絵も参照）．励起光 On/Off 制御は音響光学素子を通して行っている．図中発光していない領域（(a) では左上から右下方向，(b) では正面方向に沿う直線）があるが，これは薄板と励起光が平行になる領域で，音響光学素子により励起光を Off としている．励起光を 2 方向から照射することで，このような問題は回避される．

　以上，希土類錯体を溶解させた透明薄板回転方式による発光型 3D ディスプレイについて述べた．透明体からの発光を用いるため，何もない空間に 3D 像を浮かび上がらせているような「リアルな表現」が実現できる点に大きな特長がある．非線形光学結晶を用いていないため，従来の 2 光子吸収を用いた手法では困難な大画面表示も可能である．また，RGB に対応した発光媒質を一度に溶解させ，RGB それぞれの発光強度を異なる励起光により独立制御することで，容易にフルカラー表示へと拡張できる．励起波長に対応したプロジェクタを用いれば，回転体への画像投影による 3D 画像構成も可能となり，複雑な形状表現も可能である．

参 考 文 献

1) E. Downing, L. Hesselink, J. Ralston, and R. Macfarlane (1996) : A three-color, solid-state, three-dimensional display, *Science*, **273**, 1185-1189
2) E. Downing (1999) : Method and system for three-dimensional display of information based on two-photon upconversion, US Patent 5,914,807
3) S. Hisatake, S. Suda, J. Takahara, and T. Kobayashi (2007) : Transparent volumetric three-dimensional image display based on the luminescence of a spinning sheet with dissolved Lanthanide (III) complexes, *Opt. Express*, **15**, 6635-6642
4) G. E. Favalora (2005) : Volumetric 3D displays and application infrastructure, *Computer*, **38**, 37-44
5) K. Langhans, D. Bahra, D. Bezecnya, D. Homanna, K. Oltmanna, K. Oltmanna, C. Guilla, E. Riepera, and G. Ardeyb (2002) : FELIX 3D display: An Interactive tool for volumetric imaging, *Proceedings of SPIE*, **4660**, 176-190
6) Actuality Systems Inc.; http://www.actuality-systems.com/
7) G. E. Favalora, J. Napoli, D. M. Hall, Rick K. Dorval, M. G. Giovinco, M. J. Richmond, and W. S. Chun (2002) : 100 Million-voxel volumetric display, Cockpit Displays IX: Displays for defense, applications, *Proc. SPIE*, **4712**, 300-312
8) K. Langhans, C. Guill, E. Rieper, K. Oltmann, and D. Bahr (2003) : SOLID FELIX : A static volume 3D-laser display, stereoscopic display and applications XIV, *Proceedings of SPIE*, **5006**, 161-174

17. 空間映像方式

17.1 空間映像による立体視

　従来の立体視は「両眼視差」によるものが大部分で，短距離において重要な要因となる「調節」の効果は顧みられることが少なかった．空間映像は，主としてこの「調節」により立体視を行う方式である．そして空間映像は次のように定義するとわかりやすい．
　「空間上に表示された虚像あるいは実像で，原画面の存在が視認されないもの」
（ここで原画面とは映像の表示されたモニタやスクリーンを指す）
　ホログラムなどを除けば，空間映像の表示には原画面が必要であるが，それは図 17.1 (a)，(b) のようにブラックボックスに組み込まれ，我々は空間に浮かぶ像のみを見ることができる．

17.2 空間映像が立体として見える理由

　空間映像では，両眼視差をもたなくとも立体と感じられることが多く，この性質をいかし映像をあたかも物体のように展示することができる．両眼視差を伴え

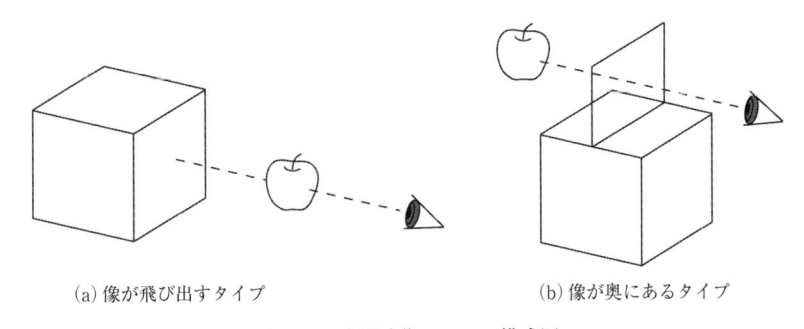

(a) 像が飛び出すタイプ　　　　(b) 像が奥にあるタイプ

図 17.1　空間映像システム模式図

ばさらによいがそれを裸眼で実現するのは難しい．また，費用対効果を考えると 2D 原画が有利である．

空間映像で立体を感じる現象は，ヒトの視覚の認識の仕組みと密接に関わり，次のような要因によると筆者は考えている．

a. 画枠の除去効果と視覚の学習効果

空間映像は，通常映像のようなフレームがなく，像は空間に存在する．

我々が空間の像を見たとき，その像が平面か立体か意図的に検証しない限り，視覚の学習効果から立体と認識する方が心理的に自然だと考えられる．

b. 運動視差の活性化

通常の映像では画面に拘束されて運動視差の効果が弱まると思われるが，画面の見えない空間像ではこの拘束がなく運動視差の効果が高まる．

c. 実物との隣接効果

映像に隣接して実物や模型を配置する空間映像の一般的な使い方では，見る人が映像と実物を同一視して立体と認識する効果がある．

d. 空間像の厚みによる効果

心理学者カッツ（David Katz）による「色の現れ方」に当てはめると，空間像には実物体のような固い表面がなく「透明表面色」と「表面色」の中間の性質をもち，奥行きの曖昧さがある．また，実像の性質上，必然的に前後にボケ領域がある．上記により感じる奥行きあるいは厚み ΔZ が立体感を生むのではないか（図 17.2）．

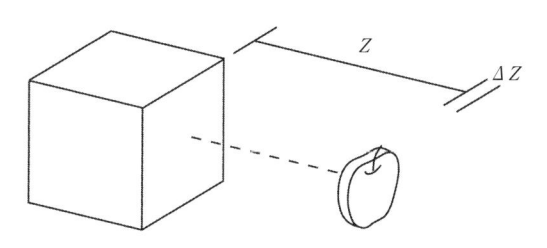

図 17.2 空間映像の奥行き知覚

17.3 空間映像の種類

空間映像には「虚像系」,「実像系」,「特殊スクリーン系」,「ホログラム」がある.

a. 虚 像 系

外が暗いとき,建物の窓際で外を見ると窓ガラスの反射で天井のライトや自分の姿が外にあるように見える.外にないことを理解するのは視覚ではなく論理的思考の働きである.

虚像系の空間映像はこれと同じで,ガラスやハーフミラーに映る像を利用している.

虚像系の利点は,凹面鏡やレンズが不要で像を大型化しやすいことと,無収差で画像が歪まないことである.像は必ずハーフミラーの奥にあるので観察者は像に触れない.

1) **虚像系の原型**：　虚像系空間映像の原型と考えられるのが,19世紀ヨーロッパで流行した幽霊舞台の興行である.舞台下方の斜めの板に寄りかかった役者に照明が当たると,その姿が大ガラスの反射で舞台上の役者の横に虚像で現れる.剣で突いてもびくともしないこの幽霊に当時の観客は大変驚いたという.上手な演出で現代に復刻再演されたら面白いだろう（図17.3）.

2) **現代の虚像系**：　現代の虚像系空間映像は図17.4のとおりである.舞台

図17.3　19世紀ヨーロッパの幽霊舞台

17.3 空間映像の種類

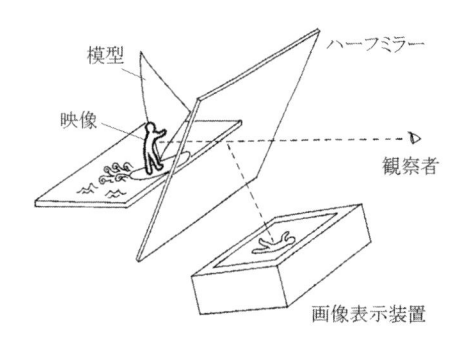

図 17.4 映像と模型を合成する虚像系空間映像システム

図 17.5 空間プロジェクタ
飛び出して空間に浮かんだ映像の位置をフォークで撮影

図 17.6 pop * pix（ポップピクス）
テーブル上に立ち上がった映像

下の役者は液晶の画面に代え，等身大の場合はプロジェクタでスクリーンに映した画像を使う．舞台上にあるのは通常は模型やジオラマであるが，部屋のようにつくられた舞台に実際の演技者が登場するテーマパークもある．なお，ヘッドマウントディスプレイも虚像系であるが裸眼でないので省略する．

b. 実 像 系

像は小さくてもよいから手で触れられるような空中像を出したい．この要望には実像系の空間映像が合う．図17.4のように凹面鏡などで原画面の実像をつくり，光軸方向から見る．人物等身大といった大型は原理的には可能でも多額な製作費を要し実施例を見ない．

カスタム製品だけでなく，図17.5，17.6のような規格製品も用意されている．

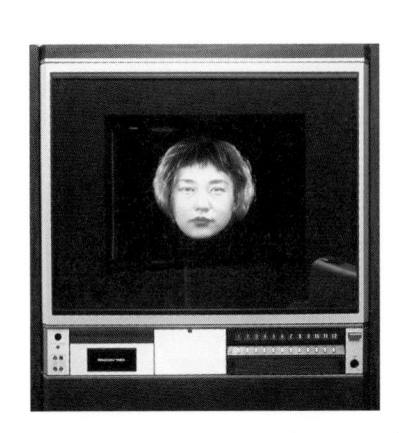

図17.7 話す立体像 VISCULA（ビスクーラ）
顔部分はフロントから投写された動画映像

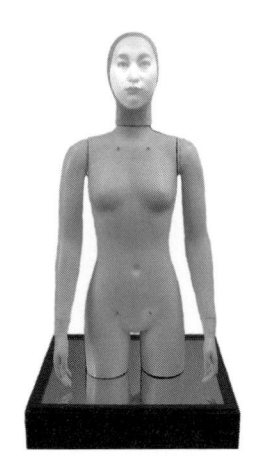

図17.8 話すマネキン Chatty（チャティ）
顔部分は内側から投写された動画映像

c. 特殊スクリーン系

空間映像の定義である「原画面の存在が視認されない」ものの範疇にスクリーンと画像が一体化したトーキングヘッドがある．顔形のスクリーンに直接映写するシンプルな構成だが，観客が近づけない，観客と視線が合わないという欠点があった．

これを改良したのが，図17.7，17.8の製品で，図17.7はフロント投写による精緻な画像が得られ，図17.8はマネキンの上半身および頭部に映像表示光学系が組み込まれ，モデルの顔形に合わせてつくった顔スクリーンにリア投写で映像を表示するもので，キャラクターや人物の展示，ヒト形ロボットに用いられる．どちらも観客と視線が一致する．

その他，高速回転スクリーンに投写，ＬＥＤアレイを高速回転，水や霧などの流体スクリーンに投写などの方式も特殊スクリーン系に含むが説明は割愛する．

d. ホログラム

1枚のホログラムは100〜100万点の視点位置をもち，かつ実物と変わらない奥行きで「調節」も満たす究極の立体映像である．動画はまだ実用域にないが，静止画でこれに勝る物はない．近年利用が少ないが，再度注目してほしい技術である（図17.9）．

図 17.9　レーザ光再生タイプホログラム

17.4　空間映像のメリット

a. **アイキャッチ性に優れる**

空間に表示される映像では，モニタ画面を見るのでなく純粋に抽出された映像モチーフが見えるのでアイキャッチ性に優れ，映像による訴求効果も大きい．

b. **コストパフォーマンスがよい**

両眼視差3DはLR2画面，回り込み映像には8～100画面が必要になる．空間映像は1画面の映像で効果があるので経済的で，さらに自由視点映像を組み合わせれば，視差はないものの回り込みも実現できる．また，空間映像の映像コンテンツに求められる条件は「映像の背景は黒にする」，「モチーフ映像が表示フレーム端で切られないようにする」の2点のみで，実写なら黒背景撮影，CGなら背景黒指定でよく，いずれも制作費は低く済む．

c. **映像と実空間の融合が可能**

通常のモニタの映像は実空間の中で異質の存在となり，場に溶け込むことができない．

空間映像なら，実空間のあらゆるところに自然に映像を溶け込ませることができる．

空間映像は，今後展示映像に限らず，商業施設のデジタルサイネージ，教育訓練，住宅のインテリアなどに使われるだろう．実際に店舗の商品陳列什器に虚像タイプが利用されている．また，仮想世界と現実世界のリンクに使えば，サイバースペースがよりリアリティあふれたものとなる．空間映像が生活シーンを豊かにするためのキーとして利用されていくことを願っている．

参考文献

1) 南　武博監修，NHK 放送技術研究所編（1995）：3 次元映像の基礎，pp. 13，オーム社
2) 大山　正（2000）：視覚心理学への招待，pp. 37，サイエンス社
3) 桑山哲郎，辻内順平編（1990）：ホログラフィックディスプレイ，pp. 24，産業図書
4) 尾上守夫，池内克史，羽倉弘之（2006）：3 次元映像ハンドブック，pp. 207-211，朝倉書店
5) 石川　洵（2002）：博物館向け空間像系展示映像システム，画像電子学会，画像電子ミュージアムテクニカルセッション 14
6) 石川　洵（2003）：空間映像としてのミニライブシアター，映像情報メディア学会技術報告，**27**，7-9
7) 石川　洵（2009）：博物館における立体映像の利用，日本写真学会誌，**72**(4)，266-272
8) 石川光学造形研究所製品カタログ，空間プロジェクター，pop * pix，VISCULA，Chatty，ホログラフィ

18. ホログラフィ方式

　ホログラフィは物体からの光のすべての情報を記録し再生する技術であって，1948年イギリスの物理学者ガボール（D. Gabor）によって発明された[1]．1960年代初めに発明されたレーザを使用することにより飛躍的に発展し，新しい光学技術として注目されるようになった[2]．ホログラムはこのすべての情報を干渉縞の形で記録したものであり，クレジットカードや紙幣などに偽造防止用として貼付されており身近なものになっている．ホログラフィの最大の特長は他の3次元画像技術とは異なり完全な3次元画像が得られることである．この技術を使った3次元画像表示はホログラフィックディスプレイと呼ばれており，実用的な白色光再生ホログラムが開発されてから盛んになってきた[3,4]．その後，このホログラムを中心に，より高度なディスプレイを目指して種々の技術，たとえば記録できる物体の制限緩和，ホログラムの広視域化，再生像のカラー化，動画像表示などの研究が行われてきた．光学的にホログラムを記録して得られる静止画像についてはきわめて鮮明な3次元画像が得られている．一方，動画像については電子デバイスを用いて電子的にホログラムを記録する方式の研究が行われている．
　ここでは，まずホログラフィの原理と3次元画像のディスプレイ手段としてのホログラフィの特徴を概観するとともに，ホログラフィによって何ができ何が課題かを整理し，現状について紹介する．

18.1　ホログラフィの原理

　ホログラムを記録するための典型的な光学系を図18.1に示す．レーザから出た光を2つに分け，同図（a）のように一方の光を顕微鏡に使用するような対物レンズによって広げて物体に当てると，物体の各点から反射光が生じる．この反射光はあらゆる方向に広がる散乱した光であり，物体から適当な距離に置かれて

18. ホログラフィ方式

レーザ　シャッタ　ビームスプリッタ　　ミラー

対物レンズ

物体　　　　　　　物体光

記録材料

ミラー　　　　　　参照光

対物レンズ

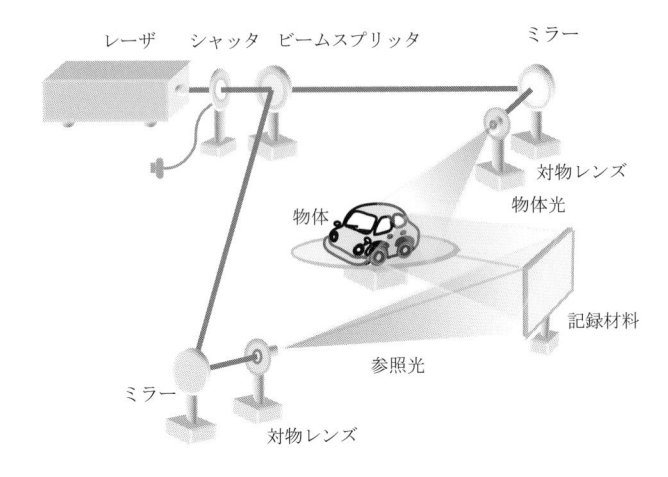

(a) ホログラムの記録

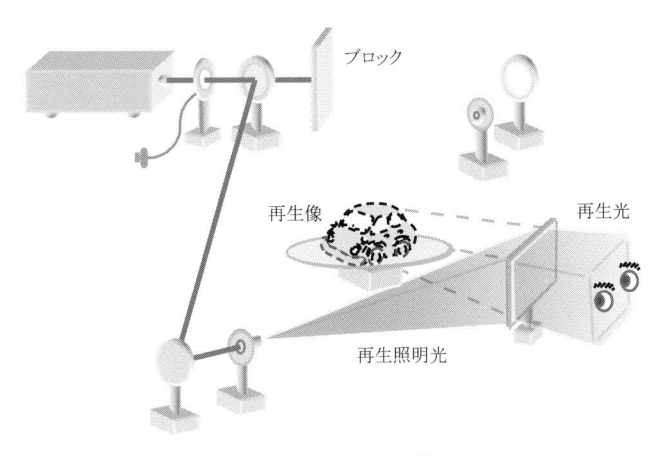

ブロック

再生像　　　　　　再生光

再生照明光

(b) ホログラムの再生

図18.1　ホログラフィの原理

いる記録材料（たとえば写真フィルム）にもやってくる．もう一方の光をミラーによって方向を変え，対物レンズで広げて記録材料に当てる．こうして，2つの光を重ね合わせ記録材料に露光する．物体から反射されて記録材料にやってくる光のことを物体光，もう一方の光のことを参照光という．露光した後，現像処理してできたものがホログラムである．ホログラムには写真とは異なり物体の像らしいものは何も写っていないが，眼に見えない非常に細かい複雑な形の縞模様が記録されている．この縞は干渉縞といわれるもので，レーザ光を2つに分けた

後，物体光と参照光として再び重ね合わせた結果，互いに強め合ったり弱め合ったりする干渉と呼ばれる現象によって生じる．この干渉縞には，物体の明るさに関する情報（振幅）と共にどの方向から光がやってきたかという情報（位相）が含まれている．3次元画像を再現するためにはこの位相という情報が重要であり，それは方向がわかっている基準の物差しとなる光を導入することにより，それからのずれとして記録することができる．基準となる光である参照光の役目はそこにあり，これを導入することにより干渉縞という形で物体光のすべての情報，すなわち振幅だけでなく位相も記録することができる．ホログラムはこのようにして記録されたものである．

このホログラムから物体の像を再生させるためには，図18.1 (b) のように物体光側の光をブロックし参照光と同じ光だけをホログラムに当てればよい．この光を再生照明光という．ホログラムは細かい干渉縞を記録した一種の回折格子であって，これに光を当てればそのまま直進する光の他に，回折という現象により別の方向に進む光が生じる．ここで重要なことは，この回折する光は再生光と呼ばれ，物体の各点から出た光の方向を忠実に再現した光であり，物体から出る光とまったく同じ性質をもっていることである．したがって，その光がやってくる方向を見れば，もはやそこに実際の物体がなくても元の位置に物体の完全な3次元画像が見えるわけである．眼の位置を動かせばその方向から見た像が見える．

18.2 ディスプレイ技術としてのホログラフィの特徴

このように，ホログラフィは光の干渉と回折を利用して物体からの光のすべての情報を記録し再生する技術であり，以下のような特長をもつ．

1) 理想的な3次元画像を再生することができる： これが，現在実用になっている多くの3次元画像技術が2眼ステレオ視による立体画像の表示であるのに対して，大きく異なるところである[5]．ここでいう立体画像とは，2枚の平面画像を用いて両眼視差によって得られる像であって，眼の位置を変えても見え方は変わらない．これに対して，3次元画像は眼の位置を変えるとそれに従って見えなかった部分が見えてくるもので，我々が実際に物体を見るのと同じ感覚でごく自然に像を見ることができる．これは，立体感を与える要因である輻輳，両眼視差，眼の焦点調節，さらに単眼視差などすべての要因をホログラムは備えている

ためで，ホログラフィは理想的な3次元画像技術であるといえる．

2) 何もない空間に3次元画像を浮かばせることができる．

3) 現実の世界ではありえない表示が可能である：たとえば，物体の前後が反転したシュードスコピックな像を表示することができる．

このなかで，2)，3) はホログラフィだけがもつ特長ではないが，1) の特長とあわせ，臨場感あふれるユニークな3次元画像の世界を現出できる．

このような特長をもつホログラフィであるが，理想的な3次元画像を得るためには，記録しなければならない情報量は膨大である．そのため短所も同時に背負うことになり，ディスプレイの手段として利用するためには制限が多く，なかなか実用になりにくいのも事実である．それは光の干渉と回折を利用するというこの技術特有の問題でもある．そこで，ホログラフィの本質は失わずに，その短所としての制限を除くための研究が行われてきた．図18.1に示した典型的なホログラムはレーザ光を使って記録する．再生もレーザ光を使う必要があり，太陽光のような白色光を使えば再生像はぼけて不鮮明になってしまう．そこで，白色光を使っても鮮明な像が再生されるようなホログラムが開発された．記録できる物体の制約を除くためには従来の立体視技術を一部取り入れるなどの研究が行われてきた．また，超高解像力記録材料の開発，カラー化なども他の3次元画像技術にはない特有な課題をもっている．光学的にホログラムを記録して得られる静止画像についてはきわめて鮮明な3次元画像が得られている．これに対し，イメージセンサなどの電子デバイスを用いてホログラムを記録し動画像を再生する電子ホログラフィの方式に関しては，現時点ではまだ満足のいく画像は得られていないが精力的な研究が続けられている．

18.3 主な課題とその取組み

ここでは，ホログラフィのもつ特有ないくつかの課題とそれらへの対処，また魅力あるディスプレイ技術にするための取組みについて述べる．

a. ホログラムを記録するための光源と記録材料

ホログラムを記録するには原理的には干渉性のよいレーザ光が必要である．それは物体光と参照光の干渉によってできる干渉縞を光学的に記録するためであ

る．レーザ光は干渉性がよい光源ではあるが有限なコヒーレンス長をもっており，記録できる物体の大きさが制限される．He-Ne レーザの場合のコヒーレンス長は約 20 cm であり，記録できる物体の大きさは 10 cm 程度である．Nd:YAG などの固体レーザでは数 m 以上のコヒーレンス長をもつ．ホログラムを記録中に物体光と参照光の間の光路差が時間的に変化すれば干渉縞のコントラストが低下してしまう．その原因は振動や空気の揺らぎによる光学系の不安定さ，また物体の動きなどによる．その結果再生像の明るさが低下することになるため，通常は除振台の上で光学系を組む．ホログラムは通常連続発振のレーザを使用するが，パルスレーザを使えば人物のような動く物体でも記録できる．

　ホログラフィが実用になるかどうか，またどのように利用できるかは記録材料に負うところが大きい．記録される干渉縞はきわめて細かいため，高解像力の記録材料が必要である[6]．図 18.1 (a) で物体光が記録材料に垂直に入射し，参照光の入射角を 45°とし，記録波長を 532 nm とした場合，干渉縞の間隔は 0.75 μm であり，空間周波数で表せば約 1,300 本/mm となる．後述する反射型ホログラムでは 5,000〜7,000 本/mm にもなる．銀塩乳剤は手軽で最もよく使用される記録材料であるが，供給するメーカーが少なくなってしまった．現在は，外国では PFG シリーズ，Ultimate など，国内ではコニカミノルタの P 5600 が製造されており入手可能である．近年，現像不要のフォトポリマーの性能がよくなり，きわめて明るい再生像が得られるようになった．しかし，この記録材料は一般の入手が困難である．その他，ホログラムを複製するための原版の作製にはフォトレジストが使われる．

　干渉縞はレーザを使用して光学的に記録する以外に，干渉と回折の式を用いて計算によって求めることができる．このようなホログラムが計算機ホログラム[7]であり，電子線描画によれば細かい干渉縞を形成でき，架空の 3 次元画像を得ることができる．

b. 記録できる物体（被写体）
　理想的な 3 次元画像を得るためには，前述したようにレーザ光でホログラムを記録する必要があり，さらに比較的小さな動かない実物体に限られる．この制限を取り除くための 1 つの方法として，ホログラフィックステレオグラムがある[8]．このホログラムは，図 18.2 に示すように，水平方向に複数の異なる視点

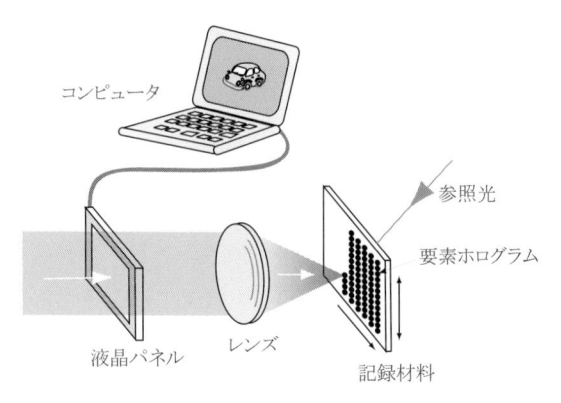

図18.2 マルチドット方式によるホログラフィックステレオグラムの記録

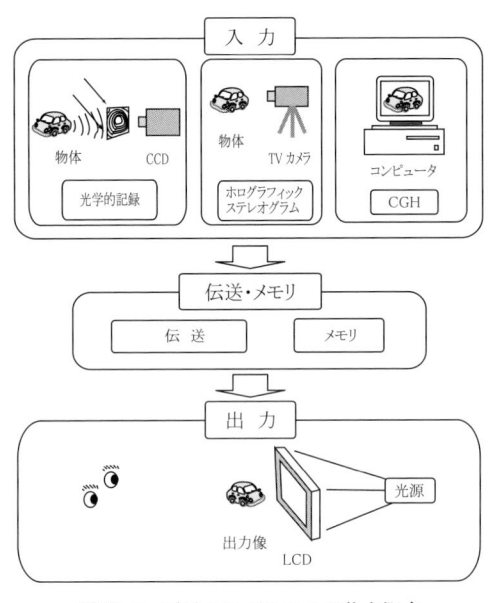

図18.3 電子ホログラフィの基本概念

から撮影した平面画像を原画として，記録材料にホログラフィックに合成したものである．原画の作製に際してはレーザ光を使う必要がなく，カメラで撮影した画像やコンピュータを使って描いた画像を利用することもできるため，人物，戸外の風景，X線画像，あるいはCGを利用した架空物体の3次元画像を得ることができる．ホログラフィックステレオグラムと同じような技術に，レンチキュラ板を使った多眼式立体表示法がある．しかし，この場合視差画像の数はせいぜい10枚程度である．これに対して，ホログラフィックステレオグラムでは，数百の視差画像を合成できるため，像のとびのないほぼ連続的な画像を再現でき，実際の物体を記録する場合の再生像に近い見え方が可能である．

図18.3に示すように，垂直方向にも視点の異なる原画を作製し記録材料全面にわたってドット状あるいは矩形状の要素ホログラムをしきつめていくマルチド

ット方式によれば，垂直方向の視差もある像が得られる[9]．この方式により，フルカラー，フルパララックス，任意のサイズを実現するホログラムが作製されている[10]．

c. ホログラムを再生するための照明光

図 18.1（b）に示すように，ホログラムをレーザ光で再生した場合には再生像にはぼけは生じずきわめて奥行きの深い像を再生できる．しかし，レーザ光ではなく白色光でホログラムが再生できればホログラフィックディスプレイの実用化のためには大変都合がよい．ところが，ホログラムは細かい縞が記録された一種の回折格子であり，色分散により照明光の波長が異なれば一般に再生光の方向が異なってしまう．したがって，太陽光のような白色光でホログラムを再生すると各波長による再生像が重なってしまいぼけた不鮮明な像しか得られない．この短所をなくして白色光で再生できるレインボーホログラムや反射型ホログラム（リップマンホログラム）などが開発された[4]．レインボーホログラムは水平方法に細長いスリットを用いて記録するホログラムであり，比較的重要度の低い縦方向の視差の情報を犠牲にすることによって白色光再生を可能にしたものである．反射型ホログラムは参照光と物体光を記録材料に対して互いに反対方向から入射させて記録したホログラムである．その干渉縞はホログラム面にほぼ平行な層状の構造となるため，このホログラムを白色光で照明すれば各層からの反射回折光どうしが干渉し，干渉フィルタと同じ作用により，記録のときの波長を中心とした狭い波長幅の光だけが選択的に強め合って再生されるため鮮明な像が得られる．

これらの白色光再生ホログラムは，その再生像が眼で見て差し支えない程度に鮮明に見えるホログラムであるが，レーザ光で再生する場合とは異なり本質的にぼけを伴っており，再生像がホログラム面から離れるほど不鮮明になる．その原因の1つは再生波長が単一ではなくある幅をもつことである．これらは記録光学系の配置，記録材料の厚みなどに依存する．もう1つの原因は光源が点ではなく大きさをもっていることによるものであり，より鮮明な像を得るには点光源に近い小さな光源を使う必要がある．

d. 再生像のカラー化

自然な色の再生像を得ることはホログラフィの究極の目的の1つである．それ

を実現するためのホログラムがカラーホログラムである．カラーホログラムは原理的には，3原色に相当する赤，緑，青の3本のレーザ光を用いて，それぞれのホログラムを1枚のパンクロマチックな記録材料に3重記録することによって得られる．このホログラムを同じ3本のレーザ光で照明すれば，加法混色によりカラー像が再生される．単色の3次元画像とは異なり，自然の色の3次元画像はきわめて臨場感に富んでいる．

　カラーホログラムにおいて解決しなければならない最大の課題はクロストーク像の除去である．この問題は，記録時と再生時とで使用する波長の光が異なるときに生じるものである．3重記録されたホログラムを3本の光で再生するとき，一般に9個の像ができる．このうち，ホログラムを記録したのと同じ波長の光で同じホログラムを再生したときに得られる3個の再生像は完全に重なって真のカラー像となるが，他の波長の光で再生される6個の像も同時に生じる．これらは結像位置も倍率も異なり，真のカラー像に重なってノイズとなる．この6個の像がクロストーク像である．

　カラーホログラムを再生するのに3本のレーザ光を使うのは不便であって，3原色を含んでいる手軽な白色光で再生できれば都合がよい．レインボーホログラムの場合は，真のカラー像が見える垂直方向の視域はきわめて狭く，わずかに位置が変わってもクロストーク像のため色のバランスがくずれてしまう．これに対して，反射型ホログラムは再生される波長幅がきわめて狭いためクロストーク像はなく，しかも垂直方向のどこから見ても再生像の色が変わらない．そのため，白色光で再生できるカラーホログラムの方式としては反射型ホログラムが適している．このための高解像力でパンクロマチックな記録材料が開発されており，きわめて明るいカラー再生像が得られている[11]．また，フォトポリマーを用いて反射型カラーホログラムの複製も行われている[12]．

e. 動画像表示を可能にする電子ホログラフィ

　液晶パネルに代表される最近のディスプレイ技術の急速な発展と，コンピュータの処理能力の目覚しい進展により，人に優しい究極の3次元映像ディスプレイとして電子ホログラフィの研究が進められている[13]．図18.3に示すように，その基本概念はホログラム情報の入力（生成），伝送・記憶，それに出力（表示）系から構成される動画像表示である．

入力系は，実物体を対象とする場合は従来の光学的に記録するホログラムと同じように，レーザ光を用いて形成される干渉縞をホログラム情報として CCD カメラなどのイメージセンサに入力し電気信号に変換する．ホログラフィックステレオグラムの方法を用いることも可能である．架空の物体を表示するためには計算機ホログラムによる方法などを用いて，物体の振幅と位相を計算によって求める．

伝送・蓄積系はいずれの場合もホログラム情報を電気的信号として NTSC 方式などにより伝送された後，表示装置に出力される．必要に応じてホログラム情報は外部記憶装置に記憶される．ホログラム情報は膨大であるため，この系を経由するには高度な情報圧縮技術が必要となるため，データ圧縮，計算の高速化などの研究が行われてきた．ホログラム情報を出力するためのデバイスには高解像力の空間光変調器が用いられる．現在までには AOM（音響光学変調器）や LCD（液晶空間変調器），あるいは DMD（微小ミラーデバイス）が使用されている．現状ではイメージセンサなどの画素が大きいため，再生像の画質は光学的に記録された場合に比べて貧弱で，その高精細化，大サイズ化が課題である．最近，高画素数の CMOS センサと高精細反射型 LCD パネルを用いるカラー3次元画像再生装置が開発され，ホログラムデータから3次元動画像が再生されている[14]．

3次元画像のディスプレイ手段としてのホログラフィについて，その特長と課題，魅力的なディスプレイを実現するための取組みについて述べた．ホログラフィは他の3次元画像技術とは異なり人間の視機能にマッチした理想的な技術である．とくに，電子デバイスを用いた動画像表示の方式については，この技術の特長を生かした究極の映像方式として今後のさらなる研究の進展を期待したい．

参 考 文 献

1) D. Gabor (1948)：A new microscopic principle, *Nature*, **161**, 777-778
2) E.N. Leith, and J. Upatnieks (1964)：Wavefront reconstruction with diffused and three dimensional objects, *J.Opt.Soc.Am.*, **54**(11), 1295-1301
3) 辻内順平編著 (1990)：ホログラフィックディスプレイ，産業図書
4) 久保田敏弘 (2010)：新版ホログラフィ入門，朝倉書店

5) 大越孝敬（1972）：三次元画像工学，産業図書
6) 辻内順平監修（2007）：ホログラフィー材料・応用便覧，エヌ・ティー・エス
7) 武田光夫，谷田貝豊彦（1972）：計算機ホログラムとキノフォーム，応用物理，**41**, 1039-1046
8) 齋藤隆行（1990）：ホログラフィックステレオグラム．；辻内順平編著（1990）：ホログラフィックディスプレイ，産業図書，pp. 191-207
9) M. Yamaguchi et al. (1995)：Development of prototype full-parallax holoprinter, *Proc. SPIE.*, **2406**, 50-56
10) Zebra Imaging, Inc, http://www.zebraimaging.com/
11) Y. Gentet, and P. Gentet (2000)："Ultimate" emulsion and its applications： A laboratory-made silver halide emulsion of optimized quality for monochromatic pulsed and full color holography, *Proc. SPIE.*, **4149**, 56-62
12) M. Watanabe et al. (1999)：Mass-production color graphic arts holograms, *Proc. SPIE.*, **3637**, 204-212
13) 佐藤甲癸（2002）：電子ホログラフィーの最近の研究動向，日本写真学会誌，**65**(1), 40-43；電子ホログラフィ研究の取組み，ホログラフィック・ディスプレイ研究会会報，**23**(4), 28-36
14) 永井利明ほか（2006）：電子ホログラフィの広視野・広視域化，3次元画像コンファレンス2006講演論文集，pp. 93-96

19. ステレオレンズフィルタ方式

　ステレオレンズフィルタ方式は，特殊レンズ状の画面フィルタを使用して左右の眼に微妙に異なるペアイメージを提示することによりステレオグラムと同じ原理で立体視用の専用メガネをかけることなくテレビなどの普通の2D映像を裸眼で立体視することができる，裸眼式3Dステレオ表示のための特殊レンズフィルタの技術である．

　この方式で表示される立体映像はステレオグラム方式の1つであるステレオ写真の結像と同様に，従来の裸眼による両眼視差方式の画像にありがちな画質の劣化が比較的少ない．しかもこの特殊レンズフィルタによって生成されるペアイメージは，視域内であればどの位置からでも鏡映像と同様に画面全体の被写界深度を十分に保つことのできる精緻な視差を隈なく生じさせることができるので，自然な立体感を醸し出すことができるのである．その結果，長時間使用しても眼の疲労感が比較的少なく，そのことについては実際の製品のモニタリングによって既に実証されている．

19.1 ステレオレンズフィルタ方式の原理

　ステレオレンズフィルタ方式の原理は鏡に映る像がなぜ立体的に見えるのかという原理と深い関わりがあるので，まず鏡の平面に光学的に反射した鏡映像がなぜ立体的に見えるのかという理由を考察する．

　その理由は3つあるが，鏡に映した物体は左右が逆転しはするものの，両眼視差の基本である右眼と左眼とのなす輻輳角という両眼の角度視差が生じることと，その輻輳角によって右眼と左眼の視方向が異なるので両眼像差が生じることで立体的に見えるのであり，これらが最初の2つの理由である．

　ところが，ここで立体物ではない風景写真といった本来は両眼視差を生じるは

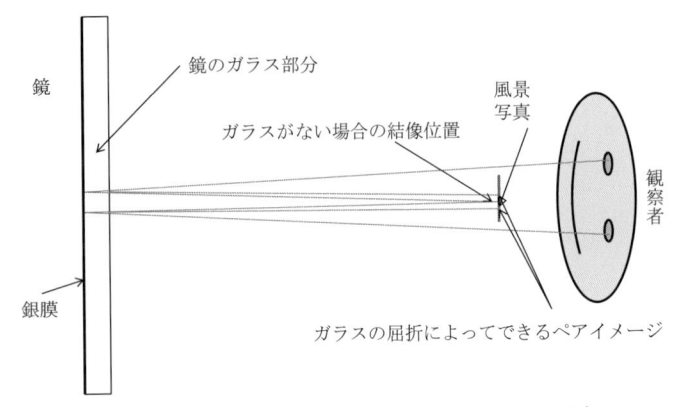

図 19.1 鏡のガラス部分がペアイメージを生じさせる理由

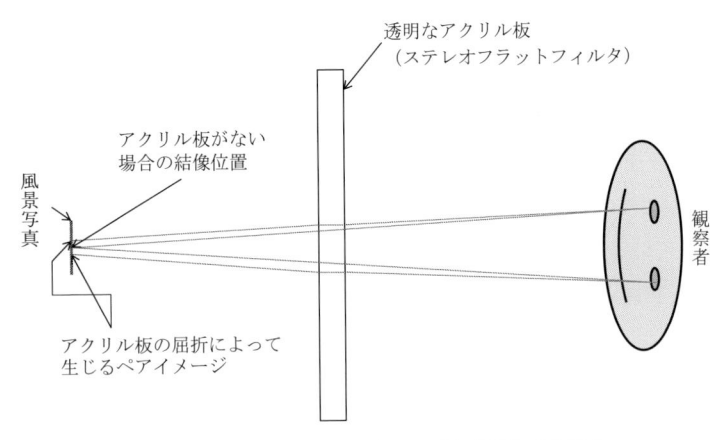

図 19.2 アクリル板がペアイメージを生じさせる理由

ずのない平面画像を鏡に映してみると，その鏡映像は平面画像であるはずの写真の風景に微妙に奥行き感を与えているのである．これは銀膜が塗布されている鏡のガラス部分で光が屈折することが原因で左右の眼に微妙に異なる映像（ペアイメージ）を提示するという，鏡が立体感を生じさせる上で見落とされがちな3番目の理由であり，その光の屈折が生み出したペアイメージが原因で擬似的な両眼視差が生じ，その結果鏡映像が風景写真といった平面画像にも立体感を与えるのである（図19.1）．

この仕組みをわかりやすくするために鏡ではなく透明で平らなアクリル板を使

19.1 ステレオレンズフィルタ方式の原理 173

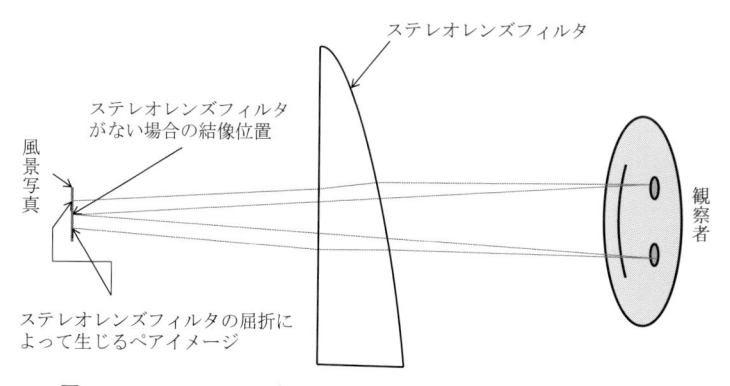

図 19.3 ステレオレンズフィルタがペアイメージを生じさせる理由

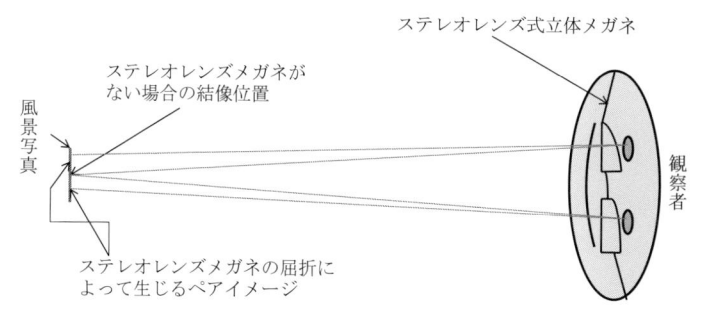

図 19.4 ステレオレンズ式立体メガネがペアイメージを生じさせる理由

用した類似のモデルに置き換えてみると，対象の風景写真やテレビ映像といった平面画像と観察者との中間位置に平らなアクリル板を置くことになる．そして鏡のガラス部分と同じくそのアクリル板が光を屈折させるのでペアイメージが生成されて左右の眼に微妙な視差が生じ，対象の平面画像が立体的に見えるのである（図 19.2）．

　したがって，この平らなアクリル板は左右の眼に微妙に異なるペアイメージを提示することにより，ステレオグラムと同じ原理で立体視用の専用メガネをかけることなくテレビなどの普通の2D映像を裸眼で立体視することができるステレオフラットフィルタと呼ぶことができるのである．そして，鏡が立体効果を生じさせるこの3番目の原理を応用して，さらにその立体効果を高めたフィルタが本章のステレオレンズフィルタなのである（図 19.3）．

　しかもこのステレオグラム効果を生むステレオレンズフィルタを立体メガネの

レンズ部分に使用すると，ステレオレンズ式立体メガネをつくることができるのである（図19.4）．

ところがいままでの覗きメガネであるプリズム式立体鏡やレンズ式立体鏡のプリズムやレンズをそのまま左右対称形の画面フィルタにしようとすると，対象の平面画像が歪んでしまう画面フィルタしかつくることができず，それがいままで立体鏡のプリズムやレンズから画面フィルタが考案されなかった理由であると推察される．

それに引き換え左右非対称のステレオレンズフィルタは立体鏡のレンズとしても画面フィルタのレンズとしてもつくり込むことができて，いずれの方法であっても平面画像に立体感を与えることができるのである．

次に，特殊レンズフィルタの方がなぜフラットフィルタよりも効果的に視差を生じさせることができるかという点を述べてみる．図19.2を見てもわかるとおり，フラットフィルタがつくり出す視差は非常に微細である．それに比べて特殊レンズフィルタは図19.3からでもわかるとおり，そのレンズの形状の影響で微細に視差の幅を広げることができるので，その広がった視差の影響で奥行き感が増すのである．また特殊レンズの影響で左右の眼に提示される映像が微妙に異なるので，そのことも擬似3D化を際立たせることに寄与している．

この原理をもとに，ステレオレンズフィルタが風景写真や普通の2Dテレビの映像に擬似的ではあるが鏡映像に似たリアルな奥行き感をもたせることができるのである．しかし，視域内での視差はどの位置でも常に同じ幅の2視差（ペアイメージ）なので，それがリアルな立体感として知覚できる理由はこの視差の影響だけではなく，風景写真といった2D映像に含まれている遠近差から生じる画像の大小，長短，密疎，明暗，濃淡・グラデーションなどのメタ3D情報と，人の先入観から生じる錯視とがそれぞれ相まってリアルな立体感として知覚されるのである．つまりこのステレオレンズフィルタ方式は，鏡映像と同じくそういった自然な画像がもつメタ3D情報や人の視覚特性をうまく引き出すスパイスのような役割をすることができる方法なのである．

19.2 ステレオレンズフィルタの製品化について

ステレオレンズフィルタを製品化する前段階として，まずそのレンズフィルタ

19.2 ステレオレンズフィルタの製品化について

図 19.5 製品のフレネルレンズフィルタ

の試作品を作製した．そしてその試作品でモニタリングを行った結果，画質をまったく落とすことなくテレビの 2D 映像や風景写真を擬似的に 3D 化することができることを確認した．しかしその試作品は 1 枚物のレンズ形状をしている関係で，レンズが肉厚となるため 13 インチ程度のテレビの画面フィルタしか作製することができなかった．そこでそのサイズより大きい 22 インチテレビに対応した画面フィルタを作製するためには，レンズのフレネル化が必要であると判断して，当初フレネルのピッチが 0.3 mm のレンズフィルタを作製した．そしてそのフレネルレンズフィルタでモニタリングを行ったところ，レンズをフレネル化したことにより画質が多少劣化したものの試作品と同じく自然な立体臨場感を生じさせることができる画面フィルタであることが確認できた．その後，フレネルのピッチを 0.08 mm とさらに細かくしたレンズフィルタを作製したところ画質も立体臨場感も前作と比較してより向上した（図 19.5）．

また当初作製した 1 枚物のレンズ形状をした試作品では，ステレオレンズフィルタの視域は 120° 程度確保できていたが，レンズのフレネル化を行ったことで視域が 70° 程度まで狭くなった．今後，これを改善するためには屈折率の高いガ

ラスといった素材を使ったレンズフィルタを作製する必要がある．

このステレオレンズフィルタ方式は元画像が鮮明であれば十分な立体臨場感を生じさせることができるが，鏡映像に立体臨場感を与えるための3つある原理のうちの1つだけを利用した擬似3D方式であるために，対象のテレビ映像の画質が悪い場合や輝度が低い場合の立体臨場感の度合が低下してしまうという傾向がある．したがって，今後は輻輳角という両眼の角度視差や両眼像差を生じさせることができる他の3D化の技術をこのステレオレンズフィルタ方式に組み合わせるといった改良が，今後の課題として考えられる．

参 考 文 献

1) 登録実用新案公報（実用新案登録第 3140743 号）

20. 3Dデジタルサイネージ

　屋外広告の手法が進化し，多様化してきている．主要都市の目抜き通りやショッピングセンターなどには，大型のLEDなどのディスプレイが目立つようになってきた．また，関連する展示会も国内外では活発化している．
　本章では，3Dデジタルサイネージの現状を紹介し，今後の方向を探る．

20.1　デジタルサイネージとは

　デジタルサイネージ（digital signage）とは，デジタル技術を活用して従来の印刷物，ポスターなどに代わって表示装置によって映像や情報を表示する新たな広告媒体である．
　大きいものであれば，街頭に大型ディスプレイが増え，主要な駅前，広場，空港ターミナル内やショッピングモールなどに各種のデジタルサイネージが多く使われるようになってきた．
　小型のものでは，最近のコンビニやその他の小売店のレジの脇あるいはレジそのものにディスプレイがついていて，購入料金のみならずその時々の広告を動画で，しかも時々刻々と新しい情報を送り込んで広告内容を更新していくことができるシステムが導入されているが，このように通信回線やデータを保管したサーバから広告情報を送り込んで，最新の広告を消費者に告知する方法がとられるようになってきている．
　この方式は，屋外の大型ディスプレイにおいても同様に，時々刻々と変化するニュースやその他の番組をはじめとして，スポンサーの情報も更新されて表示している．

20.2 OOH メディアの大きな変化

　従来のデジタルサイネージは，これまでの一般的な屋外広告の延長線上にあり，必ずしも人目につく存在ではなくなってきている．そこで，なるべく多くの人の目につくような（アイキャッチとしての）表示方法が検討されてきている．

　屋外広告や交通広告のことを「OOH（Out Of Home）メディア」と呼ぶ．電光掲示板，大型映像ビジョン，電柱広告，ビルやマンションの壁面，屋上などに設置されている大型の看板（従来のネオンサイン，アドボード：これらはビルボードと呼ばれている），野立て看板（街路，線路脇，沿線の田畑内などの交通広告類），競技場広告（野球，サッカー場などの壁面広告），民家や商店の外壁広告，一時的に電柱などに立てられる捨て看板などOOHメディアの種類は多様化してきた．

　さらに，以上の静止画像（ハードコピー）による広告では，十分に人の目を引くことができないために，動く媒体が各種考えられてきた．これまでの，人が介在するチンドン屋やサンドウィッチマンも一種の動く広告手法であるが，アドバルーンや飛行船・ヘリコプター（スカイバナー：吊り下げバナーなど）・飛行機（スカイメッセージ：飛行機雲や飛行機からの煙幕で空に文字などを表示）などによる動く空間的な広告も行われてきた．

　また，最近では，トラックなどを改造してその側面を電飾看板にしたアドボードカーやアドボードバイクを繁華街の中を走らせたり，公共交通機関（鉄道，バス，タクシーなど）の車体に特殊なシートを張るラッピング広告など交通広告も様々な形態のものが出てきている．中国では，船にアドボードを乗せて港などを回っているケースもある．これらは地上を動く広告塔である．

　このように，OOHなどに動画が利用されるようになってきたのである．上に示した中の一部に大型の液晶やプラズマなどのモニタを利用したケースが出てきている．

20.3　3Dデジタルサイネージ

　そこで，さらに，リアルタイムに表示できる3Dデジタルサイネージが開発さ

れ，注目を浴びてきている．

a. 3Dデジタルサイネージに使われる表示装置

3Dデジタルサイネージに使われる可能性のある表示装置としては，プラズマディスプレイ，液晶，LED，プロジェクタ方式など様々であるが，動画でも静止画でも表示することは可能である．

3D表示方法は，主に裸眼立体方式であるパララックスバリア方式とレンチキュラ方式であるが，ときにはメガネを配って見せる方式が採用されることもある．しかし一般的にはメガネ方式はあまり使われない．

最近の画像は大変鮮明で，ハイビジョン相当に対応しているものが大部分である．表示サイズは建物などの壁面を利用する大型なサイズから自動販売機などに内蔵された小窓表示部サイズまで様々である．

再び建築ラッシュとなってきたショッピングモールに設置される大型ディスプレイには，LEDが多数使用されるようになってきた．一方で，駅構内や小売店，ホテル，レストランなどの屋内で風雨に曝されることのない場所では，液晶やプラズマディスプレイが使われている．実際には，フロアー案内に3Dディスプレイが使われたケースがある．

これらの表示装置のコントロール部分には，通信制御部と共に記憶装置を備え，3Dの動画や3Dの静止画の情報を保存し，適宜表示できるように制御されている場合がある．

また，デジタル通信系を装備し，公衆回線などで広告配信元から表示情報を受け取り，必要に応じてその広告内容の変更，繰返し表示の頻度などの変更などを遠隔操作で行え，また動作確認などのメンテナンスや電源のON/OFFも遠隔操作で行うことができる場合がある．これも，まだ実施されていないが，2つのチャンネルを使用して，それぞれにLR（左右）画像情報を載せる方法と1つのチャンネルにLRの情報（サイドバイサイドにして）を流すなどの方法がとられているが，今後は専用の回線を使用することも考えられる．

b. 3Dデジタルサイネージの利点

不特定多数に同じ広告などを一方的に打つTVのCMとは異なり，デジタルサイネージはその地域，店舗などその設置場所に応じた，視聴者を絞り込んだ設

定で広告などを流せる特徴をもっている．また，ネットワーク環境で，リアルタイムに，場合によってはタッチパネルなどによって，インタラクティブに（双方向型で）情報の提供ややりとりができる．これにより，視聴者の関心度が高まり，肌理（きめ）の細かいマーケティングが実現できる．たとえば，特定地域や店舗に限ったキャンペーンなどのための情報配信ができる．

　この方式は，従来の紙のポスターや同じ静止画を切り替えるだけのロールスクリーン看板，同じ動画映像を繰り返し再生するだけのビデオディスプレイと比べて，優れた広告効果が期待でき，とくに立体動画表示となるため視聴者の注目度がきわめて高い．また，1台のディスプレイでも，時間を分けて切り売りが可能なために多くの広告主を付けることができる．

　3Dのデジタルサイネージでは，全体を3D化するだけではなく，特定の部分たとえば売出しの商品部分だけを3D化して浮き立たせることもでき，一段とこのようなメリットを生かすことで，注目度が高まる．

c. 3Dデジタルサイネージの問題点

　立体動画制作には一般的に，静止画制作より制作費がかかる．また，デジタルサイネージは迅速に情報を更新していく必要があるために，同じ映像の繰返しではなく，様々な映像を制作し配信する必要がある．したがって，同一広告主からの数多くの映像，あるいは多くの広告主を獲得する必要がある．設置する場所に応じてその目的が異なり，それぞれ別の映像を用意する必要がある場合もある．また，場所により視聴者の数にばらつきがあるために，映像の種類が一律にはいかないなどの問題もある．

　さらに，立体視という点からくる問題点は，それぞれがメガネを使わなければならない従来の方式から，メガネを使わず（裸眼で），不特定多数の人が同じように見える必要があるため，特殊なフィルタ（レンチキュラ方式，パララックスバリア方式，インテグラルフォトグラフィ方式など）を表示装置の上に重ねる必要がある．したがって装置の価格が高くなる．また，メガネを使う方式より，視域が狭くなったり，奥行き逆転現象，クロストーク（2重像が見える）が生じたり，モアレ現象（干渉縞）が生じることがある．しかし，最近の3Dモニタは，このような問題を克服しつつある．

d. 設置場所と用途

設置場所としては，通常のデジタルサイネージと同様に，ビルの壁面や屋上，小売店，銀行，ホテル，レストラン，映画館，アミューズメントスポット，ホール，病院，駅，空港，道路沿線，美術館，博物館，公共施設，教育機関など様々な場所があげられるが，一般的に人や車の往来の頻繁な場所である．

主に商用である広告や販促ツールとして使われているが，ホテルや駅や空港の構内のコンシェルジェ（案内係）のように，その場所のガイドやイベント，教育機関や企業内，各地域での公共施設での情報提供ツールとしても使用されている．

3Dデジタルサイネージの特徴をいかすためには，なるべく観察範囲（見る角度）を制限したり，適正な見る距離を設定する必要も出てくる．たとえば，位置を示す足のマークなどを床に表記して，そこに立って見ると最適な画像が見られるようにすることで，従来にない注目度を与える効果はあり，また実際に，一時人の流れを止めて見せることにより，人が人を呼ぶ効果もあり，関心度を高めることができる．これは，万博などで，必ず立体映像が1つの目玉となり大勢の観客を集めることと心理的には同じである．

e. 新しい表示装置

テレビが大画面化する一方で，画面の厚さが1cmを割るほどの薄型になり，ますます場所をとらないデジタルサイネージに活用されやすくなってきている．そのため，その用途も広がり，今まで使用が難しかった場所（奥行きがとれないような場所など）でもディスプレイの設置ができるようになる．このように奥行きのない表示であればあるほど，奥行き感が出る3Dデジタルサイネージはその効果を発揮できる．とくに，薄型ディスプレイを中空に吊るして立体表示をする効果は，その空間に映像があるように見えるために，壁面に張り付けた状態より関心度を高めることができる．

また，タッチセンサや人の感知，画像認識技術によって，インタラクティブであったり，人が近くに来たときのみに表示されたり，人の人数などまで感知して，その内容表示を変えるなど様々な工夫が加えられるようになりつつある．たとえば，ケータイと情報のやりとりのできるようなシステムも検討されており，より視聴者とのコミュニケーションの密度を上げる方向にある．また，映像に合

わせた香りを放つ装置まで開発されるなど，単なる3D表示としての面白さにさらに新しい要素を加えたシステムも検討されている．

20.4　3Dデジタル広告の展望

各関連展示会において，3D表示装置がデジタルサイネージとしての位置付けで展示が始まっており，デジタルサイネージ向けの3Dディスプレイを開発・販売している企業も出てきている．

既に一般の広告用ディジタルディスプレイはそのサイズ，画質，機能などについて限界に近いところまで開発が進んでおり，次なる効果的な広告表示方法の目標として3D化がある．デジタルサイネージが広まることによって，一般の人々がその映像に慣れてしまい，インパクトが少なくなることが予想されるために，より印象付けのできる方法が模索されてきている．その1つの方法が3D映像である．しかし3D映像をデジタルサイネージとして利用するにはまだいくつかの問題も残されている．

a.　3Dデジタル広告の動向

1) 静止画3Dデジタル広告：　ポスターなどに実際の物を入れて飛び出させる広告や，エンボス（凹凸）加工を施して，触れるとそこに膨らみを感じることのできるような広告は，過去に数多くの例がある．

また，ポスターにホログラムやプリズムシートを刷り込んで目立たせる加工をしたもの，レンチキュラシートを重ねて，裸眼で立体視ができるように加工したものなどがある．ことに，全体をホログラムやレンチキュラで被わず，部分的に目立たせる必要のあるところだけを立体視できるようにして，他から際立たせる工夫を施しているケースもある．ホログラムの場合は反射式であるので，通常のコート紙の上に印刷する要領で加工することができる．

レンチキュラの場合も，反射型で行っているケースもあるが，より効果的な表示にはバックライトを使い，電飾看板のように夜間でも使用できるようにしている場合もある．

その他，これまでに，パララックスバリア（スリット）方式やIP（インテグラルフォトグラフィ：昆虫の複眼）方式を利用したものもあった．また，偏光フ

ィルムやプリズムフィルムを使用して，見る方向で色や絵柄が変化する表示方法もある．また，細長い三角錐の板の側面に別の絵をスリット上に印刷して，歩行者が進行するにつれてその絵柄が変わる仕組みで表記する方法など，様々な工夫がされてきた．

2) 動画3Dデジタル広告： 裸眼で立体視できる動画の方式には，ホログラム方式を除いてレンチキュラ方式，パララックスバリア方式，IP方式があり，それぞれ動画3D広告に利用されうる方式であり，研究開発がなされてきた．そのうち，具体的に3Dのデジタルサイネージとして利用されている例が出てきている．

これまでには，メガネを使うアナグリフ（赤青メガネ）方式，偏光フィルタ（ポラロイド）方式などがあるが，映画やテレビ以外ではほとんど使われなくなってきている．

3) 擬似3Dデジタル広告： 実際には立体視をしていないが，錯視などの機能を利用して立体的に見えるようにした例もある．

また，NTTサイバースペース研究所で開発したDFD（Depth Fused 3D）方式では，2枚重層したLCDパネルのそれぞれのLCDに濃淡が徐々に変わる映像を奥行きのある部分に重ねて表示して，見た目に奥行きを感じさせる方式が開発された（第10章参照）．

さらに最近では，2Dの画像を，半透明ないしは透明の膜（布，アクリル板，ガラス）を観察者の位置から相当離して（5〜10 m）投影すると，空間に映像が浮かび上がらせることもできる．それを称してホログラフィックディスプレイと称することがある．

実際にホログラフィックシートをショーウィンドウのガラス面に貼り，そこに映像を投影する場合もある．この場合は，透過してその背後にある製品などを重ねて見せることができる．

b. 3Dデジタル広告の制約条件

3次元映像には，様々な制約条件が存在する．各種の特殊な3Dメガネが必要であったり，視野角に限界があり，適切な見る位置が定められていたり，奥行き反転現象が起きることがある．また，画面があまり大きいと立体視して見えないところが出てきたり，まったく見えなくなったりする．

また，コンテンツ制作においても，あまり奥行きを強く出しすぎると鑑賞者にとって見にくくなる．さらに動きの早いものや空間的に離れた所に映像の主体が飛ぶなど，鑑賞者がついていけないような映像は好ましくない．とくに子供やお年寄りなどを含む不特定多数の鑑賞者が存在するため，安全，安心を考慮した表示装置，コンテンツ開発は必要不可欠である．

c. 3Dデジタル広告の多様化

既にゲームの中の広告，ケータイでの広告，パソコンでの広告，デジタルシネマでの広告と予告編，USBやその他のメモリカードやCD/DVDに焼き込んだ広告などと，デジタル広告は様々な形態をとりつつある．

3Dの広告もゲームやケータイ，パソコン，シネマが3D化しつつあるため，当然その画像に広告を入れることは自然の流れとして考えられる．とくに，広告の部分だけを3D化することによって，より目立たせる効果がある．

最近の手法としては，部分立体化で必要な部分だけ，たとえば主たる商品を立体化して，空間に浮き上がらせる方法もある．

20.5 新しい3Dサイネージの動向

a. 3Dデジタルアンビエント

1) 環境に溶け込む立体映像：「アンビエント」がフラットパネルディスプレイ（FPD）の1つの目標でもある．無数のFPDをパブリックな環境にそれとなく溶け込ませて，自然な映像空間をつくることが今後の1つのデジタルサイネージの姿である．屋外広告とは反対に，あまり目立つことなく，さり気なく表示することが重要である．

立体映像に関しても，従来は，驚かせたり印象を強く出すために，なんでも飛び出させたり，奥行きのある映像を提供することが多かったが，しばらく見ていると目が疲れる人も少なくなく，あまり長時間の鑑賞には堪えないものであったが，最近の映像制作では必ずしも強い奥行き感を出すのではなく，むしろ抑え気味に表示することによって，あまり立体感を感じさせない立体映像が好まれるようになってきた．したがって，これからはむしろ立体映像ではあるが，あまり立体映像を感じないくらいソフトな立体感というものが求められる時代になってく

2) 必要なときに表示される立体映像： 必要なときに，必要な映像を表示できる立体映像も必要である．タッチセンサや各種のセンサが働き，会議中に必要なデータを目の前に立体的に表示したり，街中で道に迷ったりするとその場で地図が表示され，必要な場所に触れると立体的に建物が表示されることによって，より詳細に自分にいる場所がわかったり，行き先や道順が示されさらにはその付近のイベント情報，ショッピング，レストラン情報も提供することによって3D広告としての活用が可能である．

既に，JR東日本では，2008年夏に東京駅のコンコースの柱に65型液晶パネルを設置して，静止画を広告表示する「デジタルポスター」の実証実験を行っており，今後はそれを立体表示にすることは容易である．デジタルキオスクとしての利用法も検討されている．

また，交通標識でも，常時表示する必要のあるものとそうではないものとがあり，また，時間帯や場所によっては，その表示内容を変更する必要のある場合もあるが，それらの表示は，人や運転手の眼に入らなければいけないので，気が付きやすい表示方法も検討されている．

これらの表示にあたっては，VR技術，省スペース，フレキシブルな表示装置が必要となってくる．

b. 3Dデジタルフォトフレーム

パーソナルデジタルサイネージとしての位置づけで，3Dデジタルフォトフレームが注目されてきている．ここで，その状況を見ることにする．

1) デジタルフォトフレームの特徴と種類： デジタルフォトフレームとは，デジタルカメラ，ケータイのカメラから取り込んだ画像を普通の写真立て（フォトフレーム）のように表示できるようにしたシステムである．その写真を入れる部分が液晶などのディスプレイに置き代わった製品で，通常は背面に様々なタイプのメモリカードやUSBメモリなどを挿入するスロットがある．そこから，適宜映像を取り出して，スライドショーのように，画像を逐次自動的に変えていくことができる．

このデジタルフォトフレームの大きな特徴の1つにコンピュータを使わなくても，デジタルカメラなどで撮影した写真を簡単に直接表示させることができる点

がある．JPEG で圧縮された静止画のほか，動画の再生にも対応した製品が多い．動画のフォーマットは Motion JPEG が一般的である．

デジタルフォトフレームはデジタルピクチャーフレーム，フォトプレーヤ，デジタル写真立てなどと呼ばれることもあり，様々な企業が本システムに参入している．また，無線通信などのネットワーク機能をもった製品もあり，メールアドレスを設定して，送信した画像を表示させる機能をもつ製品も販売されている．

なお，さらに小型化されたキーホルダータイプのデジタルフォトフレームもきわめて低価格で発売されている．これには，写真ばかりではなく，時計，カレンダー，メモ，その他の画面を表示できるなど様々なアイデアが利用されようとしている．

昨今，ケータイについているカメラでさえ，デジカメのレベルになりその画質が非常に高くなってきており，その価格も極端に廉価となり多くの利用者が写真を撮ることに慣れてきている．また，カメラで撮った画像をコンピュータを介することなくそのままメモリをそのフォトフレームに挿入するだけで画像を表示できる利便性も，普及の原動力となっている．

デジタルフォトフレームには，3.5 インチワイドの小型のものから，15 インチという大型のものまであるが，需要の多いものは 7〜9 インチワイドのものである．とくに 7 インチ（7 型）が多い．画素数では，WVGA（800×480 画素）が主流である．

2）3D デジタルカメラと 3D デジタルフォトフレーム： 従来のデジタルカメラシステムでは実現できなかった，臨場感溢れる立体映像を裸眼で楽しめる 3D 撮影・表示可能なデジタル映像システムが開発されている．

本システムでは，背面の LCD モニタで裸眼で立体鑑賞ができ，その状態を確認することができる．このシステムには，自社開発をしたレンズ，CCD，画像エンジン，高解像度撮影，暗所での高感度・高画質撮影，広い階調を実現するダイナミックレンジ撮影など，最先端の技術が搭載され，裸眼で自然に立体映像を見ることができる．

c．究極の 3D サイネージとは

フルカラーで，動画のホログラフィの映像が容易に，安価に利用できるのが理想ではあるが，現時点ではまだそこまでに至っていない．日本では，情報通信研

究機構（NICT）などで動画ホログラムの研究がなされている．カラー化，大型画面化，小型化，簡易化などの研究もなされている．

　また，一方で，裸眼で，表示には特別のスクリーン（シルバースクリーンなど）も3Dモニタも不要で，空気だけあればよい空間表示装置が現在開発中である．このような方式は大型化することによって，上空に表示して商業的な利用以外にも，防災，警告，警報など公的な用途にも使える．

21. 眼精疲労

映像表示技術は人間の視機能を満足させながら進歩してきたが，新しい技術出現のたびに，新たな映像刺激による生体への影響が問題になる．空間再現を目指す2眼式3D映像も，両眼視差情報だけで，しかも飛び出し効果を強調するあまり，違和感のある映像の域を脱し切れなかった．ところが近年の映像技術と映像空間構成の工夫に加えて，裸眼立体ディスプレイを始めとした様々な改良表示方式が提案され，視覚への負荷の軽減と映像表現を楽しむレベルにまで成長しつつある．ここでは，2眼式3D映像による生体への影響とその要因を整理し，より素晴らしい3D映像表現への条件を調べてみる．

21.1 3D映像による生体への影響

2眼式3D映像が引き起こす生体への影響としては，次のような状態が見られる．

1) 両眼視差だけで再現される映像空間の不自然さから，実際空間での体験とは異なった印象を与える違和感： 物の大きさや立体感が歪み，部分的にも不安定な見え方が発生し，日常生活では感じられない違和感が生じるが，刺激停止と共に消失する負荷状態．

2) 視覚機能を中心にした身体機能のバランスを崩す不快感や疲労感：「眼が疲れる」，「眼が重い」，「フラフラする」などの訴えが見られ，休息などによって回復する一過性の負荷から刺激停止後しばらく持続する負荷状態（視覚疲労，眼疲労）．

3) 視覚系から中枢・行動系に至る身体機能での異常状態が生じる病的症状：「ぼけて見える」，「眼が痛い」，「涙が出る」，「眩しい」，「眼が乾く」，「充血する」という眼に関連する症状だけでなく，「頭が重い」，「肩がこる」などの身体的負

21.1 3D映像による生体への影響

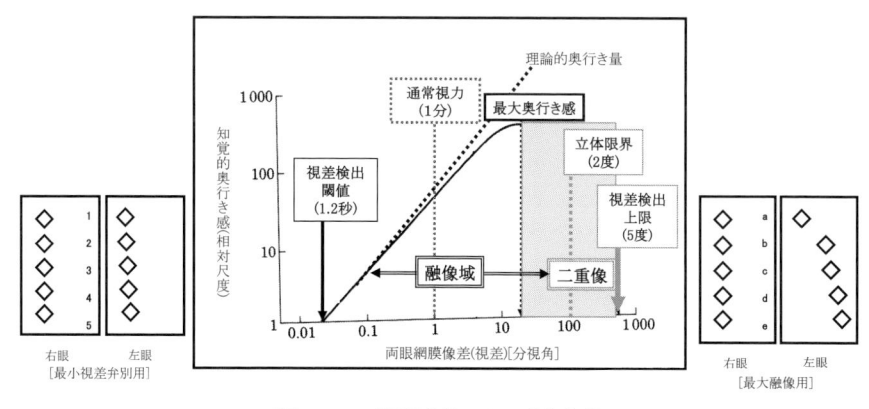

図 21.1　両眼視差量による融像状態
・最小視差検出閾 1.2 秒視角から数度視角まで融像（可能）域
・立体限界（2 度視角）以内で，30〜70 分視角までが安定な立体状態
・2 度視角以上で視差検出上限 5 度視角までは負荷が強い不安定な状態

荷，「物事の処理が遅れる」などの中枢処理系への負荷も生じ，刺激停止後も続く持続性のある負荷状態（眼精疲労）.

これら負荷の強さは明確に区分できないが，持続的な影響がある 2) や 3) に至るまでに，1) の状態で改善ができれば，生体への影響もかなり軽減できる.

これらのうち，視覚負荷を引き起こす要因として，映像提示条件（左右映像の差，奥行き再現範囲と視差量分布・勾配・時間変化，クロストーク，視野闘争など），立体視機能*1（両眼視力，眼位，調節，輻輳，視差検出・融像域（図 21.1）など），観視状態（観視時間，映像情報への注目度，観視環境条件，身体状態など）が関係する．以下，両眼映像の提示差による影響，2 眼式特有の違和感と視覚負荷，その負荷状態を評価する方法を整理する．

a. 両眼への映像提示差がもたらす違和感から視覚負荷への対策

左右眼映像の差が大きくなると，違和感だけでなく両眼融像が難しくなり視覚負荷も強くなるが，映像差の許容範囲も調べられ，負荷の少ない表示条件が示されている．

1) 幾何学的な形状の差：　左右眼への映像サイズ差は 3% 程度まで許容できるが，長時間観察で負荷に至らない条件は 1.5% 以内になる．水平方向のズレは数度以内の開散と近見時の輻輳である程度補正できるが，上下方向へのズレは

30分視角でも気になる．回転方向のズレは1度視角以内になる．

 2) 明るさの差： 両眼への輝度差が40%以上ある動く物体は，プルフリッヒ効果[*2]によって奥行き効果が生じ，60%以上の輝度差では視野闘争[*3]のような不安定な見え方になる．

 3) 色（波長）差： 安定して見える許容色差は可視域全体の平均波長差で15 nm以内になる．アナグリフ方式では色差は大きく，改良型の干渉フィルタ方式でもRGB 3波長域がそれぞれ25 nmずれているため，色信号補正と斜入射光による干渉フィルタの透過波長ズレに注意する必要がある．

 4) 時間ズレ： 左右眼への映像提示時間ズレが，約50 msec以上になると急激に立体視能力が低下するため，テレビ画面のフレーム切替え（60 Hz）程度のズレ以内に抑える必要がある．

 5) 鮮鋭度の差： 両眼共に不鮮明な映像の場合はボケ量が30%でも立体視ができるが，片眼が鮮明な場合は他眼のボケ量が10%でも不安定になり，両眼のバランスが要求される．

 6) クロストーク[*3]： コントラストや視差量が大きいと2重像が目立ち，クロストーク量は数%以下が要求されるが，とくに，暗い背景での文字表示にはとくに注意が必要である．

b. 2眼式3D映像がもたらす違和感から視覚負荷への対策

 2眼式では空間的歪みや違和感が生じ，その程度が強く長時間続くと視覚疲労を引き起こすこともある．

 1) 箱庭効果： 再現対象の見かけの大きさが矮小化して見え，箱庭や人形劇のように感じる．

 2) 書き割り効果： 再現空間内の立体感が扁平化して見え，舞台背景などの書き割りやトランプカードのように見える．

　→1), 2) の効果は，撮影と観察条件で生じる再現空間の距離歪み，とくに交差撮影法では対象距離で歪み状態が変化することから，違和感のある見え方になる．ただ，微妙な視差再現（解像度）不足や前後物体の相互作用（視差勾配）でも生じるため，違和感をなくすには観察位置移動が可能な高密度表示型多眼方式による改善が期待される．

 3) 回り込み効果の欠落： 対象物を移動しながら観察するとき，実際空間では移動方向側の部分が見え始めるが，2眼式では特定位置からの映像しか再現で

21.1　3D映像による生体への影響

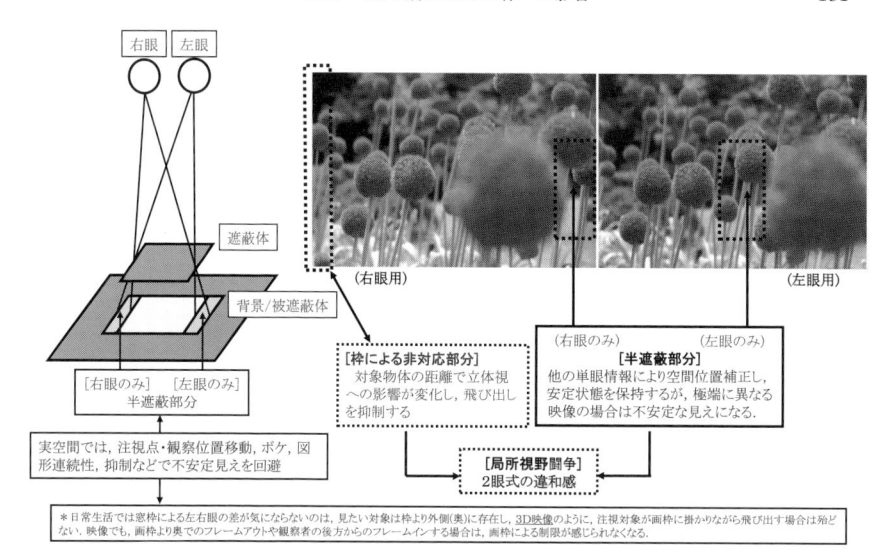

図中テキスト（図21.2）

- 右眼／左眼
- 遮蔽体
- 背景/被遮蔽体
- [右眼のみ]　[左眼のみ]　半遮蔽部分
- (右眼用)　(左眼用)
- [枠による非対応部分] 対象物体の距離で立体視への影響が変化し，飛び出しを抑制する
- (右眼のみ)　(左眼のみ) [半遮蔽部分] 他の単眼情報により空間位置補正し，安定状態を保持するが，極端に異なる映像の場合は不安定な見えになる．
- 実空間では，注視点・観察位置移動，ボケ，図形連続性，抑制などで不安定見えを回避
- [局所視野闘争] 2眼式の違和感

＊日常生活では窓枠による左右眼の差が気にならないのは，見たい対象は枠より外側(奥)に存在する．3D映像のように，注視対象が画枠に掛かりながら飛び出す場合は殆どない．映像でも，画枠より奥でのフレームアウトや観察者の後方からのフレームインする場合は，画枠による制限が感じられなくなる．

図 21.2　両眼情報差による不安定な見え方（半遮蔽による張り付き効果）

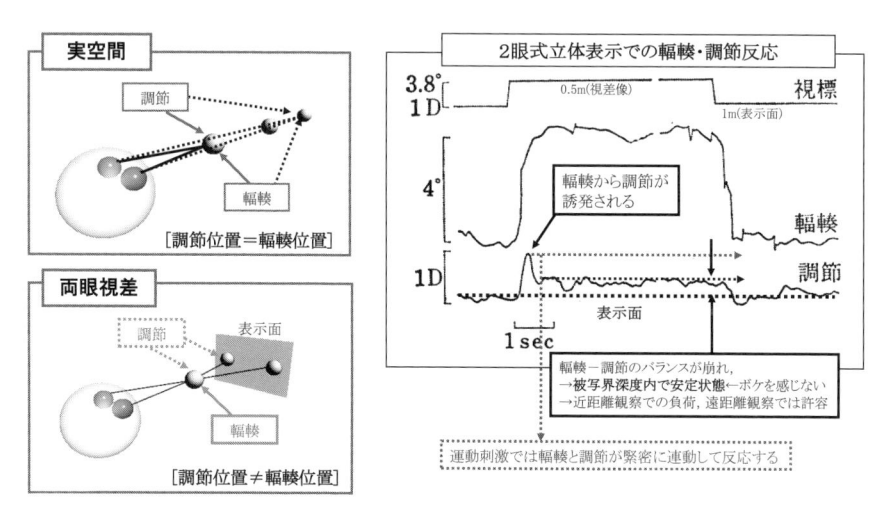

図中テキスト（図21.3）

- 実空間　調節　輻輳　[調節位置＝輻輳位置]
- 両眼視差　調節　表示面　輻輳　[調節位置≠輻輳位置]
- 2眼式立体表示での輻輳・調節反応
- 3.8° / 1D　0.5m(視差像)　1m(表示面)　視標
- 4°　輻輳から調節が誘発される　輻輳　調節　1D　表示面　1 sec
- 輻輳－調節のバランスが崩れ，→被写界深度内で安定状態←ボケを感じない →近距離観察での負荷，遠距離観察では許容
- 運動刺激では輻輳と調節が緊密に連動して反応する

図 21.3　調節と輻輳位置の不一致による不安定さと負荷

きていないため，観察移動方向に追従するように見え，対象と遠景の間に不自然な揺れや歪みを感じる．

→映画鑑賞では気にならないが，移動自由な観察条件では立体観察領域を拡張する観察位置追従型か多眼式が要求される．

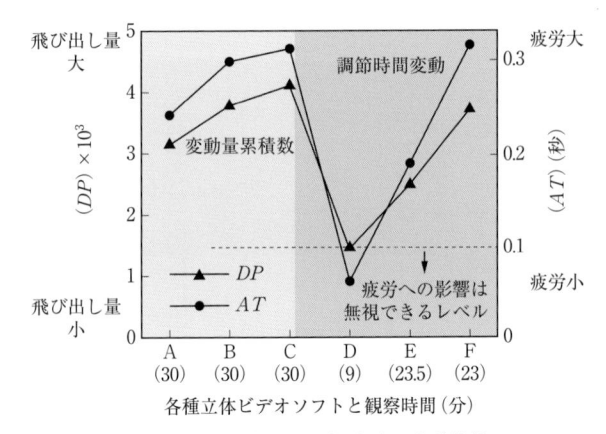

図 21.4 各種立体ビデオ観察時の疲労状態

継時シャッターメガネ方式での立体ビデオを観察させ，観察前後のピント調節応答時間の変動量（AT●）で視覚疲労の度合を右縦軸に，各種立体ビデオソフトで表示される飛び出し量とその発生頻度の積を立体変動量累積数（DP▲）で眼への負荷量として左縦軸に示してある．横軸には各種立体ビデオの観察時間が示してある．
ビデオソフトの内容にもよるが，10 分程度では視覚負荷は少なく，20〜30 分で負荷量が増加し，観察後の休息が必要となる．

4) 張り付き効果： 額縁効果ともいわれ，立体再現される対象が画枠などで見切られると，左右眼で異なった映像部分（半遮蔽状態，図 21.2）が生じ，不安定な見え方や対象が画枠に張り付いて立体感が抑えられたように見える．

→実空間でも前方の物体で後方の物体が遮蔽されると，半遮蔽部分が発生し不安定な見え方になるはずであるが，部分的な抑制作用，微妙な観察位置移動による平滑化と図形概念の補填などで気づきにくくなっている．大画面表示や多眼式，半遮蔽部分の映像処理（ボケ，コントラスト低下など）による安定化が必要になる．

5) 調節-輻輳矛盾： 表示面より離れた前後位置に立体像を表示すると，輻輳での注視と共に調節が誘発され，ピント位置が表示面からずれるが，しばらくすると調節位置は表示面の焦点深度[*4]範囲（図 21.3）内に戻る．実物観察時の輻輳と調節位置が合致しているのと比べると，両機能のバランスが不安定で，長時間観察では眼精疲労（図 21.4）が生じる．ただ，輻輳から調節が誘発される作用が強いため，極端な輻輳（近見状態）では眼球の屈折状態を近視化させ調節機能も低下させるが，通常は 30 分後には回復する程度の負荷である．

→意識されにくい負荷を低減するためには，ピント調節と輻輳の許容範囲（図 21.5）[*5]内に立体像を表示するように視差量を調整するか，奥行き量に応じた部分的な映像処理（ボケな

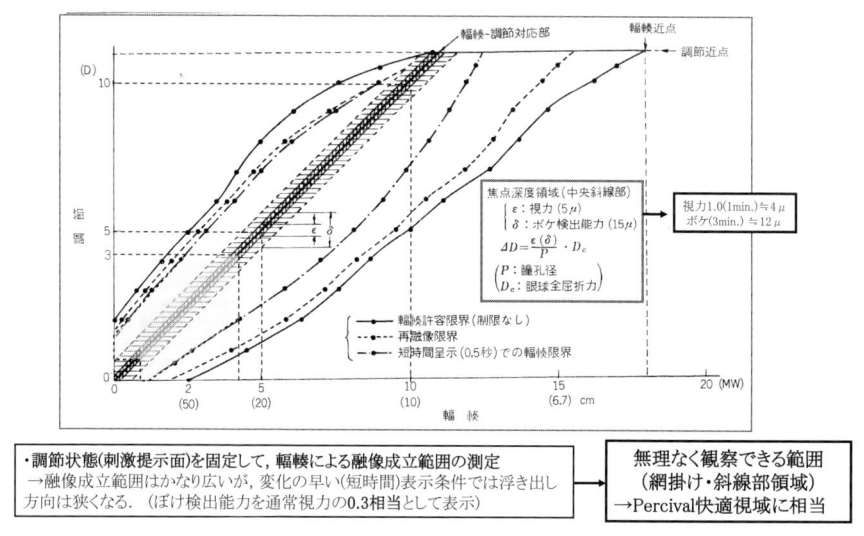

図 21.5 調節と輻輳位置の許容範囲

ど）を行うか，微妙な観察位置移動や眼のピント調節にも対応できる超多眼式，空中・空間像式で，両機能の許容領域を拡張することが期待される．

6） 動き追従： 両眼立体視が安定して機能する時空間特性は2D映像に比べ1/2～1/3に低下する．2D映像では対応できた高速移動の映像表現が，3D映像では両眼情報処理の遅れで，違和感や不快感を引き起こす．
→画面変動による映像酔いは，3D画像でも発生しやすくなるため，動的な3D映像表現では緩やかな表現が要求される．

21.2　3D映像による負荷状態の測定・評価法

視覚負荷から病的症状などを予測することは容易ではないが，映像刺激による生体各部での反応を3D映像の観視前後で測定し，その変動状態と観視者が感じる主観的印象から影響度が調べられている．以下に，これまで検討された生体反応を整理する．

a. 生体反応

1） 眼球運動： 脳内での視覚情報の処理状態を示す反応の1つで，映像刺激

内に含まれる特徴を探し出す注視動作（注視点分布・停留時間，注視移動軌跡など）が視標として用いられる．3D映像の場合は，奥行き方向の輻輳・開散運動も加わり，視覚負荷によって応答特性（反応時間，発生頻度，注視精度など）が低下する．

2）調節： 視認可能な最短距離（近点）と最遠距離（遠点）の幅から調節域，近点の逆数から調節力が求められる．ステップやランプ波状に奥行き移動する視標を追従させ，追従距離ズレや時間遅れから負荷状態を評価する．視標注視時に生じる調節反応の高周波成分（調節微動，2～3 Hz以上）が調節緊張状態を示すことから，テクノストレス眼症[*6]などを見出す尺度として使用されている．

3）瞳孔： 強い光や近見時には縮瞳（最小2 mm），暗くなると散瞳（最大8 mm）する．この縮瞳反応（瞳孔括約筋）は副交感神経，散瞳反応（瞳孔散大筋）時は交感神経の支配を受け，精神状態の影響も見られる．覚醒時には変動が少なく，眠気や疲労で縮瞳，興奮時は散瞳する．

→瞳孔，輻輳，調節の3機能同時測定装置（3次元オプトメータ（3Dオプトメータ））の開発により，視覚系での機能低下を総合・客観的に計測でき，主観評価と合わせての解析が期待される．

4）フリッカー値： 標準観察条件（白色光の10度視野（輝度 $25\,cd/m^2$）の中心に0.5度の赤色光（輝度 $120\,cd/m^2$）が点滅する条件）でのちらつき検出能が40 Hz近辺になるよう設定し，作業前後での5％以上の変動から負荷度を求める．一般作業での負荷測定でよく使用される．

5）瞬目： 随意性，反射性，自発性の瞬目[*7]があり，反射性の瞬目は自律神経系との関係が強く，自発的に発生する瞬目は視覚情報への注目度との相関がある．自発性瞬目は緊張・不安が瞬き頻度を高め，快適な状態で低下し，注視状態では抑制される．瞬目波形や群発的瞬目の発生から眠気や覚醒状態も推定できる．

6）呼吸： マウスピース装用による呼吸流量，体幹部（胸，腹部）の周囲長変動や鼻孔部の呼吸による温度変化から呼吸波形を記録する．リラックス状態での深くゆっくりした波形，集中緊張時の浅く速い波形や一時停止などから心理的影響度が判別できる．呼吸周期と心拍・脈拍，重心変動などと合わせて，映像刺激による緊張状態なども調べられる．

7）心電図： 心臓収縮による電位変動から，心周期開始時のP波，心室の

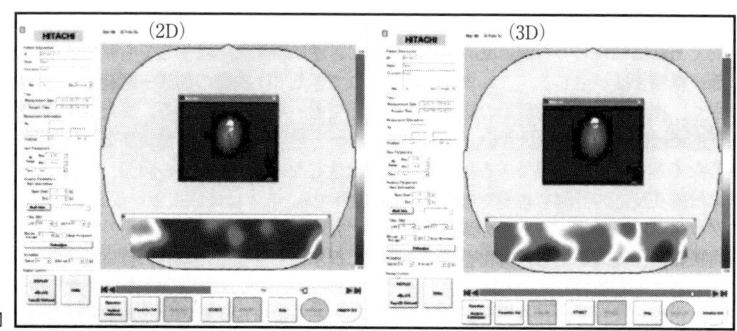

21.2 3D映像による負荷状態の測定・評価法

(2D) (3D)

[実験環境]

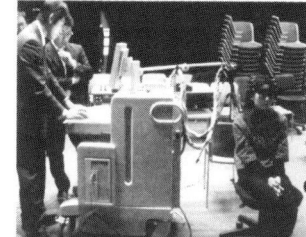

2D映像(左)と2眼式3D映像(右)観察時の後頭部血流量変化
(スクリーン面の前後方向に振り子運動する金属球を注視した時の測定値で，赤色領域が血流量(酸素化ヘモグロビン)増加した部分を示す)
→2D映像より3D映像の方が，脳内血流増加による賦活状態が強いことを示している．

図 21.6 立体映像観察時における血流変動（後頭部視覚領）

脱分極を示す R 波，再分極を示す T 波が見られる．このうち顕著な波形の R 波に注目して，その間隔（RRI，心拍数）の短縮（心拍数上昇）から作業への集中度や緊張状態，延長（心拍数低下）からリラックス状態や意欲低下がうかがえる．心拍変動には呼吸や血圧に関連する要因も含まれるため，周波数解析から自律神経系による影響も見出すことができる．

8) 皮膚電気活動（皮膚電位）： 交感神経支配の涙腺活動である発汗から，不安，緊張，眠気の視標としての精神性発汗に着目したのが皮膚電気活動である．覚醒状態に応じた緩やかなレベル変動（水準）と，緊張負荷や作業難易度などによる一過性の反応が計測でき，映像刺激などによる精神的影響も調べられる．

9) 脳内電位： 行動，思考，情動に関わる脳内細胞群の活動を示す脳波[8]や，感覚刺激による知覚，注意，認知状態を示す事象関連電位（誘発電位）がある．視覚誘発電位（VEP）[8]では，刺激強度は $P100$，高次処理は $P300$ と $N400$ での反応で差が見られる．

10) 脳内活動図： 感覚刺激による大脳中枢での活動状態の画像化は，脳波で行われてきたが，脳内での微妙な変化を計測する技術の進歩で，fMRI[9]，

NIRS[*9], PET[*9], MEG[*9]などが用いられている．光による画像化法NIRS以外は装置が大規模で刺激提示が難しいため，映像刺激などによる脳内反応の計測には，脳波測定と同程度の測定準備で行えるNIRS（図21.6，巻頭カラー口絵も参照）が用いられている．

11) ストレスホルモン： 精神的な影響を与える刺激によって副腎皮質からストレスホルモン（コルチゾール，カテコールアミンなど）が分泌され，その濃度計測から人間のストレス状態が調べられている．とくに唾液に含まれるアミラーゼ，クロモグラニンなどを計測して，不調和な刺激状態などがもたらすストレス反応として利用されるが，反応の時間特性が緩やかなため，映像刺激要因との関係を評価する場合には注意する必要がある．

以上の生体反応から，生体への影響を定量化する報告が多く見られるが，単一反応だけでの評価には限界がある．生命保持の基本的反応と刺激による誘発反応を分離計測し，次に述べる主観評価との併用で，生体への負荷度を解析することが必要である．

b. 主観評価

映像刺激から感じられる印象を主観的に評価する場合，自覚症状を回答させるアンケート形式から，評価概念を感覚尺度で評価する心理物理的測定法が用いられる．

疲労感に関するアンケート項目としては，眠気・だるさに関する症状（頭が重い，ぼんやりする，目が疲れる，体がだるい，眠い，など），注意集中度の低下に関する症状（気が散る，根気がなくなる，間違いが多くなる，物事に集中できない，考えがまとまらない，など），身体的異常に関する症状（頭が痛い，肩がこる，めまいがする，気分が悪い，瞼などがぴくぴくする，など）が設定され，それぞれの訴え頻度から身体負荷を評価している．

心理物理的測定法としては，評価目的や評価の難易度によって，採用できる方法が異なる．画質評価などでは，評定尺度法[*10]，系列範疇法[*10]，一対比較法[*10]が用いられる．ただ，画像に含まれる心理的な影響を与える因子を見出すためには，SD法[*10]が用いられ，たとえばHDTVの平面画像と立体画像から感じる印象を評価した結果，平面画像では「美しさ・精細感」，「力量感」，「調和感」，「快適感」，「大小・遠近感」，「濃淡感」，「連続感」，「清新さ」の因子が，立

体画像では「美しさ・精細感」,「自然感」,「生命感」,「安定感」,「濃淡感」,「大小・遠近感」,「現実感」,「連続感」の要因が抽出され, 立体画像では臨場感を感じさせる状況を期待していることがわかる.

　3D映像に含まれる刺激要因を変化させた評価対象映像を準備し, 主観評価との相関から, 生体への影響度の強い要因を抽出することができるが, 評価者の評価基準, 観視状態などを統制し, 別の要因が混入する可能性を極力避ける実験環境も重要である.

注

[*1] 両眼立体視機能は, 注目する対象を両眼で固視したとき, 左右眼の対象像が単一像として見える状態（融像）が安定し, 注視対象以外の物体の像ズレ（両眼視差）も特定ズレ量以内では融像して, 注視対象から見て前後位置に見える能力（図21.1）をいう. 両眼注視時の眼球運動（輻輳・開散）, 像ズレの最小検出能（視角数十秒）と最大融像域（視角数度）, 安静状態での両眼の視方向（眼位）などを立体視機能検査（偏光メガネを装用して視差検出能を調べるTitmus Fly Test, 両眼独立光学系で単一視・融像範囲や眼位を調べる大型弱視鏡など）を用いて測定し, 適正な視差量での表示制御システムの開発が期待される. また, 立体視の発達は生後8か月頃で完成するが, 外的刺激に反応する期間は2〜6歳頃までであり, この期間に不適切な刺激を無理な観察状態で長時間観視すると, 眼位などに異常が発生しやすくなり, 極端な場合は内斜視（両眼注視時に視方向が内側にずれる病的状態）になる可能性もある.

[*2] 片眼に濃度フィルタを装着し, 左右眼への刺激に強度差をもたせると, 平面単振子運動が円錐振子運動のように奥行きのある運動に見える現象. 刺激強度が低下すると知覚時間が遅れるため, 左右眼で見る振子位置に見かけ上の両眼視差が発生して立体的に見える.

[*3] 両眼への刺激に大きな差があると, 互いの刺激が競い合うように, 他眼の刺激を抑制して, 交互に入れ替わる不安定な見え方（視野闘争）になる. 右左眼への画像が完全に分離できず, 他眼の情報が漏れて見える状態（クロストーク）でも2重像に見え, 不安定になる. 視野闘争にならない条件から, 3D映像制作条件の目標値（ガイドライン）が示されているが, 表示条件で変動しやすく, 適用には注意する必要がある.

[*4] 焦点深度（ΔD）: 観察時の瞳孔径（p）, 眼球結像系の屈折力（De, m単位で示す焦点距離の逆数）, 網膜像のボケ検出能力（ε, 通常視力の約1/3）から, 像のボケが気にならない奥行き範囲ΔDが決定される. $\Delta D=(\varepsilon/p)De$（$p=4$ mm, $De≒60$ D,

$\varepsilon = 5〜15\mu$（網膜面上）のとき，$\Delta D = 0.075〜0.225 D$ になる）

*5 輻輳と調節が完全に一致していなくても，立体像が安定して見える範囲（調節位置を固定した状態で輻輳が成立する許容範囲，図21.5）が調べられ，輻輳と調節が完全に一致する直線部（Donders' Line）を中心とした曲線内では両眼単一立体視が成立する．手前 3D（約30 cm）以上で，輻輳許容範囲の 1/3 までを視覚負荷の少ない範囲（短時間提示許容範囲と点線範囲内を Percival の快適視域）としている．

*6 テクノストレス眼症：VDT などの情報端末を注視する作業で，視覚への負荷により調節応答が不安定な状態（調節微動の多発や調節痙攣）になる症状で，眼精疲労の代表例としてその対応策が検討された．

*7 随意性（意図的に眼瞼を閉じる動作），反射性（機械的刺激，強い視覚・聴覚への刺激による反応），自発性（意図的でなく外的刺激もない状態で発生する反応）が見られ，随意性のシャッター効果で回転板の文字を認識する能力から疲労を測定する方法も見られる．

*8 閉瞼安静時に見られる α 波（8〜13 Hz），演算や思考時に見られる速波の β 波（14〜25 Hz），睡眠から覚醒レベルまでの徐波があり，深い睡眠時に δ 波（0.5〜3.5 Hz），微睡み状態での θ 波（4〜7 Hz）がある．覚醒レベルでは主に α 波，β 波が出現し，頭頂部直前の正中部では精神活動，問題解決などで θ 波が出現し，Fmθ 波（6〜7 Hz）と呼ばれる成分は，視覚情報への注意などとの関係が調べられている．α 波は感性情報の総合的な評価指標として検討され，安らぎなどの快適性との相関（$1/f$ ゆらぎ）が見られる．視覚誘発電位は，＋電位を P，－電位を N として，刺激後ピーク発生時間（msec）で特徴的な波形を示す．

*9 脳内活動図として，fMRI（脳内神経細胞の活動による脳血流量や，酸化・還元型ヘモグロビンのバランスから脳酸素代謝率を，核磁気共鳴現象から生じる MR 信号によって秒単位で計測できる），NIRS（近赤外光機能画像法，波長 800 nm 付近の近赤外光での血液吸収特性を利用し，頭蓋内からの反射光を頭皮上の多点で同時連続計測し，刺激に応じた脳内活動分布状態が光トポグラフィとして画像化できる），PET（脳内代謝活動部分での陽電子放出核種トレーサ（^{15}O など）からのガンマ線を計測し，脳内の機能的な状態を示す断層画像），MEG（超伝導素子による SQUID をセンサとして用いて，ミリ秒単位で脳内神経電気活動による磁場の変化を計測した脳磁図）が装置化されている．

*10 ・評定尺度法：画質などを段階的なカテゴリで評価する方法で，カテゴリとしては「非常に良い」，「良い」，「やや良い」，「普通」，「やや悪い」，「悪い」，「非常に悪い」の 7 段階評価を用い，評価尺度両端を除いて数値処理が可能になる．

・系列範疇法：評定尺度法で得られたデータを，カテゴリ上での評定度数分布が正規分布するようにカテゴリ間の距離を定めた尺度に変換する方法で，厳密な距離尺度処

理ができる．

・一対比較法：上記の両評価法は絶対判断で評価するため，個人差などが生じやすく，評価も難しいため，評価対象のすべての対を準備し比較しながら評価する方法で，対の良い悪いを答えるサーストンの方法，カテゴリを用いるシェッフの方法がある．評価時間が長いが，信頼度は高い評価法である．

・SD法：刺激から受ける印象を表現する形容詞の対語を多数準備し，各対語に関して評定尺度化し，刺激の要因変化に伴う印象変化が変動する成分などを見出し，評価に及ぼす寄与度を調べる方法．

参 考 文 献

1) 内川恵二監修（2009）：視覚心理入門，オーム社
2) 不二門尚（2010）：眼精疲労に対する対処法，あたらしい眼科，**27**(6), 763-769
3) 三橋哲雄，畑田豊彦，矢野澄男（2009）：画像と視覚情報科学，コロナ社
4) 畑田豊彦（1988）：疲れない立体ディスプレイを探る，日経エレクトロニクス，**444**, 205-223
5) 西原万里奈，細畠　淳，近江源次郎ほか（1996）：3D映像と眼精疲労，視覚の科学，**17**(3), 103-106
6) 塩入　諭（1993）：立体/奥行きの知覚，VISION, **5**, 69-76
7) F. L. Kooi and A. Toet（2004）：Visual comfort of binocular and 3D displays, Displays, **25**(2), 99-108
8) 江本正喜，矢野澄男，長田昌次郎（2001）：立体画像システム観察時の融像性輻輳限界の分布，映像情報メディア学会誌，**55**, 703-710
9) 渡部　叡，吉田辰夫（1971）：眼の調節—輻輳の制御機構，NHK技術研究，**23**(5), 58-76
10) 水科晴樹，根岸一平，安藤広志ほか（2010）：実視標と二眼式立体ディスプレイで呈示された視標を観察した場合の調節・輻輳測定，映像情報メディア学会技報，**34**(12), 35-38
11) 山之上裕一，奥井誠人，岡野文男ほか（2002）：2眼式立体像における箱庭・書き割り効果の幾何学的考察，映像情報メディア学会誌，**56**(4), 575-582
12) 名手久貴，須佐見憲史，畑田豊彦（2003）：多視点画像が提示可能な立体ディスプレイにおける運動視差の効果—運動視差による書き割り効果の改善—，映像情報メディア学会誌，**57**, 279-286
13) 成田長人，金澤　勝（2003）：2D/3D HDTV画像の心理因子分析と総合評価法に関する考察，映像情報メディア学会誌，**57**(4), 501-506

14) S. Yano, M. Emoto, and T. Mitsuhashi (2004): Two factors in visual fatigue caused by stereoscopic HDTV images, *Displays*, **25**(4), 141-150
15) M. Kajita, M. Ono, S. Suzuki *et al.* (2001): Accommodative microfluctuation in asthenopia caused by accommodative spasm, *Fukushima J. Medical Science,* **47**(1), 13-20
16) デジタルコンテンツ協会 (2010):ITとサービスの融合による新市場創出促進事業(コンテンツ技術実証事業)報告書(半田知也)
17) 3DC安全ガイドライン:http://www.3dc.gr.jp/jp/

22. 裸眼立体映像システムの歴史

1. 裸眼立体映像の元祖となったダブルポートレート

フランスの画家ギャスパー・アントワーヌ・ド・ボワ=クレール（Gaspar Antoine de Bois-Clair）は，三角柱を敷き詰めた板の各側面に2種類の絵を交互に描いていくことで，左右から違った肖像が見られる特殊な絵画「ダブルポートレート」（Double Portrait）を1692年に考案した．現在，コペンハーゲンのローゼンボー城（Rosenborg Castle）に展示されている作品（図22.1）の場合，向かって右側から見るとフレデリック4世（Frederik IV），左側から見ると彼の妹のソフィー・ヘドヴィグ（Sophie Hedevig）の肖像になるという仕掛けが施されている．

これは立体視を目的としたものではないが，"1枚の絵に2枚分の情報を入れ込む"というアイディアの元祖である．これは，1950年代に流行した2変化画像の先祖であり，さらに発展してレンチキュラ（lenticular）やパララックスバリア（parallax barrie）による裸眼立体映像技術へとつながった．

2. パララックスバリアの発明

時代を遡って1896年にはフランスの写真家オーギュスト・ベルティエ（Auguste Berthier）が，現在とほぼ同じ仕組みのパララックスバリアによる裸眼立体写真（図22.2（a）～（c））を考案している．彼の方法は，ステレオペアの写真を縦に細く切り刻み，それを左右交互に並べ直してバリア越しに鑑賞するというものだった．またベルティエとは別にジョン・ヤコブソン（John Jacobson）という人物も，1899年に"Pictorial Reproduction"と題された，パララックスバリアによる立体写真の特許を申請している．しかしこの申請は不十分と判断され，受理されなかった．

やがてベルティエの技術は，1903年に米国の発明家フレデリック・E・

図22.1 フレデリック4世とソフィー・ヘドヴィグのダブルポートレート（ローゼンボー城）[1]

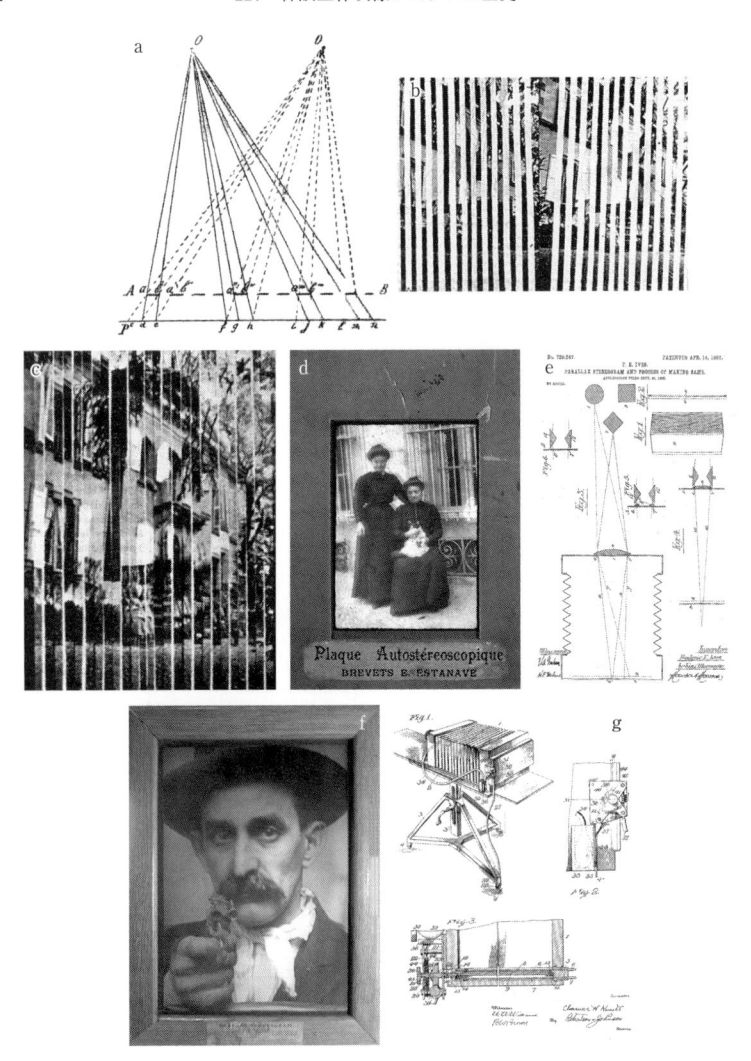

図 22.2 パララックスバリアの発明
(a) オーギュスト・ベルティエによるパララックスバリアの原理図 (1896), (b) ベルティエによる視点を変えて撮影した 2 枚の画像 (1896), (c) b を 1 枚に合成した画像 (1896)(a〜c は http://etudesphotographiques.revues.org/index246.html[2] より掲載. 現画像は「Images stéréoscopiques de grand format」Le Cosmos (May, 1896)), (d) E・P・エスタネイヴによる裸眼立体写真 (1913)(http://etudesphotographiques.revues.org/index246.html[2] より掲載), (e) F・E・アイヴスのパララックスステレオグラム (1903)(US Patent No. 725, 567), (f) F・E・アイヴスによる裸眼立体写真 (1903)(「Stereoscopic Cinema and the Origins of 3-D Film, 1838-1952」[3] より掲載), (g) クラレンス・W・カノルトのパララックスパノラマグラム・カメラ (1918)(US Patent No. 1, 260, 682)

アイヴス（Frederick Eugene Ives）と，1906年にフランスの数学者ユージン・ピエール・エスタネイヴ（Eugène Pierre Estanave）（図22.2（d））に応用された．アイヴスは，この技術をパララックスステレオグラム（parallax stereogram）（図22.2(e, f)）と名付け，米国特許（US Patent No.725,567）を取得した．

しかしこれには，2つしか視点数がないという弱点があった．そこで米国のクラレンス・W・カノルト（Clarence W. Kanolt）が，1915年にパララックスパノラマグラム（parallax panoramagram）（図22.2（g））を考案し，1918年に米国特許（US Patent No.1,260,682）を取得した．これは開口部（アパーチュアもしくはスリット）を狭くし，代わりに視点数を増やすというアイディアであった．彼はまた，このカメラで動画をつくることも提案していた．

3. インテグラルフォトグラフィの考案

一方，1891年にリップマン式天然色写真を発明したフランスのガブリエル・M・リップマン（Gabriel M. Lippmann）は，その成果によりノーベル物理学賞を受賞した1908年に，インテグラルフォトグラフィ（integral photography）方式による裸眼立体写真のアイディア[4]を発表した．これは昆虫の複眼に似た，微小な球体が並んだレンズ板を用いるものだったが，加工技術の困難さからなかなか実現には至らなかった．

そこで帝政ロシア時代の1911年に，モスクワ大学のA・P・ソコロフ（A. P. Sokolov）が，大きさ150×200 mm^2，厚さ3 mmの板に円錐状のピンホールを1,200個あけて，レンズの代りにした実験[5]（図22.3（a））を行っている．なお革命後のソ連では，後述するセミョン・パヴロヴィッチ・イワノフ（Semyon Pavlovich Ivanov）とL・V・アキマキナ（L. V. Akimakina）によって，直径0.3 mmのレンズを200個並べたイン

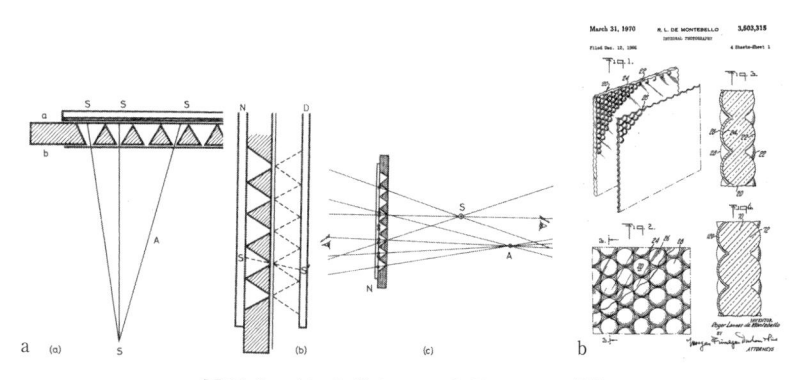

図22.3　インテグラルフォトグラフィの考案
(a) A・P・ソコロフのピンホール式インテグラルフォトグラフィ（「Stereoscopy」[5]より掲載），(b) ロジャー・ランヌ・デ・モンテベロによるインテグラルフォトグラフィ用レンズ板の製造法（US Patent No.3,503,315）

テグラルフォトグラフィの実験[5]が1948年に試みられている.

また米国のロジャー・ランヌ・デ・モンテベロ (Roger Lannes de Montebello) は, インテグラルフォトグラフィ用のレンズ板の製造法 (図22.3 (b)) を考案し1970年に特許を取得している (US Patent No.3,503,315 および No.3,538,198).

4. レンチキュラの登場

スイスのウォルター・ヘス (Walter Hess) は, 製造が困難なインテグラルフォトグラフィの球体レンズの代りに, カマボコ状のレンズを用いるレンチキュラ方式を考案し, 1915年に米国特許 (US Patent No.1,128,979) (図22.4) を取得した. インテグラルフォトグラフィは, 上下方向と左右方向に視差を表すことが可能であるが, レンチキュラ方式では1方向 (主に左右) しか視差を表示できない. だが実現が容易という大きな利点をもち, アメリカとフランスで実用化研究が積極的に行われた.

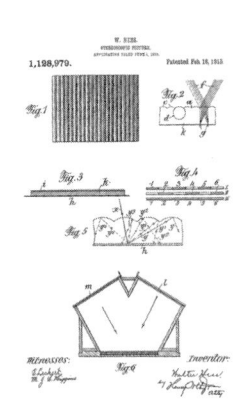

図22.4 ウォルター・ヘスによるレンチキュラ裸眼立体写真の特許図面 (US Patent No.1,128,979)

5. H・E・アイヴスの挑戦[4,6]

フレデリック・E・アイヴスの息子であるハーバート・E・アイヴス (Herbert Eugene Ives) は, カノルトのパララックスパノラマグラムを実現させる研究を開始した. まず1928年に, カメラを横に移動 (もしくは被写体を中心に回転) しながら撮影していくという手法を試みた. そして1930年には, これを簡素化した固定大レンズ法 (US Patent No.1,882,424) (図22.5 (a)) を考案する. これは「両眼の間隔以上に大きな口径のレンズならば, 単眼でも立体画像情報が得られる」という原理に基づくアイディア (1936年にクラレンス・ケネディ (Clarence Kennedy) が発表した, 単レンズ立体カ

図22.5 H・E・アイヴスの挑戦
(a) 移動レンズ法と固定大レンズ法 (US Patent No.1,882,424), (b) 固定大凹面鏡と移動小凹面鏡によるパララックスパノラマグラムの撮影法 (US Patent No.2,039,648), (c) レンチキュラスクリーンを用いる投影式パララックスパノラマグラム (US Patent No.1,883,290), (d) レンチキュラ式パララックスパノラマグラム (US Patent No.1,918,705), (e) レンチキュラ式パララックスパノラマグラムの回転撮影法 (US Patent No.2,002,090), (f) パララックスパノラマグラムによる裸眼立体映画システム (US Patent No.2,012,995), (g) H・E・アイヴスによる裸眼立体映画の撮影システム (US Patent No.2,011,932), (h) 同・投影システム (US Patent No.1,937,118), (i) 二重直交鏡面スクリーン (US Patent No.1,883,291)

5．H・E・アイヴスの挑戦

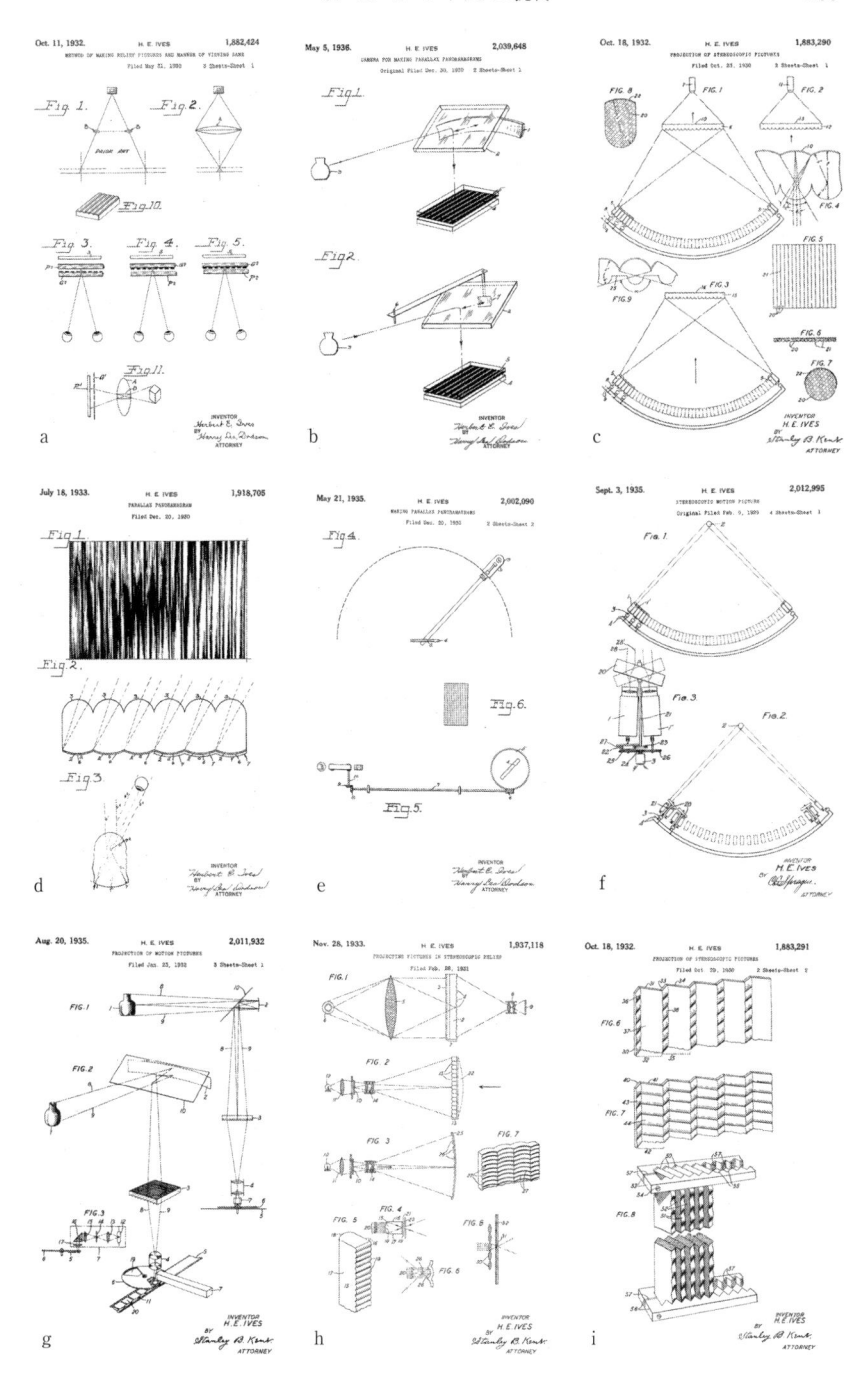

メラに用いられたアイディア）で，H・E・アイヴスは直径12インチ（30.48 cm）のレンズで実験している．さらに彼は同年に，固定大凹面鏡法や移動小凹面鏡法（US Patent No.2,039,648）（図22.5（b））なども提案している．

さらに，1台のカメラでは小さな被写体に限定されてしまうという問題に対処するため，複数のカメラを使用する多眼法も考案した．これは，被写体の前に視点数だけのカメラを並べて1度撮影し，次に同じ数だけのプロジェクタを用いて，パララックスバリアを通して乾板に焼き付けるというものだった．

次に彼は，乾板の代りにホワイトスクリーンを用意し，パララックスバリアを通して鑑賞するという仕組みを考案する．そしてさらに，ホワイトスクリーンの代りに透明拡散板（スリガラスなど）を置いて裏側からカメラで再撮影し，次にその乾板をプロジェクタでパララックスバリアの背後から投影して鑑賞するというアイディアに発展させた．

しかしパララックスバリアには，光量の減少，スリットによる回折，スリットと乾板のレジストレーションなどの問題があった．そこでH・E・アイヴスは，1930年にレンチキュラスクリーンを用いる投影式パララックスパノラマグラムの特許（US Patent No.1,883,290，No.1,918,705，No.1,960,011，No.1,970,311，No.2,002,090）（図22.5（c，d，e））を出願した．

さらに彼は1930年10月31日に，光科学の国際学会であるOSA（The Optical Society of America）で，パララックスパノラマグラムによる裸眼立体映画（US Patent No.2,012,995）（図22.5（f））のデモンストレーションを行った．それは13台のプロジェクタ群から構成されるシステムだったが，非常に画面が小さく，一度に鑑賞できる人数もわずかだった．

そこで1932年に，レンチキュラ板を通してムービーフィルムに焼き付け，上映時は三重に凹んだスクリーンに投影するという裸眼立体映画システム（US Patent No.1,937,118，No.2,011,932）（図22.5（g，h））も提案している．また1930年に，二重鏡面スクリーン（US Patent No.1,883,291）（図22.5（i））を提案している．これは直交する鏡面に凹凸を与えることで，縦方向に適度な拡散性をもたせ，パララックスバリアと等価な効果を得るというものだった．1931年には，フルカラー上映を可能にする案（US Patent No.1987443）も発表した．

このようにH・E・アイヴスは，ウェスタン・エレクトリック（Western Electric）社やベル研究所（Bell Laboratories）などを拠点に様々な発明を行い，1947年に引退するまでに200本の論文と100の特許を取得している．しかし当時の材料と加工精度の問題で，裸眼立体映像技術は実用に至ることはなく，見切りを付けて理論物理学へと研究対象を変えてしまった．

6. レンチキュラ裸眼立体写真の実用化

一方，H・E・アイヴスの研究仲間でありライバルでもあったカノルトは，レンチキュラ技術の実用化を進めていく．そして1929年に，レンチキュラスクリーンを使った裸眼立体写真に"デプソグラフ"（Depthograph）という名称を与えて商標登録し，1931年にカメラシステム（US Patent No.1,838,312）（図22.6（a）），1938年にプリントシステム（US Patent No.2,140,702）（図22.6（b））の特許を取得している．

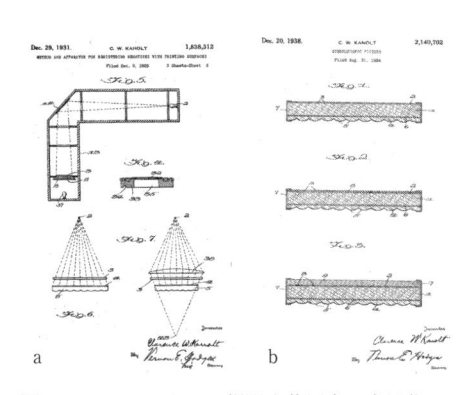

図22.6 レンチキュラ裸眼立体写真の実用化
(a) クラレンス・W・カノルトのデプソグラフのカメラシステム（US Patent No.1,838,312），
(b) カノルトのデプソグラフ（US Patent No.2,140,702）

7. モーリス・ボネ

フランスのエンジニア／カメラデザイナー／写真家のモーリス・ボネ（Maurice Bonnet）（図22.7（a））は，1931年からリップマンの技術をベースとしたインテグラルフォトグラフィやレンチキュラのレンズ板製造法（U.S. Patent No.2,480,354）（図22.7（b））を開発していた．同時にレンチキュラカメラ（U.S. Patent No.2,485,811，No.2,492,836，No.2,506,131，No.2,508,487，No.2,573,242，No.2,622,472）（図22.7（c〜f））を独自開発した．そして1937年に，レンチキュラ板やカメラの製造と販売を行うレリーフォグラフィ（Reliephographie）という会社を興し，高品質の立体ポートレイトを手掛けるスタジオをシャンゼリゼ通りに構えた．

1939年にCNRS（Centre National de la Recherche Scientifique：フランス国立科学研究センター）が設立されるとボネは彼らに協力し，X線撮影や暗号技術に取り組む．1949年からはフランス国防省向けの光学材料研究を行い，1961年にはCNRS内に立体映像機器を開発する研究所をつくっている．そして1988年に引退し，1994年に亡くなるまで400以上の特許を申請した．

8. ハーヴェイ・プレヴァー

1920年代から裸眼立体写真に興味をもっていた米国の写真家ハーヴェイ・プレヴァー（Harvey Prever）は，大戦中に航空偵察写真の撮影を任される．そしてここで，非常に高品質なレンチキュラ写真機が米仏で開発されていたことを知った．プレヴァーは戦後，ボネのレンチキュラカメラ（図22.8（a, b））を入手し，これを専門とする会社

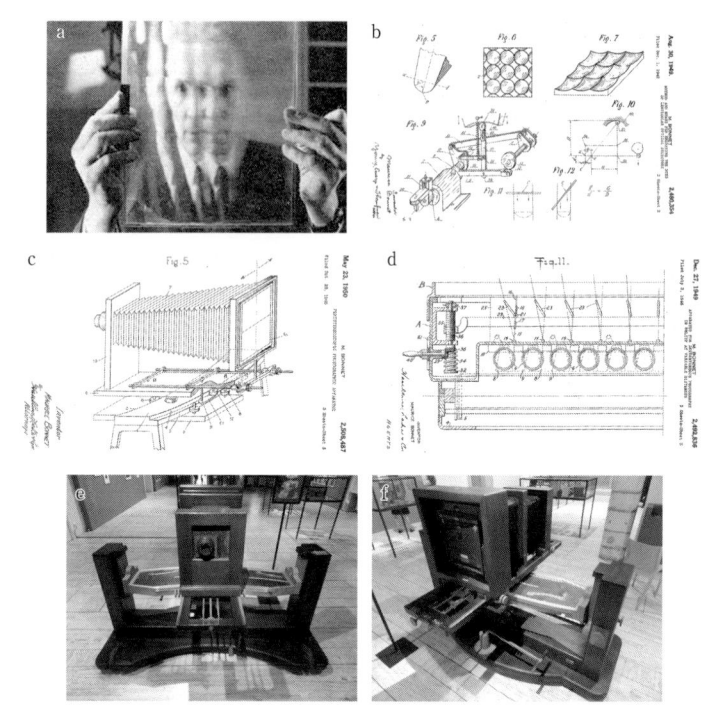

図 22.7 モーリス・ボネ
(a) レンチキュラ板をもつモーリス・ボネ,(b) ボネのインテグラルフォトグラフィ用レンズ板製造法 (U. S. Patent No.2,480,354),(c) ボネの回転式レンチキュラカメラ (U. S. Patent No.2,508,487),(d) ボネのワンショット(同時撮影)レンチキュラカメラ (U. S. Patent No.2,492,836),(e)(f) ボネのレンチキュラカメラ OP 3000 (1942)(ニセフォール・ニエプス博物館 (Musée Nicéphore Niépce) 所蔵)

を創業した.

そして 1951 年に,ハリウッドの俳優のポートレイトで有名な写真家ポール・ヘッセ (Paul Hesse) と組んで,ヘッセ／プレヴァー・コーポレーション (Hesse/Prever Corporation) を設立した.この会社は,翌年末から始まった立体映画ブームに乗って,映画館向けの裸眼立体ロビーカード(図 22.8 (c))を制作した.これらは,ガラス製のレンチキュラ板に貼ったフィルムを樹脂でラミネートし,8×10 インチ(約 20×25 cm)ないし 11×14 インチ(約 28×35.6 cm)のポジをバックライトで照明するというもので,ロサンゼルス,ニューヨーク,シカゴ,アトランタの劇場に展示された.だが 1954 年に立体映画ブームが終了すると,ヘッセとの共同ビジネスは解消されてしまう.

その後プレヴァーは,宗教画,商品広告,ヌード,ピンナップガールなどのレンチキ

9. Vari-Vue

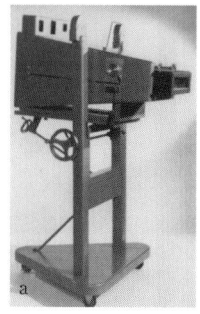

図 22.8 ハーヴェイ・プレヴァー
(a) ハーヴェイ・プレヴァーが使用したボネ開発のワンショット・レンチキュラカメラ（「Stereo World」(Nov/Dec, 2000) より掲載），(b) プレヴァーが使用したボネ開発の移動式レンチキュラカメラ（「Stereo World」(Nov/Dec, 2000) より掲載），(c) ヘッセ／プレヴァー・コーポレーションの裸眼立体ロビーカード

ュラ写真を，1999年に亡くなるまで作り続ける．だがそのスタイルは，基本的に注文生産による高品質製品という点で一貫していた．

9. Vari-Vue[7]

プレヴァーがガラスレンズによる手作りにこだわり続けたのとは違い，米国のビクター・G・アンダーソン（Victor G. Anderson）は，レンチキュラ製品の大量生産技術を1936年に考案した．彼は具体的な製造プロセスを秘密にするため，初め特許申請をしなかったが，それは酢酸ブチル（後に硬質塩化ビニールに変更）を主原料とした合成樹脂を用い，レンチキュラシートを量産する技術だったようである．そして，このプロセスを使った製品に"Vari-Vue"というブランド名を与え，1948年にはピクトリアル・プロダクション（Pictorial Productions）社としてニューヨークに法人登録した．

同社は Vari-Vue のブランドで，"ウィンキー"（Winkies）や"マジックモーション"（Magic-Motion）などと呼ばれた商品を売り出す．これは裸眼立体視用ではなく，2枚の絵が角度によって交互に入れ替わって見えるというものだった．アンダーソンは1957年に，この2変化画像の製造法の特許（US Patent No.2,815,310）（図 22.9 (a)）を取得している．

そして1952年に行われたアメリカ大統領選において，共和党のドワイト・D・アイゼンハワーを支持する人々が身に着けた，「I LIKE IKE」とデザインされた同社の2変化画像バッチが評判となる．ちなみにこのとき，対抗馬だった民主党のアドレー・スティーブンソンも Vari-Vue のバッチを配布していることから，選挙結果への直接的影響があったとは考えにくいが，以後の大統領選で定番のキャンペーングッズ（図 22.9 (b)）となり，Vari-Vue の知名度を大きく広げた．

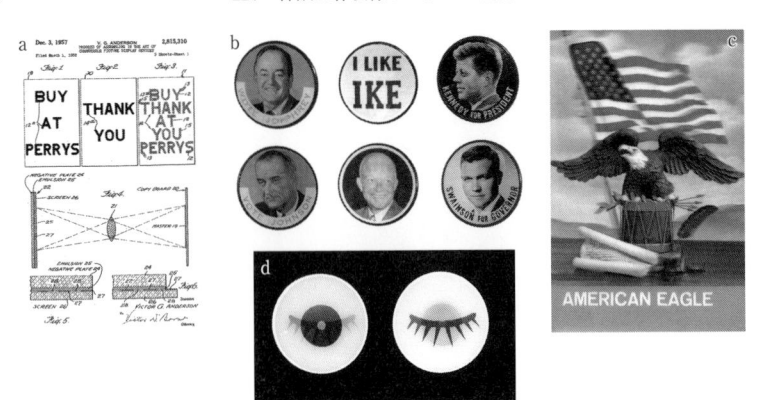

図 22.9 Vari-Vue
(a) ビクター・G・アンダーソンによる2変化画像の製造法（US Patent No.2,815,310），(b) アメリカ大統領選キャンペーン用の2変化画像バッチ．左列，1964年の民主党リンドン・ジョンソンとヒューバート・H・ハンフリー．中列，1952年の共和党ドワイト・D・アイゼンハワーとキャッチフレーズの「I LIKE IKE」．右列，民主党の大統領候補ジョン・F・ケネディとジョン・スワインソン知事候補，(c) Vari-Vueの裸眼立体ポストカード（1960年代），(d) Vari-Vueの人形用目玉"ウィンキー"（1950年代）．1960年に日本に輸入され「ダッコちゃん」の目になった（b~dは筆者所有）

　さらにVari-Vueは，シリアル「Cheerios」のオマケに採用され，約4,000万個を販売している．他にも絵ハガキやレコードジャケットなど，2変化画像や裸眼立体視の様々な商品（図22.9(c)）がつくられ，全世界に流通していった．大きなものでは1955年に女性モデルがウインクするというデザインの2変化ビルボードに使用され，テスト中に交通渋滞を引き起こしている．
　また，日本で広く知られたものに1960年にツクダ屋玩具から販売され，全国的に大流行した「ダッコちゃん」というビニール人形がある．正式名称は「木のぼりウィンキー」というのだが，この人形の目にピクトリアル・プロダクション社製のウィンキーが使用されていた．この目は1950年代から販売されていた商品（US Patent No.2,832,593）（図22.9(d)）で，これを製造元の宝ビニール工業所（現タカラトミー）が輸入したのだが，結果として正規のウィンキーを使用していることが大量に出回った偽物との差別化になった．そしてこれが，日本人とレンチキュラの最初の出会いでもあった．
　1960年代後半に，アンダーソンは経営不振からピクトリアル・プロダクション社を廃業し，新たにビクター・アンダーソン3Dスタジオ（Victor Anderson 3D Studio）を設立．そして"レントログラフ"（Lentograph）というブランドで，宗教画，ヨットハーバー，花，森，人形による童話もの，田舎の建造物，動物などを題材にした，レンチキュラ商品を販売していた．

10. 凸版印刷[8)]

そしてレンチキュラ技術は,ウィンキーの他にも日本国内でも注目されるようになっていった.とくに凸版印刷は,1958年に得意先からピクトリアル・プロダクション社の製品を紹介されたことをきっかけとして,社内でレンチキュラ印刷技術の研究をスタートさせ,1960年に最初の独自商品である「日立家電販売・冷蔵庫カタログ」を完成させた.これは2変化画像の技術を用いて,冷蔵庫の外観と内部を紹介するものだった.

1956年に創業した晃和ディスプレイ(東京・目黒)という会社は,背後から照明を当てる形の電飾型3Dディスプレイの製造を,当初ピクトリアル・プロダクション社に発注していた.やがて1960年に凸版印刷と技術提携し,両社は1961年にステレオ印刷の国産化を実現させ,電飾型3Dディスプレイを用いた資生堂やサントリーのPOPが街を飾った.

凸版印刷は2変化画像を"ワンダービュー",裸眼立体製品を"トップステレオ"と命名し,強力な生産体制を整えていった.やがて凸版印刷のレンチキュラ製品(図22.10 (a))が輸出されるようになり,1960年代中頃には米国を含む世界各地で広く販売されていった.とくに有名なのが,ブータン,イエメン,ウムアルカイワインなどから発行された立体切手(図22.10 (b))である.

凸版印刷が用いたステレオ撮影の技法は,自社の板橋工場で開発されたスタジオカメラ(図22.10 (c))で行われている.このスタジオカメラは,レンズボードとカメラバック(露光部)を蛇腹でつないだビューカメラ式のものであり,前後移動用のレールと垂直移動できるリフトに固定されていた.レンズは1つであり,被写体をターンテーブルに乗せ,約10°回転させることで多視点の視差が得られた.カメラバック内には,フィルムの前面にレンチキュラ板が取り付けられており,これが撮影中に1ピッチだけ水平移動することで多視点合成を同時に処理する仕組みになっていた.カメラバックは8×10インチ,11×14インチ,ポストカードサイズなどの大判フィルムに対応していた.

その後,野外での撮影を可能にするため,ポータブルカメラが開発された.しかしポータブルとはいっても,11×14インチ用ビューカメラを電動で水平移動させる仕組みだったため,本体はフォークリフトのツメに固定され,発電機と制御盤,そしてテスト撮影用の白黒現像機と共にトラックで輸送するという大がかりなシステム(図22.10 (d))になっていた.

1970年には甲南カメラ研究所(現コーナンメディカル)が,凸版印刷のために8×10インチのポータブルカメラ(図22.10 (e))を開発した.これは全体として非常にコンパクトだったため,ロケーションによるレンチキュラ撮影の機会を増やすことになった.しかしまだ,カメラを横にモーター駆動させなければ視差を得られないという問題

図 22.10 凸版印刷
(a) 凸版印刷による日本万国博のレンチキュラ・ポストカード (1970), (b) レンチキュラ切手. 左列：ウムアルカイワイン，中列：イエメン，右列：ブータン (a, b は筆者所有), (c) スタジオカメラ, (d) フォークリフトに搭載された初期のポータブルカメラ, (e) 小型化されたポータブルカメラ, (f) 35 mm ワンショットカメラ (c～f は文献 8) より掲載)

が残っており，静止した被写体しか撮れなかった．

その一方で，普通の被写体を気軽に撮影できるワンショットカメラの開発も進められていた．故・北尾峰太郎氏が営むカメラ修理店の「北尾カメラ店」が協力し，13 レンズで 35 mm フィルムに一気に撮影できるカメラ（図 22.10 (f)）が 1968 年に制作された．その後，甲南カメラ研究所，北尾カメラ店，キヤノンが協力し，凸版印刷のために様々なワンショットカメラが 23 台も制作された．フィルムサイズは 35 mm 以外に映画用 70 mm 判も用意され，レンズ数も 6 眼，7 眼，11 眼など多岐にわたった．この時代の，凸版印刷におけるレンチキュラ技術の勢いを感じさせる．

図 22.11　大日本印刷がエンダー・メタル・プロダクツ社の依頼で，1960年代に作製した「Goldilocks and the Three Bears」(3びきのくま) の 8×10インチレンチキュラカード (筆者所有)

11. その他のレンチキュラ製品企業

　ニュージャージー州カムデンに拠点を構える金属製品企業のエンダー・メタル・プロダクツ (Emdur Metal Products) 社は，レンチキュラ写真の販売を 1960年代後半から開始し，1972年には"エンダーグラフ"(Emdurgraph) というブランドを立ち上げて商標登録した．同社が販売していた商品は，花，帆船，鳥，森，動物，人形による童話もの (図 22.11)，宗教画といったもので，ハーヴェイ・プレヴァーやピクトリアル・プロダクションと，かなり共通する内容だった．

　エンダー社は，レンチキュラ写真を自社で手掛けず，大日本印刷に生産を委託していた．大日本印刷は，凸版印刷や共同印刷などと並んで，1960年代にレンチキュラ印刷事業に進出した．しかし凸版印刷ほど熱心に裸眼立体映像に関心をもたず，レンチキュラ技術をリアプロジェクションテレビ用スクリーンの開発に移行させていった．また共同印刷も徐々に撤退していった．さらにエンダー社も，1970年代にレンチキュラ事業から撤退している．

12. 裸眼3Dカメラの市販

　1950年代には，カナダから WonderView 3D Camera S-102 と，香港から WT-102 マルチディメンショナルカメラ (Multi-Dimension Camera) (図 22.12 (a)) が発売されている．この2つはほぼ同じ製品で，8×10インチのフィルムを用いるビューカメラをベースとしている．レンズボードには，大口径のレンズが1つだけ付いており，シャッタをあけるとレンズの端から端まで絞りとレンチキュラ板が数秒かけて水平移動し，撮影と多視点合成を同時に処理する仕組みになっていた．そのためこれも静止した被写体しか撮影できない．市販はされたらしいが，大判フィルムを用いる点であくまでもプロ仕様だった．フランスの写真博物館 (Musée français de la photographie) に，WT-102 が展示されている．

　個人向けに最初に提供されたレンチキュラ式3Dカメラは，ニューヨーク (製造は英国) のレンティック社 (K. B. Lentic Ltd.) が 1953年に発売した，6レンズ式のレンティックマルチレンズカメラ (LenticMulti-LensCamera) (図 22.12 (b, c))[10] だっ

図 22.12 裸眼 3D カメラの市販
(a) WT-102 マルチディメンショナルカメラ，(b) レンティックマルチレンズカメラの広告 (1953)，
(c) レンティックマルチレンズカメラ（「Make Your Own Stereo Pictures」The Maximilian Company (1955) より掲載）

た．これはロール式の 120 フィルム（60 mm 幅の裏紙付きロールフィルム）を使用し，撮影後はレンティック社に送ってレンチキュラ式のプリントがつくられる仕組みで，アマチュアのステレオ写真愛好家達にも裸眼 3D 写真制作の機会を提供した．しかしカメラ筐体が横に長く，扱いが不便で普及には至らなかった．

13. NIMSLO 3D とその子孫達[11]

米国のアレン・クォック・ワウ・ロー（Allen Kwok Wah Lo）とジェリー・カーティス・ニムス（Jerry Curtis Nims）は，1970 年代に多眼式 3D カメラとレンチキュラのプリントシステムを開発した．そして米アトランタにニムスロ・カメラ社（Nimslo Camera Limited）という会社を設立し，コンパクトなボディで 4 レンズでの撮影を可能にしたカメラ NIMSLO 3D（図 22.13 (a)）を製品化した．これは通常の 35 mm の 135 フィルムを使用し，ハーフサイズ（4 パーフォレーション）で 4 フレーム分の視点の異なる写真を同時に撮れるものだった．撮影後は，ニムスロ社が指定した現像所に送って，レンチキュラのプリントを焼いてもらうシステムである．プリントのつくり方は，まず透明樹脂でつくられたレンチキュラ板に乳剤を塗布したレンチキュラフィルムを用いる．そして，引き伸ばし機のような構造をした合成機のレンズが横に移動して，順に 4 枚の画像を 1 枚のレンチキュラフィルムに露光させる仕組みであった．

ニムスロの技術は，海運業で億万長者となったノルウェーのフレッド・オルセン（Fred Olsen）に注目され，彼の指導で 1980 年にイーグルビル社（Eagleville Company）に買収され，オルセンの所有する会社の 1 つである時計メーカーのタイメックス（Timex）社（創業者はフレッドの父であるトーマス・オルセン）の，スコットラン

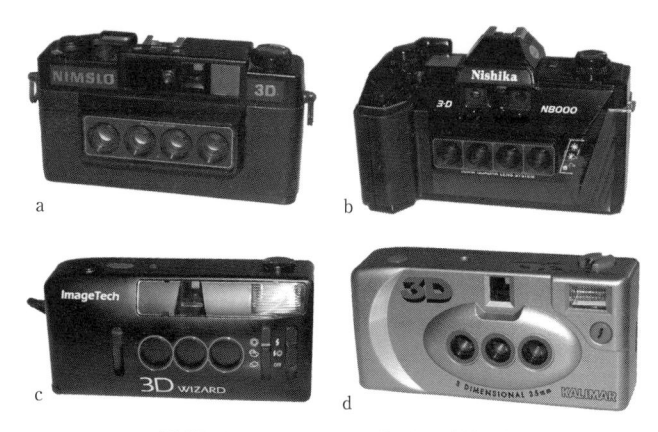

図 22.13　NIMSLO 3D とその子孫たち
(a) NIMSLO 3D, (b) Nishika N8000, (c) Image Tech 3D Wizard, (d) Kalimar 3D（a〜d は筆者所有）

ド工場で NIMSLO 3D カメラが生産された．これは当時，タイメックスがポラロイド (Polaroid) 社のカメラ製造を請け負っていたことに関係している．1982 年には，当時世界を代表する VFX & CG プロダクションだったロバート・エイブル & アソシエイツ (Robert Abel and Associates) に，非常に凝ったテレビ CM の制作まで依頼している（現在の目で見ても感心する出来栄えだった）．しかしレンチキュラのプリント代は安くなく，NIMSLO 3D カメラは大きな流行にはならなかった．結局会社は破産し，一部の技術は米ネバダ州のニシカ (Nishika) 社に売却された．

ニシカは 1989 年に Nishika N8000（図 22.13 (b)）という 4 レンズのカメラを発表し，これは国内でも菱和ニシカジャパン社から提供され，フィルムの現像とレンチキュラプリントも行われた．プリントのプロセスは，ニムスロの技術を継承するものだった．しかし N8000 は，コケ脅しのようなゴツいデザインの筐体をもち，その性能に比べて不必要に大きかった．N9000 という後継機も登場したが，デザインがスッキリした他は性能的に大きな違いはなかった．

ニシカの技術は，米ジョージア州ノークロスのイメージ・テクノロジー・インターナショナル (Image Technology International) 社に継承され，1990 年に 3 レンズのカメラ Image Tech 3D 1000 として発表された．ハーフサイズで 3 視点の写真を撮れ，レンチキュラプリントのシステムもニムスロの方式が採用されている．ストロボを内蔵した点が進歩した個所である．同社は続いて 3D Wizard（図 22.13 (c)）や 3Dfx というカメラも発売しているが，大きな違いはない．さらに同社は 1993 年頃，Image Tech 3D MAGIC という 16 枚撮りの「レンズ付きフィルム」も発売している．

さらに，米カリフォルニア州チャッツワースの 3D イメージング・システムズ（3D

Imaging Systems）社から，3D Trio という3レンズのカメラが1998年に発売された．モータードライブによる自動巻き上げ機能が備わった点が進歩といえるが，基本的にはImage Tech 3D 1000 に似ている．

この他に3レンズ式カメラには，Kalimar という米国の老舗カメラメーカーから1990年代に発売された製品（図22.13（d））もあったが，これは3Dfx と同じ金型からつくられていたと思われる．

14. 国内のレンチキュラ用カメラ

日本では，ディオラマ社（大阪）の3D RITTAI（図22.14（a））や，スリーディジャパン社（詳細不明）の3D NEXT といった，4レンズ式NIMSLO タイプのカメラが発売されていたが，いずれも短期間で消滅している．

1994年には，コダック，コニカ，そして写真処理機器メーカーのノーリツ鋼機（和歌山）から3レンズ式「レンズ付きフィルム」が，それぞれ発売された．コダックは「KODAK スナップキッズ3D 立体プリント用」，コニカは「撮りっきりコニカ3D 立体プリント用」とされていた．ノーリツ鋼機のものは，和歌山県マリーナシティで開催された「1994 JAPAN EXPO ウエルネス WAKAYAMA 世界リゾート博」に，同社と島精機製作所（和歌山）が共同出展した「マーメイド館」の土産用に売られていた．すべて同じボディが使用されており，Image Tech 3D MAGIC に似ているが関連は不明である（図22.14（b））．

撮影後は関東3か所，関西2か所のコニカ系ラボ，コダック系ラボ，およびノーリツ鋼機のグループ会社である和歌山県の「カメラの西本」で現像を受け付けていた．レンチキュラフィルムへのプリントは，ノーリツ鋼機が開発した立体プリント現像機で行われていた．だが人気が出ず，2000年には取扱い中止になっている．16枚撮りで本体が2,800円（ストロボ付き），2,000円（ストロボなし），現像料が500円，同時プリント

図 22.14　国内のレンチキュラ用カメラ
(a) ディオラマ社 3D RITTAI，(b) ノーリツ鋼機 世界リゾート博マーメイド館限定16枚撮りレンズ付きフィルム（1994）(a, b は筆者所有)

が1枚130円，焼き増し1枚180円（すべて税抜き）という価格設定も，失敗が許されないという雰囲気を消費者に与えてしまった要因といえる[8]．

ちなみにライバルの富士フイルムは，レンズ付きフィルム「写ルンです・立体写真」という製品を出して対抗していた．これはミラーを用いてサイド・バイ・サイドのステレオ写真を撮るための「立体写真アダプター」と，それを鑑賞するためのビュワー「立体写真ケース」がセットになったもので，裸眼立体視用の商品ではない．

なぜこの時期に国内で3Dカメラのブームが起きたかというと，1991年に藤本由紀夫，塚村眞美，細馬宏通，永原康人らのサロン「大阪3D協会」が設立され，同年に東京では赤瀬川原平，高杉弾，郷津晴彦，太田孝幸，徳山雅記らによる「脳内リゾート開発事業団（ステレオオタク学会）」が結成されたことに関係している．これらステレオ写真に興味をもつ現代美術の作家達を中心にした活動が，たちまち日本全国に広がっていった．そして1992～93年にかけて，ステレオ写真やCGステレオグラムによる画集，プルフリッヒ（濃度差）方式あるいはサイド・バイ・サイド式のビデオソフトなど，様々な3D出版物が登場した．その数は，1993年発売の書籍だけでも40冊を超える勢いで，10万部以上の売れ行きを記録したものまであった．こうしたことからカメラメーカーも3Dカメラの需要を予測したわけだが，流行が長く続くことはなかったのである．

15. 旧ソ連における裸眼立体映画の始まり[5,12]

ここまでは主に，静止画像における裸眼立体視の歴史について語ってきたが，それでは動画においてはどんな研究が行われてきたのか．それには旧ソ連における開発が，大きく関係している．まず1925年にD・カカバドズ（D. Kakabadze）が，金属板に溝を刻んで波状したスクリーンに左右の映像を投影して鑑賞する裸眼立体映画のアイディアを提案した．

1930年代に入ると，ソ連における立体映像研究は盛んになり，様々な実験が繰り返された．たとえば3節のイワノフは，1935年に"ラジアルラスター"（Radial Raster）（図22.15（a））（他にも"パースペクティブラスター"（Perspective Raster），"パースペクティブグリル"（Perspective Grille）などの呼称がある）と呼ばれた，下が狭く上にいくほど放射状に拡がっていく扇子状のパララックスバリアを考案した．1937年に行われた実験では，幅2.25×高さ3mの縦長の鉄枠に細いエナメル線を隙間が見えないほど密に張ったラジアルラスターがつくられた．バリアは上側が遮蔽幅3mmで開口幅1mm，下側が遮蔽幅1.5mmで開口幅0.5mmとなっていた．

この実験が成功したことから，裸眼立体映画専用劇場「モスクワ」（Moskva）が1941年2月4日にモスクワ市内につくられ，システムには"ステレオキノ"（Stereokino）という名称が与えられた．スクリーンは，幅3.05×高さ4.86mの縦長の金属枠に

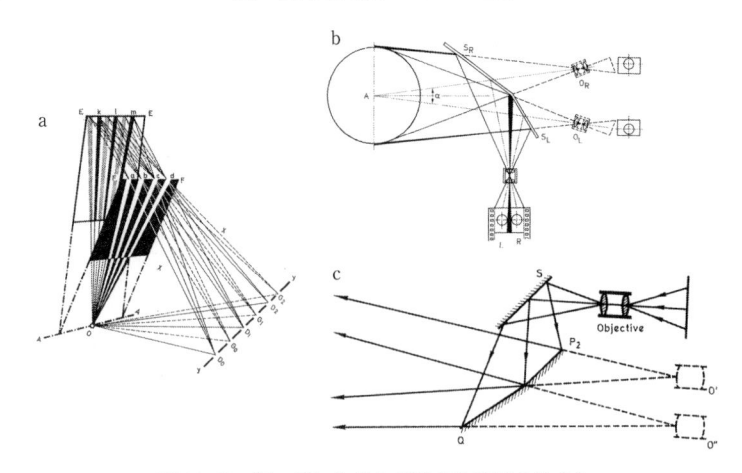

図 22.15 旧ソ連における裸眼立体映画の始まり
(a) パララックスバリア式ラジアルラスターの模式図. 実際には，もっと微細な構造になる，(b) 撮影用ミラー式アタッチメント（ステレオノズル）の構造，(c) 映写用ミラー式アタッチメントの構造（a〜c は「Stereoscopy」[5] より掲載）

アルミでコーティングした布を張ったものが用意された. ラジアルラスターは，幅 4.3×高さ 5.8 m，重さ約 6 t の鉄枠に，3 万本（全長 150 km）のエナメル線を張って作られ，スクリーンとの間隔がボルトで調整できるようになっており，上側約 480 mm，下側約 170 mm 離して斜めに取り付けられた. バリアの幅は上側が 3.45 mm，下側が 1.2 mm とされた.

すべての観客が正しく立体視ができるように客席には傾斜が付けられ，アーク光源を備えたプロジェクタで高い位置から映写した. ホール全体の大きさは幅 10 m，奥行き 30 m で，ここに 600 席のシートが設けられ，最前列はスクリーンから 10 m，最後列は 29 m 離れていた. 問題は，観客が厳密に特定の位置から見続けないと逆視が生じることである. そのため入場券に「座席上で，あまり目の位置を動かしてはいけない」という注意が書かれていたそうで，実際には最前列の各席において幅約 8 cm 以内，間隔 11 cm で 4〜5 か所，最後列では各席において幅約 16.5 cm 以内，間隔 27 cm で 2 か所のベストポジションが存在した. したがって実際には，384 席（16 席×24 列）しか使えなかったそうである.

ステレオキノのコンテンツ第 1 弾は「Kontsjert」（日本未公開，英語表記「Land of Youth」）である. 監督はアレクサンドル・N・アンドリエフスキー（Aleksandr N. Andriyevsky）. カメラマンはドミトリー・スレンスキー（Dmitri Surensky）が務めた. 内容は，ソ連の文化，建築，風景，野生動物などを記録した，上映時間 30 分のドキュメンタリだった.

撮影は，1台のカメラのレンズ前に，イワノフが考案した特殊なアタッチメント（イワノフはこのミラー式アタッチメントを"ステレオノズル"（Stereo-Nozzle）と呼んでいた）（図 22.15 (b)）を取り付けて，35 mm 4 パーフォレーションフィルムにサイド・バイ・サイドで記録された．アタッチメントは2枚のミラーを斜めに組み合わせたもので，鏡の角度を変えることにより基線長をコントロールできるという仕組みだった．映写に関しても同様で，3枚のミラーを組み合わせたアタッチメント（図 22.15 (c)）を使い，1台のプロジェクタで立体映写した．

モスクワ劇場は 1941 年6月まで「Kontsjert」を上映し 50 万人の観客を集めたが，その後は閉鎖された．直接の原因は同年6月 22 日の独ソ戦争開始であったが，ステレオキノの技術的な問題も大きく影響した．それはまずパララックスバリアによる光量不足で，アーク灯を使って金属スクリーンに映写しても，まだ満足な明るさが得られなかった．さらには約 3:2 という縦長のアスペクト比が，人間の視野角に適合しないという問題もあった．

16. 戦後に復活したステレオキノ劇場[5,12]

戦争中も，ソ連の立体映画システムの開発は，NIKFI（全ソ映画写真研究所）によって続けられていた．その目的は，他の国（アメリカ，フランス，ドイツ，そして日本）と同様に軍事訓練用と思われ，詳しい情報は表に出ていないが，イワノフとアンドレヤウスキーは 1943 年にガラスでつくられたレンチキュラ式ラジアルラスターの試作を行っている．サイズは 110×70 cm で，放射状に 2,000〜3,000 本の細長い半円錐形レンズを並べた構造をしていた．

そして終戦後の 1947 年2月 20 日，戦前の「モスクワ劇場」の後継として，モスクワ市内の「ヴォストークキノ（Vostokkino）劇場」を改造した，220 席のステレオキノシアターがつくられた．そしてパララックスバリアに代わって，レンチキュラ式のラジアルラスター（図 22.16 (a)）が導入された．サイズは 3×3 m で，重量は 200 kg に達した．各レンズは上側が幅 3 mm，厚さ 8〜9 μm，下側が幅 1 mm，厚さ 4 μm であった．これにより約3倍の明るさが確保されたことから，プロジェクタには通常の光源が使用された．

最初に上映された作品は，長編の「ロビンソン・クルーソー」（Robinson Kruzo, 1947）（図 22.16 (b)）である．この作品のために，戦前に観客に不評だったアスペクト比を改善する目的で，特別な 35 mm フィルムが用意された．これは両脇の4つのパーフォレーションのうち，2つをなくして，その分だけ横一杯まで露光面を増やすというものである．音響はフィルムの中央（左右画面の間）に設けられた，光学式サウンドトラックから再生される設計になっていた．こういった改造によって，アスペクト比はほぼ正方形に落ち着いた．

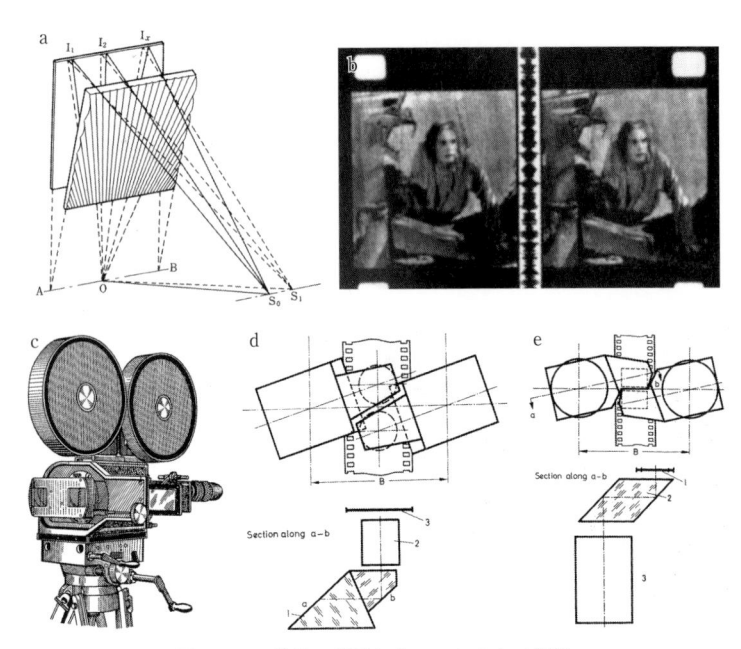

図 22.16 戦後に復活したステレオキノ劇場

(a) レンチキュラ式ラジアルラスターの原理，(b)「ロビンソン・クルーソー」(Robinson Kruzo, 1947)（監督：アレクサンドル・N・アンドリエフスキー．撮影：ドミトリー・スレンスキー．製作：ステレオキノ/トビリシス・キノスタジア (Tbilisi Kinostudia)．上映時間 1 時間 15 分．英語表記「Robinson Crusoe」．通常は画面の左端とパーフォレーションの間にあるサウンドトラックが，左右画面の間にあるのがわかる (Filmmuseum Muenchen 提供)，(c) PSK-S カメラ，(d) PSK-S カメラの光学ユニット，(e) KPT-32 プロジェクタの光学ユニット (a，c〜e は「Stereoscopy」[5]より掲載)

NIKFI では，続けて映像の質を高める努力もなされた．とくに問題となっていたのが，映写された画面が歪曲しかつ周辺がボケて見えるということで，これは撮影時のミラー式アタッチメントが原因と考えられた．またパーフォレーションが2つしかないため，プリントの負担が大きく，あまりに特殊なフォーマットのため海外輸出も不可能になっていた．

そこで 1952 年に，D・バーンシュタイン (D. Bernshtein) と A・G・ボルトヤンスキー (A.G. Boltyansky) らによって，2レンズ式の PSK-S カメラ（図 22.16 (c, d)）が開発された．このカメラの非常にユニークな点は，プリズムを通った左右の像が，35 mm フィルムの上下に並んだ2つのフレームに同時に記録されることである．つまり1つのフレームを上下に分割する通常のトップ＆ボトム方式とは違い，倍速でフィルムを駆動させ，左右のフレーム共に4パーフォレーションのスタンダードサイズに露光される．さらにこのカメラと同時に，2レンズ式プロジェクタ KPT-32（図 22.16 (e)）

も開発された．これは，PSK-Sカメラとよく似た光学アタッチメントを用い，2つのスタンダードサイズのフレームを，同時に投影することを可能にしていた．これならば通常の映画と互換性があり，2D作品としての配給も可能になる．このシステムを最初に用いた作品は，「V alleyakh parka」（意味：公園の小道で，1952）である．また「ヴォストークキノ劇場」も「ステレオキノ劇場」と改名され，スクリーンサイズも2.00×2.75 mになった．

1954年には，2館目となるステレオキノ劇場がキエフにオープンする．スクリーンサイズは3×4 mになり，クロストークの低減にも成功した．同時にシアターの設計にも改良が施されている．ただし"観客が自分でベストポジションを探し出し，鑑賞中ずっと頭を固定し続けなければいけない"という問題は解決されていなかった．そのため，立体鑑賞を補助するバイザーが考案された（「それなら最初からメガネを使用した方がよいのでは」という疑問は生ずるが，裸眼立体映画へのこだわりは一種の国策となっていた）．さらにステレオキノ劇場は，レニングラード，アストラハン，オデッサにつくられている．コンテンツは，1963年までに短編8本，長編12本が上映されたと確認されている．

17. ステレオ70 [4,5,13,15]

1965年には，新しく"ステレオ70"というシステムが，ボルトヤンスキーによって開発された．これは70 mm 5パーフォレーションのフィルムを左右に分割したサイド・バイ・サイド方式で，アスペクト比は1.37：1のスタンダードサイズになる（図22.17(a)）．

ステレオ70も，ある時期までは裸眼立体上映されていた．これが正確にいつまでだったかが不明確で，「1976年に廃止された」という説の他，1989年の段階で「いくつかの小さな都市では，まだ残っている」という未確認の証言もあった．これは筆者の推理であるが，ステレオ70のコンテンツリストを見ると，短編の「Osjennije etjudy kryma」（1973）と「Zdravstvuj, Sotii!」（1977），および長編の「Parad attraksionov」（1970）と「SOS nad tajgoj」（1976）の間隔が開いており，やはり1976年以降は偏光メガネでの公開のみになったのではないだろうか．

なお日本国内において，1970年に大阪で開催された日本万国博覧会のソ連館で，ステレオ70による裸眼立体映像上映（図22.17（b～e））が行われた．このとき，用いられたレンチキュラ式ラジアルラスターはサイズが4×3 mで，各レンズは上側が幅1.5 mm，下側が幅1 mmの透明ビニールでつくられた半円錐が，1,700本並んだものだった．上映作品は「Russkie etyudi」（1969），「Vaschu lapu, mjedvjedei !」（1969），「Net i da」（1968），「Tainstvennyj monakh」（1968），「Mosfilm」（制作年不明）などである．限定的な公開だったようで，万博の公式ガイドブックやソ連館のパンフレット（図

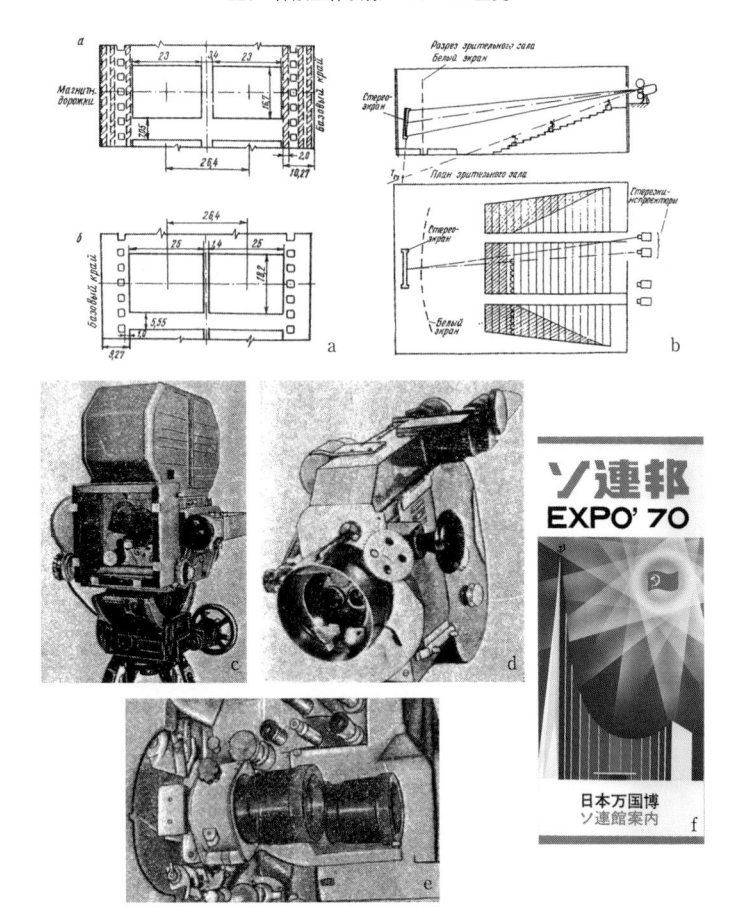

図 22.17 ステレオ 70

(a) ステレオ 70 のフィルム・フォーマット．上が映写用．下が撮影用（「Foundations of the STEREOSCOPIC CINEMA A Study in Depth」[13] より掲載，原図は N. A. Ovsjannikova, A. E. Slabova:Technical and technological principals "Stereo 70", Teknika Kino i Televidenia (1975)），(b) 日本万国博覧会・ソ連館におけるステレオ 70 の劇場，(c) ソ連館のコンテンツ撮影に用いられた，ステレオ 70 用カメラ 70SKD，(d) 同じくステレオ 70 用ハンドヘルド・カメラ 1KSSCHRU-D．通称 HAND-65，(e) ソ連館のステレオ 70 用プロジェクタ（b~e は「Selected Papers on Three-Dimensional Displays」[4] より掲載，原図は A. G. Boltyanskii, N. A. Ovsyannikova："Stereoscopic cinematography in the Soviet pavilion at Expo '70" Tekhnika Kino i Televideniya (1970)），(f) 日本万国博覧会・ソ連館のパンフレット（筆者所有）

22.17 (f))にも一切記載がなく，実際に見た人は非常に少ない．その 1 人である，元・東京大学先端科学技術研究センター初代センター長／工業技術院産業技術融合領域研究所初代所長の故・大越孝敬は，著書『三次元画像工学』[6] の中でソ連館におけるス

テレオ 70 の印象を,「眼の疲労が著しく,決して見やすいものではなかった.この時期に至るまで 2 眼式の立体映画の研究が続けられたことは,むしろソ連の特殊な国内事情(強力な推進者の存在)によったものと思われる」と記している.

1991 年 3 月に開催された米国のアカデミー賞授賞式では,NIKFI の立体映画開発に対し,技術貢献賞(Technical Achievement Award)を授けている.このことを伝えたソ連の映画テレビ技術誌 "Tjekhnika Kino i Tjeljevidjeniya"(1991.7)[14] では,「現在,連邦全土に 20 館以上のステレオ 70 劇場,35 mm 縮小版を上映する劇場が 20 館以上あり,さらに 1992 年末までに 15〜20 館の開館が予定されている.加えてフランス,フィンランド,ポーランド,ブルガリア,ルーマニアに開館し,東ドイツでは移動式ステレオ 70 劇場が複数のシアターで試みられた」とされている.なおこの記事でも,「現在は偏光メガネを採用」と記されている.ただし,この直後の 1991 年 12 月 25 日にソ連が崩壊し,実際の劇場建設がどうなったのかわからない.

18. ホログラフィ映画への挑戦

なお NIKFI では,ビクター・コマー(Victor Komar)教授を中心としたグループにより,1974 年からホログラフィ映画の研究も進められており,1976 年にはモスクワで開催された UNIATEC(International Cinematographic Associations Union)の会議で,最初のモノクロ映像が公開されている.そしてさらにコマーは改良を進め,1984 年には 5 分間のカラーホログラフィ映画にも成功した.

この成功を受けて 1986 年に,NIKFI とゴーリキー・フィルム・スタジオが共同で,短編ホログラフィ映画を制作する計画が始まった.これは 20 分間の人形アニメーション作品となる計画で,同時に 50 席からなる専用劇場の建設にも政府の認可が下りた.だが,ソ連は崩壊に向かっており,資金調達の問題で計画は頓挫してしまう.

1990 年代も後半に入って国内に落ち着きが戻ってくると,再びホログラフィ映画の企画が甦る.監督/脚本家/俳優のローラン・バイコフ(Rolan Bykov)は,ホログラフィ映画の商業劇場の建設と初の長編作品制作を企画し,資金を集め始めていた.だが,バイコフは 1998 年に突然亡くなってしまい,再び計画は幻に終わってしまった.

19. フランスの裸眼立体映画[16]

フランスでは,1934〜35 年にフランソア・サヴォア(François Savoye)という人物が,「シクロステレオスコープ」(Cyclostéréoscope)という裸眼立体映画システム(US Patent No.2,421,393)を実験している.これはスクリーンの周囲を円筒形のグリッドで囲み,モーターとチェーンを用いて回転させることで裸眼立体視を実現させるシステム(図 22.18(a))だった.映像はグリッドの外側下部から投影され,円筒内のスクリーンに反射し,グリッド上部を通過して観客の目に届く仕組みである.フィルムに

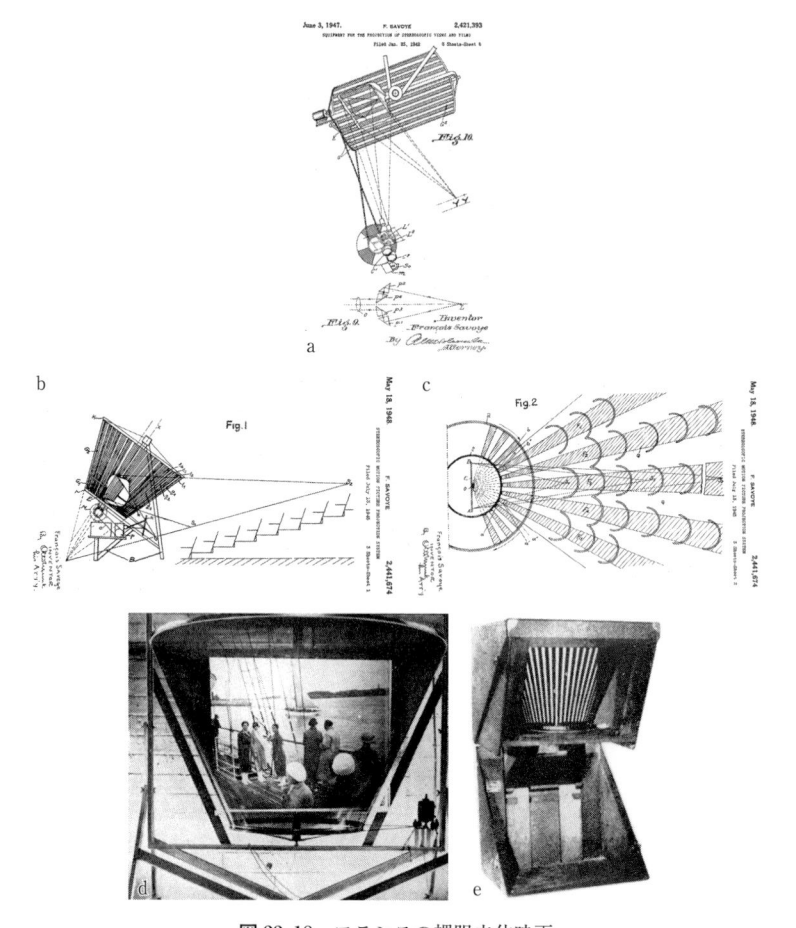

図 22.18 フランスの裸眼立体映画
(a) 初期のシクロステレオスコープ (US Patent No.2,421,393), (b) (c) 改良型シクロステレオスコープ (US Patent No.2,441,674), (d) クリシーパレスに展示されたシクロステレオスコープの映像, (e) 16 mm と 9.5 mm フィルム用シクロステレオスコープ (d, e は「Scenographie, Theatre-Cinema-Television」[16] より掲載)

はサイド・バイ・サイドで記録されており，下部グリッドの影と上部グリッドによる遮蔽で裸眼立体効果をもたらす．

　だがこれだけでは十分な視野が確保できなかった．そこでサヴォアは，上に広がった放射状にグリッドを張るシステムに変更し，多人数で鑑賞できるようにした（US Patent No.2,441,674）（図 22.18 (b, c)）．サヴォアは実際に，1945 年 9 月から 1946 年 10 月にルナパーク（遊園地）にデモ機（図 22.18 (d)）を設置して公開実験を行った．

円錐台型グリッドのサイズは上側が直径2.6 m，下側が直径1.3 mで，視野角はほぼ40°だった．

そしてサヴォアは1948年に，60人用システム（グリッド直径1.40 m，スクリーンサイズ1×0.75 m）と，30人用システム（グリッド直径1.05 m，スクリーンサイズ0.75×0.55 m），およびアマチュア映画制作者向けの小型システム（グリッド直径56 cm，スクリーンサイズ40×30 cm）を計画した．フィルムには16 mmと9.5 mmが用いられた．そして実際に，クリシーパレスの映画館において1953年に公開されたそうである．実際に鑑賞した人の感想では，頭の位置をあまり動かさなければちゃんと立体に見えたらしい．

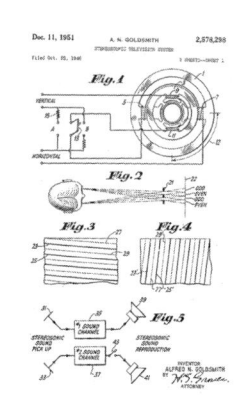

図 22.19 ゴールドスミスの裸眼3Dディスプレイ
（US Patent No.2,578,298）

20. 電子式3Dテレビの始まり

それでは電子系の裸眼立体映像は，いつから始まったのだろうか．それは意外に古く，第2次大戦後すぐの1945年の12月に，RCAのアルフレッド・N・ゴールドスミス（Alfred Norton Goldsmith）が，カラー，ステレオ音響，そして裸眼立体というきわめて先進的な3Dディスプレイのデモを行っている．表示技術は，フィールドシーケンシャル（走査線の奇数フィールドと偶数フィールドに，それぞれ左右の画面を当てはめる方式）で撮影して，パララックスバリアの裸眼3Dディスプレイに表示するというものだった（US Patent No.2,578,298）（図22.19）．

21. 日本における裸眼3Dテレビへの挑戦

国内における3Dテレビの開発は，NHK放送技術研究所（以下NHK技研）テレビ研究部の山口幸也と福島邦彦によって開始された．まず1960年に，スコープ式の簡易3Dディスプレイと，2種類の偏光フィルタ式ディスプレイが試作展示されている．その後1961年に，CRTとパララックスバリアを組み合わせた裸眼ディスプレイ[17]が試作されたが，それ以上の開発が進められることはしばらくなかった（図22.20（a））．

1985年には，松下電器産業（現パナソニック）が5視点（5台のCRTでリアプロジェクション）からなるダブルレンチキュラ式（2枚のレンチキュラ板を張り合わせた構造）の裸眼3Dテレビ（図22.20（b, c））[19]を試作し，科学万博－つくば'85の松下館に展示した．サイズは14インチ，解像度は300TV本，最適視距離75～150 cm，立体

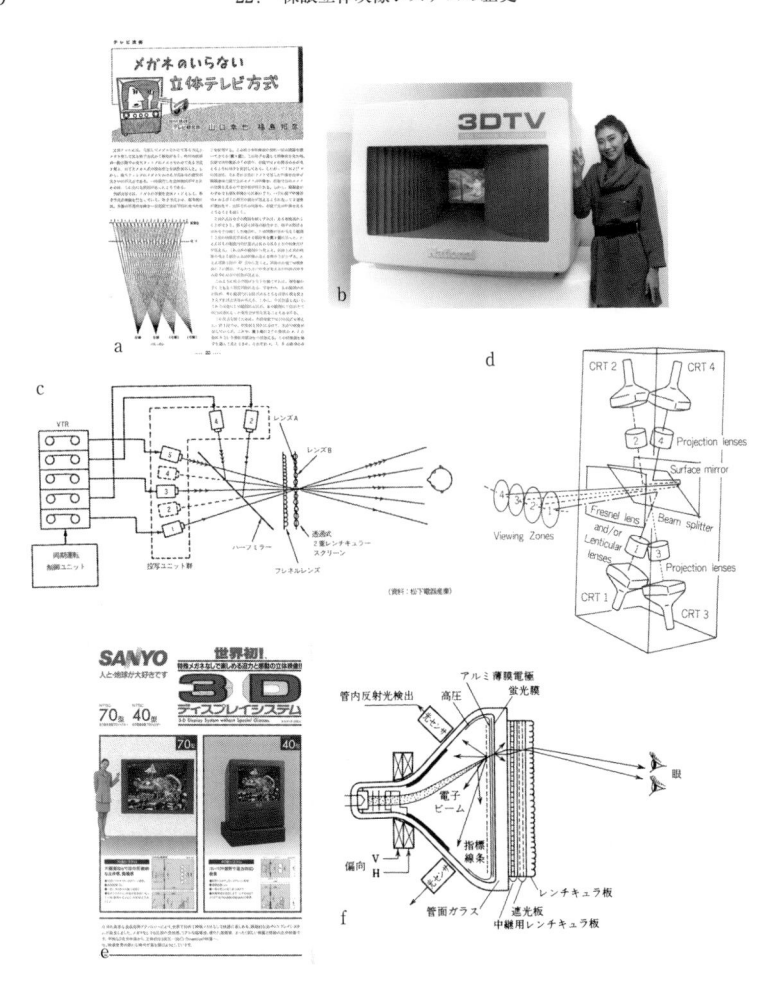

図 22.20　日本における裸眼 3D テレビへの挑戦
(a)「メガネのいらない立体テレビ方式」(テレビ技術 (1961.9)[17] より掲載)，(b) 松下電器産業の裸眼 3D テレビ，(c) 松下電器産業の裸眼 3D テレビの原理図，(d) ソニーの Makyo システム，(e) 三洋電機の裸眼 3D ディスプレイ・システムのカタログ，(f) CRT による直視式裸眼 3D ディスプレイ (「これからの画像情報シリーズ 7 三次元映像」[18] より掲載)

視認角 16°となっている．コンテンツは，弥生時代の高床式住居の構造をトーヨーリンクス制作の CG で再現した「メガネなし立体テレビで体験する古代のくらし」が上映された．

またソニーも，4 視点 (4 台の CRT でリアプロジェクション) のレンチキュラ式裸眼 3D テレビ「Makyo システム」(図 22.20 (d))[19] を試作している．

三洋電機は1993年に，NHKエンジニアリングサービスや凸版印刷と共同で，裸眼3Dディスプレイ（図22.20（e））を開発した．これは2視点（2台のCRTでリアプロジェクション）のレンチキュラ方式で，70インチ（980万円）と40インチ（500万円）があり，業務用であるが世界初の裸眼3Dディスプレイ製品となった．

リアプロジェクション式の裸眼3Dディスプレイは，どうしても筐体が大きくなる．そこで1987年に東京大学生産技術研究所の濱崎襄二と岡田三男が，高解像力モノクロCRTの表面に，直接レンチキュラ板を取り付けた8眼式ディスプレイ[18,19]を試作している．しかし，そのままでは画素の位置決めが安定しないため，ブラウン管内にセンサを取りつけ偏向直線性を維持していた．このようにCRTによる直視式の裸眼3Dディスプレイは複雑な構造になってしまう．

22. フラットパネルによる裸眼3Dディスプレイ

NHK技研では，いくつかのフラットパネルを用いた裸眼3Dディスプレイが提案されてきた．1988年に，プラズマパネルにレンチキュラ板を組み合わせたディスプレイ[18,19]が試作され，1992年にはバリアの幅や形状をダイナミックに可変できる液晶パララックスバリア方式（図22.21（a））[20]が発表されている（US Patent No.5,315,377）．

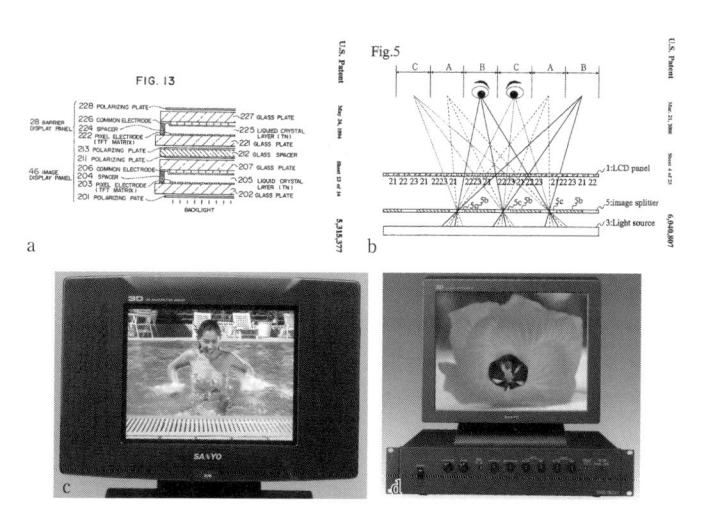

図22.21 フラットパネルによる裸眼3Dディスプレイ
(a) NHK技研の液晶パララックスバリア方式裸眼3Dディスプレイ（US Patent No.5,315,377），(b) 三洋電機の裸眼3D液晶ディスプレイ（US Patent No.6,040,807），(c) 三洋電機10インチ裸眼3D液晶ディスプレイ，(d) 三洋電機ダブルイメージスプリッタ方式15インチ裸眼3D液晶ディスプレイ（c, dは同社カタログより掲載）

またNTTも1989年に，携帯電話向けの6型TFT液晶とレンチキュラ板による裸眼3Dディスプレイ[18,19]を試作している．このシステムは，観察者の頭の位置を赤外線センサで検出し，映像の左右を切り替えて逆視を防ぐヘッドトラッキング機能をもっていた．

三洋電機は1994年に，裸眼3D液晶ディスプレイ（US Patent No.6,040,807）（図22.21（b））を製品化している．これは，液晶パネルとバックライトの間にパララックスバリア（同社はイメージスプリッタと呼ぶ）を挟んだ構造をしており，10インチ（図22.21（c））の他，6型と4型が発売された[21]．

さらに同社は，観察者の頭の位置による輝度の変化やクロストークを防ぐため，2枚のパララックスバリアで液晶パネルを挟んだダブルイメージスプリッタや，CCDカメラによるヘッドトラッキング機能を搭載した15インチディスプレイ（図22.21（d））を，1997年に業務用として発売した[21]．

23. シャープの取り組み

シャープは2002年に，2D表示と3D表示を切り替えられるTFT液晶ディスプレイの開発に成功した．これはパララックスバリア（同社は視差バリアと呼ぶ）方式を応用したもので，連続する垂直方向のスリットを通して細いストライプ状に並んだ左右の画像を見ることにより，スリットと目の角度の差に応じて左右それぞれに異なる映像が目に届き裸眼立体視を実現させるものである．シャープは，独自にバリアの役目を果たす「スイッチ液晶」を開発した．これをTFT液晶パネルと組み合わせることで，3Dモード時にスイッチ液晶がスリットをつくり，バックライトを遮ることで電気的に視差バリアのON/OFF制御を可能にした．

同社はこれの応用製品として，2002年11月に2.2型（176×220画素）の2D/3D液晶パネルを採用したカメラ付き携帯「ムーバSH251iS」（図22.22）を発売した．特徴は，カメラ（1レンズ）で撮影したりダウンロードした静止画像を，2D/3D変換機能で立体化するマーキュリーシステム社の3Dエディタを搭載していたことである．2003年6月には2.4型（240×320画素）に画面サイズを上げた「ムーバSH505i」も発売している．

さらに2003年10月にはノートPC「Mebius PC-RD 3D」，2004年1月に「Mebius PC-RD1-3D」，同年6月に液晶モニタ「LL-151D」，2005年3月に「Mebius PC-AL 3DH」を発売している．どれも15型（1024×768画素）の2D/3D液晶パネルを用いていた．「AL 3DH」に

図22.22 携帯電話ムーバSH251iS（筆者所有）

は，DDD社が開発した2D/3D変換機能をもつソフトウェア「TriDef DVD Player」がバンドルされていた．

このようにシャープの2D/3D液晶パネルは，世界に先駆けた製品となったが，2006年には一度市場から撤退した．成功しなかった原因として「2種類の液晶を重ねているためモジュールが厚くなる」，「視差バリアのため解像度や明るさが半分になる」，「3D表示が横方向にしか対応していない」などの要因があげられている．しかし失敗の最大の理由は，提供されたのがハードウェアだけであり，コンテンツを伴っていなかったことにあると思われる．それを補っていたのが2D/3D変換機能だったわけだが，リアルタイム処理には限界があり，製品としての魅力には乏しかった．これは三洋電機と共通する理由といえる．

なおシャープは，2010年4月に大幅に改良した3D液晶を発表した．これは，輝度を以前の2倍にあたる500カンデラまで引き上げ，解像度も従来は64～83 ppi（3D表示時）だったものを120～165 ppiまで向上させている．さらに，タッチパネルをスイッチ液晶と一体化させ，通常のタッチパネル付き液晶と同等の薄さを実現させた．また，「新視差バリア技術」により，画面を縦にしても横にしても3D表示を可能にした．

同社はこの技術を，NTTドコモの「LYNX 3DSH-03C」(2010)，「AQUOS PHONESH-12C」(2011)，ソフトバンクモバイルの「GALAPAGOS 003SH」(2010)，「GALAPAGOS 005SH」(2011)，「AQUOS PHONE006SH」(2011)，auの「AQUOS PHONE IS12SH」(2011)，「AQUOS PHONE IS11SH」(2011)などのスマートフォンに搭載した裸眼3D液晶に用いている．

さらに，任天堂の携帯型ゲーム機「ニンテンドー3DS」(2011)に使用されている裸眼3Dパネルもシャープ製だといわれている（正式には未発表）．このように開発から10年近くを経て，ようやく軌道に乗ってきたといえよう．

24．富士フイルムのデジタル裸眼立体カメラ

2009年に富士フイルムは，3DデジタルカメラFinePix REAL 3D W1（図22.23(a)）を発売した．光学3倍ズームが可能な2レンズ式で，基線長（ステレオベース）を77 mmと広めに設定している．CCDの有効画素数は約1,000万で，撮影と同時に3D合成処理が行われ，背面の2.8インチ液晶モニタで立体感の確認を可能にしている．この背面モニタは，バックライトを，左眼，右眼それぞれに向けて高速に切り替え照射するライトディレクションコントロールシステムが採用されており，裸眼での立体視を実現させている．さらにVGA（640×480）の3D動画が記録できる機能も備えている．撮影された写真は，パララックスバリア方式のビュワーFinePix REAL 3D V1を用いるか，レンチキュラ方式の3Dプリントを焼いて裸眼立体鑑賞することができる．

図 22.23 富士フイルムのデジタル裸眼立体カメラ
(a) 富士フイルム FinePix REAL 3D W1 のカタログ，(b) 富士フイルム FinePix REAL 3D W3 のカタログ

　2010年に富士フイルムは，新たに FinePix REAL 3D W3（図 22.23（b））を発表した．これは動画の解像度を HD（1280×720）に高め，HDMI 1.4 のケーブルを介して3Dテレビにつなぐことを可能にした．また背面の液晶モニタも 3.5 インチのレンチキュラ式に変更になっている．

25．ニューサイト

　2002年にドイツで開業した 4D-Vision GmbH は，ゲームと教育用分野に眼鏡式立体映像システムを提供する企業としてスタートしたが，やがて裸眼3D映像システムへ開発の中心を移していく．4D-Vision GmbH は，2003年に X 3D Technologies Corporation に買収された．X 3D社は，ドイツ・イエナに拠点を置く裸眼3Dディスプレイと専用ソフトウェアを開発する企業で，Opticality Corporation/X 3D Technologies というブランドネームで，独自開発の色分解フィルタ（Wavelength Selective Filter Array）による画素配列と，斜めパララックスバリア技術を売りにした会社として世界に知られるようになっていく．これは，横方向には8サブピクセルごとに1つのスリットを配置し，縦方向には1サブピクセルごとにずらしながらスリットを配置している．つまり，画像分解能を横 1/2.6，縦 1/3 に落とすように8視差を分解している．

　Opticality Corporation/X 3D Technologies は，日本のネプラス社と提携し，2005年に開催された愛・地球博の長久手日本館に，「ジオスペース」というシステムを納入した．これは50インチのパララックスバリアスクリーンに DLP でリアプロジェクションするユニット（ドイツ Eyevis 社製をベースに開発）を12台組み合わせ，180インチ（4,079×2,286 mm）というサイズを実現させた MultiView 3D video wall というシステムであった．

Opticality Corporation/X 3D Technologies は，2005 年 8 月 31 日に事業を再構成すると発表し，米ニューヨークの Newsight Corporation とドイツ・イエナの Newsight GmbH が正規継承会社として生まれ，日本では 2008 年 6 月に日本法人「株式会社ニューサイトジャパン」が設立された．しかし，リーマンショックの影響で米国本社の経営状態が悪化し，米国とドイツの Newsight は廃業．ニューサイトジャパンのみが完全独立して，現在もデジタルサイネージ分野を中心に事業活動を行っている．現在の主力商品は，82 型裸眼 3D 液晶ディスプレイで，フル HD，8 視差，視野角 120°のパララックスバリア方式を採用している．不快なモアレやギラつきの発生もなく，非常に自然な裸眼立体視が特徴といえる．

26. フィリップス～ディメンコディスプレイ

オランダのフィリップス（Royal Philips Electronics）社は，2006 年に 20 型と 42 型の裸眼 3D 液晶ディスプレイを発売した（図 22.24）．これは，独自開発のレンチキュラ方式を採用したもので，斜めにレンチキュラスクリーンを張り，横方向は 1.5 画素ごと，縦方向は 6 画素ごとに 1 つのレンズピッチになるようにして，9 視差を得ている．

大きな特徴として，入力の信号形式が 2D +Depth という独自フォーマットになっていることがある．つまり 2D 画像に対し 256 階調で奥行き情報を記録したデプスマップを用いて，ディスプレイ内部の画像処理プロセッサ「IC3D」でリアルタイムの 2D/3D 変換処理が行われている．2D 画像とデプスマップは横方向に 1/2 に圧縮されているため，42 型（1,920×1,080 画素）で 3D 解像度は 960×540 画素となる．つまり通常の 2D 画像と同じ容量のデータで，9 視点分の画像が得られることになる．

問題は，いかにしてデプスマップを制作するかということにある．CG であれば，デプスバッファの画像を記録していけば問題ないが，実写の場合は 1 フレームずつハンドペイントする必要がある．そのためフィリップス社は，2007 年 6 月にセミオートマチック 2D/3D 変換機能を発表した．これは最初の 1 フレームのみ人手でデプスマップを作成するだけで，後は同一カット内であれば自動的に奥行き情報が維持されるというシステムであった．

なお，2009 年にフィリップス社は裸眼 3D ディスプレイから撤退し，国内の販売代理店である日商エレクトロニクスと同社のグループ会社であるエヌジーシーも，2009 年 6 月 30 日をもって販売を終了した．その後 PHILIPS 3D ディスプレイの開発メンバーは，独立してベンチャー企業ディメンコディスプ

図 22.24 フィリップス社の 42 型 WOW Model：42-3D6W01/00

レイ（Dimenco Displays）社を立ち上げた．

ディメンコ社では，新たに52型のレンチキュラ式液晶ディスプレイを開発した．視点数を28に増やし，より自然で連続的な表示を可能にした．28視点分の映像は，旧製品と同様にIC 3Dを用いて，2D＋Depth情報から3D変換して作り出される．日商エレクトロニクスとエヌジーシーは，2011年5月23日にディメンコ社の国内での販売代理店契約を締結したと発表した．

参 考 文 献

1) Gaspar Antoine de Bois-Clair-Robert Simon Fine Art, http://www.robertsimon.com/pdfs/boisclair_portraits.pdf
2) http://etudesphotographiques.revues.org/index246.html
3) R. Zone（2007）：Stereoscopic Cinema and the Origins of 3-D Film, 1838-1952 University Press of Kentucky
4) S. A. Benton 編（2001）：Selected Papers on Three-Dimensional Displays, SPIE Press Book
5) N. A. Valyus（1966）：Stereoscopy, Focal Press
6) 大越孝敬（1991）：三次元画像工学，朝倉書店
7) http://www.didik.com/vv_his.htm
8) 山田千彦（2009）：物語レンチキュラ板三次元ディスプレイの開発，自費出版
9) 山田千彦（2002）：レンチキュラ板三次元画像表示技術の基礎，自費出版
10) J. B. Kaiser（1955）：Make Your Own Stereo Pictures, The Maximilian Company
11) http://en.wikipedia.org/wiki/Nimslo
12) シュテファン・ドレスラー（2011）：「3D映画小史（上）」NFCニューズレター第98号，東京国立近代美術館フィルムセンター
13) Lenny Lipton（1982）：Foundations of the STREOSCOPIC CINEMA A Study in Depth, Van Nostrand Reinhold Company
14) 長田昌次郎訳（1992）：「ソビエットの立体映画アメリカ映画オスカ賞を受賞」，原文 "Soviet Stereoscopic Cinema Receives An Award of the US Cinema Academy" Tjekhnika Kino i Tjeljevidjeniya；(1991)，3D映像，**6**(1)，92-98
15) http://www.stereokino.ru/
16) Jacques Polieri（1963）：Scenographie, Theatre-Cinema-Television, Jean-Michel Place
17) 山口幸也，福島邦彦（1961）：メガネのいらない立体テレビ方式，テレビ技術，**9**，32-34

18) 稲田修一編（1991）：これからの画像情報シリーズ7 三次元映像，昭晃堂
19) 増田千尋（1990）：ディスプレイ技術シリーズ3次元ディスプレイ，産業図書
20) 泉武博監修/NHK放送技術研究所編（1995）：3次元映像の基礎，オーム社
21) 志水英二，岸本俊一（2000）：ここまできた立体映像技術―究極のディスプレイをめざして，工業調査会

23. 資料編

関連文献（執筆者，発刊年，書名，発行所，解説）
【邦書】
1) 大越孝敬 (1977)：『ホログラフィ』，電子通信学会
2) 大越孝敬 (1991)：『三次元画像工学』，朝倉書店
   旧版「三次元画像工学」（産業図書，1972）を改訂・増補してその後筆者が英訳して"Three-Dimensional Imaging Techniques"（Academic Press, 1976）を出版した後に，さらに改訂されて刊行されたのが本書である．
3) 安居院猛，中嶋正之，羽倉弘之 (1985)：『ステレオグラフィックス＆ホログラフィ：ザ3D　THE THREE DIMENSIONS』，産業報知センター，後に秋葉出版
4) 樋渡涓二編著 (1987)：『視聴覚情報概論』，昭晃堂
5) 増田千尋 (1990)：『3次元ディスプレイ』，産業図書
6) 辻内順平，羽倉弘之編著 (1990)：『ホログラフィックディスプレイ』（ディスプレイ技術シリーズ），産業図書
7) 稲田修一編著 (1991)：『三次元映像』，昭晃堂
8) 泉　武博監修，NHK放送技術研究所編 (1995)：『3次元映像の基礎』，オーム社
9) 林部敬吉 (1995)：『心理学における3次元視研究』，酒井書店
10) 久保田敏弘 (2010)：『新版ホログラフィ入門―原理と実際』，朝倉書店
11) 伊藤裕之 (1996)：『奥行運動による3次元構造の知覚』，九州大学出版会
12) 辻内順平ほか (1997)：『ホログラフィー』（物理学選書），裳華房
13) 井上　弘 (1999)：『立体視の不思議を探る』，オプトロニクス社
14) 日本視覚学会編 (2000)：『視覚情報処理ハンドブック』，朝倉書店
15) 原島　博監修，元木紀雄，矢野澄夫編 (2000)：『3次元画像と人間の科学』，

オーム社

16) 画像電子学会3次元画像用語事典編集委員会編 (2000)：『3次元画像用語事典』，新技術コミュニケーションズ
17) 志水英二，岸本俊一 (2000)：『ここまできた立体映像：究極のディスプレイを目指して』，工業調査会
18) 山田千彦 (2002)：『レンチキュラー板三次元画像表示技術の基礎』，万能書店
19) 河合隆史ほか (2003)：『次世代メディアクリエータ入門［1］立体映像表現』，カットシステム
20) P. ハリハラン著，吉川 浩，羽倉弘之監訳 (2004)：『ホログラフィーの原理（Basics of Holography）』，オプトロニクス社
21) Doug A. Bowman et al. 著，松田晃一ほか訳 (2005)：『3Dユーザインタフェース』，丸善
22) 尾上守夫，池内克史，羽倉弘之編 (2006)：『3次元映像ハンドブック』，朝倉書店
23) 佐藤 誠，佐藤甲癸，橋本直己，高野邦彦 (2006)：『三次元画像工学』，コロナ社
24) 産業開発機構 (2007)：映像情報インダストリアル増刊号『まるまる！立体映像BOOK』
25) 辻内順平監修 (2008)：『ホログラフィー材料・応用便覧』，エヌ・ティ・エス
26) 羽倉弘之監修 (2008)：『立体視テクノロジー：次世代立体表示技術の最前線』，エヌ・ティ・エス
27) 本田捷夫監修 (2008)：『立体映像技術：空間表現メディアの最新動向』，シーエムシー出版
28) 林部敬吉 (2009)：『「視る」を科学する―視ることから知ることへ―』，ブイツーソリューション
29) Bernard Mendiburu (2009)：『3D映像制作―スクリプトからスクリーンまで，立体デジタルシネマの作り方』，ボーンデジタル
30) ふじわらロスチャイルドリミテッド企画・調査・編集 (2010)：市場調査報告書「3Dの新たな波と将来像：AV民生展開の動向と今後の予測2010」

31) 本田雅一（2010）:『インサイド・ドキュメント「3D世界規格を作れ！」』，小学館
32) 河合隆史ほか（2010）:『3D立体映像表現の基礎：基本原理から制作技術まで』，オーム社
33) 3Dコンソーシアム安全部会（2010）:『3DC安全ガイドライン改訂版』，http://www.edc.gr.jp/jp/scmt_wg_rep/guide_index.html
34) 写真工業出版社（2010）:ビデオ $α$11月号別冊『3D映像制作ガイドブック』
35) ワークスコーポレーション（2010）:CGWorld＋digitalvideo Vol. 139『立体映像の大原則』
36) 石川憲二（2010）:『3D立体映像がやってくる：テレビ・映画の3D普及はこうなる』，オーム社
37) 日経エレクトロニクス編（2010）:『3Dのすべて』，日経BP社
38) 村瀬孝矢（2010）:『3D時代の薄型ディスプレイ高画質技術—液晶・プラズマ・有機ELの技術革新』（電子機器基本技術シリーズ），誠文堂新光社
39) 麻倉怜士（2010）:『パナソニックの3D大戦略』，日経BP社
40) 渡辺昌宏，深野暁雄（2010）:『3Dの時代：3Dは，次の10年をどう変えるのか？』，岩波書店
41) 原島　博監修，映像情報メディア学会編（2010）:『超臨場感システム』，オーム社
42) 池内克史，大石岳史（2010）:『3次元デジタルアーカイブ』，東京大学出版会
43) 宮島英豪（2011）:『よくわかるS3D映像制作：実例から学ぶ立体視の作り方』，ワークスコーポレーション
44) 麻倉怜士（2011）:『素晴らしき3Dの世界』，アスキー・メディアワークス
45) 七丈直弘，羽倉弘之編（2011）:『S3D制作の基礎と応用：実写からアニメまで』，非売品
46) 町田　聡，関谷隆司，深野暁雄（2011）:『はじめての3D映像制作』，オーム社
47) 渡辺昌宏監修（2011）:『3Dマーケティングがビジネスを変える：3D映像/3Dテータ/メタバース/AR/位置情報』，翔泳社
48) キネマ旬報映画総合研究所編（2010）:『3Dは本当に「買い」なのか』，キ

ネマ旬報社
49) 林部敬吉（2011）：『3 次元視研究の新展開』，酒井書店

【洋書】

1) Michael Starks（1998）："Stereoscopic Imaging Technology", 3DTV Corporation
2) Stephen A. Benton（2000）："Selected Papers on Three-Dimensional Displays", SPIE Milestone Series, SPIE Press および Society of Photo Optical（2001）
3) P. Hariharan（2002）："Basics of Holography", Cambridge University Press
4) Doug A. Kruijff *et al.*（2004）："3D User Interfaces：Theory and Practice", Addison-Wesley Professional
5) Ray Zone（2007）："Stereoscopic Cinema and the Origins of 3-D Film 1838〜1952", The University Press of Kentucky
6) Daniel Minoli（2010）："3D TV Content Capture, Encoding and Transmission：Building the Transport Infrastructure for Commercial Services", Wiley
7) Daniel Minoli（2010）："3D Television（3D TV）Technology, Systems, and Deployment：Rolling Out the Infrastructure for Next-Generation Entertainment", CRC Press
8) Jeffrey A. Okun, Susan Zwerman 編（2010）："The VES Handbook of Visual Effects：Industry Standard VFX Practices and Procedures", Focal Press
9) Levent Onural（2010）："3D Video Technologies：An Overview of Research Trends", SPIE Press Monograph, Society of Photo Optical
10) Kevin Roebuck（2011）："3D Television：High-Impact Emerging Technology-What You Need to Know：Definitions, Adoptions, Impact, Benefits, Maturity, Vendors", Tebbo
11) LLC Books ed.（2011）："3D Imaging：Holography, Wire-Frame Model, Society of Motion Picture and Television Engineers, Imax, 3-D Film, Kinect, 3D Scanner",（Source Wikipedia）, LLC Books, Books Group
12) Bernard Mendiburu（2011）："3D TV and 3D Cinema：Tools and Proces-

ses for Creative Stereoscopy", Focal Press
13) Keith Fredericks (2011)："The Future of 3D Media：Bringing Stereoscopic 3D to Consumers", 自費出版
14) Ernst Lueder (2012)："3D Displays", Wiley Series in Display Technology
15) Manfred Buchroithner (2012)："True-3d in Cartography：Autostereoscopic and Solid Visualisation of Geodata", Lecture Notes in Geoinformation and Cartography
16) Ray Zone (2012)："3-DIY Stereoscopic Moviemaking on an Indie Budget", Focas Press
17) Max Hemmon, ed. (2012): "s3D NOW! A Stereoscopic Experiment for Film and TV", Schiele & Schön

索　引

数　字

1光束ホログラム　18

2D/3D 変換　4
2D＋Depth　231
2眼式　77,84
2光束法　18
2像式　45,47,51
2変化画像　201
Ⅱ方式　83
2面コーナーリフレクタ　139
2面コーナーリフレクタアレイ　139

3D アダプタ　135
3D インフォメーションキオスクシステム　185
3D オプトメータ　194
3D デジタルアンビエント　184
3D デジタルカメラ　186
3D デジタル広告　182
3D デジタルサイネージ　177,178
3D デジタルフォトフレーム　185, 186

欧　文

BIFCOM 2007　2

CG　106
CRT　225

DCRA　139
DFD（Depth Fused 3D）　116
Dimension 3　2
DLP　230
Donders' Line　198

EL　119

fMRI　195,198
FPD（Flat Panel Display）　111

GPU（Graphic Processing Unit）　113
GRIN レンズ　98

IEEE　2
International 3D Society　2
IP　89

JPEG　186

laser　122
LCD（パネル）　70,83

MEG　196,198
Motion JPEG　186
MTF　95

NAB　2
NHK 放送技術研究所　225
NICT　187
NIKFI（全ソ映画写真研究所）　219
NIMSLO 3D　214
NIRS　196,198

OOH（Out Of Home）メディア　178

PC データ　61
Percival の快適視域　198
PET　196,198

RDS　13

SD 法　196,199
SHV　100

SID　2
SIGGRAPH　2
SPIE　2
SVFX　4

UV 硬化樹脂　43

Vari-Vue　209
VEP　195
VFX　5
voxel　150
VR　4

Z バッファ法　114

ア　行

アイヴス，F. E.　201
アイヴス，H. E.　204
アイキャッチ　159
アスペクト比　219
アナグリフ方式　87
アニメーション　71
アバター（Avatar）　1
アンダーソン，V. G.　209

一対比較法　196,199
移動小凹面鏡法　206
異方性拡散　145
イメージスプリッタ　228
イメージセンサ　169
イメージ・テクノロジー・インターナショナル　215
色モアレ　28
違和感　39
イワノフ，S. P.　203
インクジェット方式　61
印刷物　119
インタラクティブ　107,180
インテグラルイメージング　97

索引

インテグラルイメージング方式　83
インテグラル式　97
インテグラルフォトグラフィ　89, 203
インテグラルフォトグラフィ方式　16
インテグラル方式　97
インテグラル立体テレビ　89, 97
インデックス方式ブラウン管　69

ウィンキー　209
運動視差　10, 30, 77, 83, 92, 118

映像コンテンツ　132
液晶（カラーフィルタレスの）　119
液晶ディスプレイ　126
液晶パネル　33
液晶パララックスバリア方式　227
エスタネイヴ, E.P.　203
円環状視域　144
遠近法　11
エンダーグラフ　213
エンダー・メタル・プロダクツ　213
遠点　194
円筒型3Dディスプレイ　66
円筒（回転スクリーン）投影立体表示方式　23
凹面（放物）鏡画像方式　20
大型弱視鏡　197
大阪3D協会　217
奥行き再現性　50, 50, 58
奥行き制御レンズ　98
奥行き標本化方式　17
奥行き方向　132
奥行き融合型3次元　116
オートステレオグラム　13

カ行

開口部　35
解像度　28
解像力（合成時の）　61
過観察距離　48
可干渉性　18
書き割り効果　190
額縁効果　192

仮想現実感　4
画像処理　32
画像ピッチ　61
画素ずらし　101
画素ピッチ　33
片面レンチキュラスクリーン　55
カノルト, C.W.　203
ガボール, D.　18
画面サイズ　50
ガラス基板　33
カラーフィルタレスの液晶　119
カラーホログラム　168
眼位　197
眼間距離　35
観察側レンチキュラ板　56
観察距離　57
観察領域　25
干渉縞　162
眼精疲労　5, 189
眼疲労　188
擬似3D化　174
基線長　219
輝度比多重表示方式　23
希土類錯体　148
逆視　20, 25
逆立体視領域　46
キャメロン, J.　1
鏡映像　171
共同印刷　213
虚像　78
虚像系空間映像　156
銀塩乳剤　165
近点　194

空間映像　5, 154
空間周波数　94
空間像形成　17
空間像の厚み　155
空間像方式　111
くさび形の視野　134
屈折スクリーン方式　23
屈折率　34
屈折率分布レンズ　98
グラディエントインデックス板　74
クロストーク　33, 62, 83, 86, 126, 190

クロストーク像　168
黒眼検出　32

計算機ホログラム　165
系列範疇法　196, 198
結像　79
結像スクリーン方式　20
限界解像度　93
顕微鏡撮影　65

光学素子　144
航空写真　65
交差法　13
広視域　29
合成時の解像力　61
光線空間　85
光線群　78, 144
光線再生法　77
光線本数　85
固体内発光方式　20
固定大凹面鏡法　206
固定大レンズ法　204
ゴニオメータ　65
コヒーレンス　18
コミュニケーションツール　143
ゴールドスミス, A.N.　225

サ行

再帰性反射表示方式　23
最大視差　58
最適厚さ　44
最適観察距離　33, 36, 46, 47, 50
サイド・バイ・サイド　217
サイネージ　109
錯視　174
サークル　72
撮影間隔　60
撮影時の横移動量　60
サブ画素　28
三遠法　11
参照光　162
散瞳　194

視域　83, 84, 95, 144
視域測定　37
視覚
　――の学習効果　155

索 引

——の生理的要因　132
視覚効果　5
視覚特性　174
視覚疲労　188
視覚誘発電位（VEP）　195
直刷り　52,62
軸外結像　141
シクロステレオスコープ　223
視差　24,58,60,143
視差画像　30,80
視差合成　32
視差数　29,85
視差バリア　228
実世界インタフェイス　87
実像　79
実像系　157
実物との隣接効果　155
視点　81
視認性　134
時分割表示　127
写真乳剤　52
視野（くさび形の）　134
視野闘争　36,190
集光　35
集光特性　44
集光領域　36,37
集光レンズ　98
主観的評価　38
縮瞳　194
シュードスコピック　164
主ローブ　46
瞬目　194
焦点距離　44
焦点深度　192,197
焦点調節　118
情報通信研究機構（NICT）　186
照明装置（背面の）　54
正面投写式　52
心電図　194
心拍数　195

スイッチ液晶　228
スキャンバックライト方式　126
スタジオカメラ　62,211
ステレオ70　221
ステレオカメラ　62
ステレオキノ　217

ステレオグラム　171
ステレオ撮影　58
ステレオ写真　12,171
ステレオノズル　219
ステレオフラットフィルタ　173
ステレオレンズフィルタ　173
ストライプ状マスク　61
ストレスホルモン　196
スネルの法則　34
スーパーハイビジョン　100,101
スマートフォン　132
スリット開口率　27
スリットミラーアレイ　140

生物の眼　8
正立体視領域　46
生理的奥行き知覚　118
赤外線　123
線遠近法　11
線透視図法　11
全方向視差　93

像数　50
ソコロフ，A.P.　203

タ 行

大口径凹面鏡　20,130
大口径カメラ　62,63
大口径凸レンズ　128
体積走査方式　17
体積表示　122
体積表示型　148
大日本印刷　213
多眼式　84,111
多眼式パララックス法　80
多眼像表示　128
多眼（表示）方式　19,120
多視点方式　19
多重像　62,86
多像式　45,47,51
タッチパネル　108,180
ダブルイメージスプリッタ　228
ダブルポートレート　201
ダブルレンチキュラ　225
ダブルレンチキュラスクリーン　16
単眼横移動式多像撮影カメラ　64

チェンジ　68
チェンジピクチュア　70
超広角　65
調節　105,154
調節微動　194
調節-輻輳矛盾　192
超多眼像表示　127
超望遠　65
直視型　51
直接記録　43
直交レンチキュラ板　67

手描きアニメ　136
手書き3次元画像　12
テクノストレス眼症　194,198
デジタルサイネージ　109,177
デジタルポスター　185
デプス画像　114
デプスマップ　231
デプソグラフ　207
テーブルトップ　143
電子合成　61
電子ホログラフィ　168
点像　78
デ・モンテベロ，R.L.　204

透過拡散面　55,56
透過式　51
洞窟壁画　10
投写型　51
投写側レンチキュラ板　56
特殊視覚効果　4
特殊スクリーン系　158
凸版印刷　211
トップ＆ボトム方式　220
トップステレオ　211
ド・ボワ＝クレール，G.A.　201
トラッキング　28

ナ 行

ナイキスト限界　94
内斜視　197
斜めパララックスバリア　230
ニシカ　215
二重鏡面スクリーン　206
ニムスロ・カメラ社　214

索引

熱可塑性樹脂 43

脳内活動図 195
脳内電位 195
脳内リゾート開発事業団（ステレオオタク学会） 217
脳波 195
覗き眼鏡 11

ハ 行

背面投写式 52
背面投写スクリーン 74
背面の照明装置 54
白色光再生ホログラム 167
箱庭効果 190
パースペクティブグリル 217
パースペクティブラスター 217
バーチャルな点光 144
バーチャルリアリティ 4
バックライトスキャニング 126
バックライト分配方式 128
バックライト方式 23
ハーフミラー 132
パラボラ方式 20
パララックス 24
パララックスステレオグラム 14, 203
パララックスパノラマグラム 14, 203
パララックスバリア（方式） 13, 24, 201
バリア 74
バリア開口部 36
バリアピッチ 33, 39
張り付き効果 192
反射型ホログラム 167
反射式 51
半遮蔽状態 192
光センサ 8
ピクトリアル・プロダクション 209
被写体までの距離 60
ビデオプロジェクタ 74
皮膚電気活動 195
評定尺度法 196, 198

標本化記録 43
平置き型 87
非立体視領域 46
ピンホールアレイ 90

フィールドシーケンシャル 225
フォトポリマー 165
フォトレジスト 165
輻輳 105
輻輳・開散運動 194
副ローブ 46
物体光 162
フラクショナルビュー方式 111
プラズマ 122
プラズマ発光 122
フラットパネルディスプレイ 54
フリッカー値 194
プリンタ 38
プルフリッヒ効果 190
プルフリッヒ（濃度差）方式 217
プレヴァー, H. 207
フレネルレンズ 175
フレネルレンズ板 74
プログラマブルシェーダ 114
プロジェクタ 54, 55, 144

ペアイメージ 172
平行法 12
ヘス, W. 204
ヘッドトラッキング 228
ペッパーズゴースト 132
ベルティエ, A. 201
偏光板 33
ベントン, S.A. 18

包装紙 72
ポータブルカメラ 62, 211
ボネ, M. 207
ボリュームレンダリング 17
ボルトヤンスキー, A.G. 220
ホログラフィ 18, 161
ホログラフィ映画 223
ホログラフィックステレオグラム 165
ホログラフィックディスプレイ 161
ホログラム 158, 161

マ 行

マイブロマイド 72
マジックモーション 209
マルチディメンショナルカメラ 213
回り込み効果 190
まわり灯籠 72
マンモスステレオ 66

眼鏡絵 11
メタ3D情報 174

モアレ 83, 86
モアレ妨害 102
モアレ方式 20
モアレ方式疑似3Dディスプレイ 67
網膜像 117
モーフィング 71

ヤ 行

ヤコブソン, J. 201

有限多像式 45
融合 159
融像 9, 10, 197
ユークリッド 12
ユレシュ, B. 13

要素画像 90
横移動量（撮影時の） 60

ラ 行

ライトディレクションコントロールシステム 229
裸眼方式 2
裸眼立体映像 1
裸眼立体方式 12
ラジアルラスター 217
ランダムドットステレオグラム 13

リアプロジェクション 225
リアプロジェクションスクリーン 74
リアルタイム性 96
立体映画 1

立体感　50,58
立体合成　45
立体視　8,10
　——できる領域　58
立体視域　38
立体視化現象　11
立体視機能　189
立体写真　12
立体描画機　12
リップマン，G. M.　89,203
リップマンホログラム　167
両眼視差　9,45,50,55,83,105,197
両面異形　57
両面同形　57

両面レンチキュラスクリーン　56
理論視域　36,38

レイトレーシング法　113
レイヤ　133
レインボー　71
レインボーホログラム　18,167
レーザ　122
レーザ方式　61
レリーフォグラフィ　207
レンズアレイ　89,98
レンズ付きフィルム　216
レンズ板　89
連続多像式　45

レンチキュラ　111,201
レンチキュラシート　83
レンチキュラ板　43,74
　——のピッチ　61
レンチキュラ方式　15,42
レンティックマルチレンズカメラ　213
レントログラフ　210

ワ 行

ワンショットカメラ　64,212
ワンダービュー　211

裸眼3Dグラフィクス				定価はカバーに表示
2012年8月25日　初版第1刷				
編者	羽	倉	弘	之
	山	田	千	彦
	大	口	孝	之
発行者	朝	倉	邦	造
発行所	株式会社 朝倉書店			

東京都新宿区新小川町 6-29
郵便番号　162-8707
電話　03(3260)0141
FAX　03(3260)0180
http://www.asakura.co.jp

〈検印省略〉

ⓒ 2012〈無断複写・転載を禁ず〉　　　　　　　真興社・渡辺製本

ISBN 978-4-254-20151-2　C 3050　　　Printed in Japan

JCOPY　<(社)出版者著作権管理機構 委託出版物>

本書の無断複写は著作権法上での例外を除き禁じられています。複写される場合は、そのつど事前に、(社)出版者著作権管理機構（電話 03-3513-6969, FAX 03-3513-6979, e-mail: info@jcopy.or.jp）の許諾を得てください。

前京都工繊大 久保田敏弘著
新版 ホログラフィ入門
―原理と実際―
20138-3 C3050　　　A5判 224頁 本体3900円

印刷，セキュリティ，医学，文化財保護，アートなどに汎用されるホログラフィの仕組みと作り方を伝授。〔内容〕ホログラフィの原理／種類と特徴／記録材料／作製の準備／銀塩感光材料の処理法／ホログラムの作製／照明光源と再生装置／他

◆ 光学ライブラリー ◆
黒田和男・武田光夫 編集

東京工芸大 渋谷眞人・ニコン 大木裕史著
光学ライブラリー1
回折と結像の光学
13731-6 C3342　　　A5判 240頁 本体4800円

光技術の基礎は回折と結像である。理論の全体を体系的かつ実際的に解説し，最新の問題まで扱う〔内容〕回折の基礎／スカラー回折理論における結像／収差／ベクトル回折／光学的超解像／付録（光波の記述法／輝度不変／ガウスビーム他）／他

上智大 江馬一弘著
光学ライブラリー2
光物理学の基礎
―物質中の光の振舞い―
13732-3 C3342　　　A5判 212頁 本体3600円

二面性をもつ光は物質中でどのような振舞いをするかを物理の観点から詳説。〔内容〕物質の中の光／光の伝搬方程式／応答関数と光学定数／境界面における反射と屈折／誘電体の光学応答／金属の光学応答／光パルスの線形伝搬／問題の解答

前東大 黒田和男著
光学ライブラリー3
物理光学
―媒質中の光波の伝搬―
13733-0 C3342　　　A5判 224頁 本体3800円

膜など多層構造をもった物質に光がどのように伝搬するかまで例題と解説を加え詳述。〔内容〕電磁波／反射と屈折／偏光／結晶光学／光学活性／分散と光エネルギー／金属／多層膜／不均一な層状媒質／光導波路と周期構造／負屈折率媒質

宇都宮大学 谷田貝豊彦著
光学ライブラリー4
光とフーリエ変換
13734-7 C3345　　　A5判 180頁〔近刊〕

回折や分光の現象などにおいては，フーリエ変換そのものが物理的意味をもつ。本書は定本として高い評価を得てきたが，今回「ヒルベルト変換による位相解析」，「ディジタルホログラフィー」などの節を追補するなど大幅な改訂を実現。

◆ 先端光技術シリーズ〈全3巻〉 ◆
光エレクトロニクスを体系的に理解しよう

東大 大津元一・テクノ・シナジー 田所利康著
先端光技術シリーズ1
光学入門
―光の性質を知ろう―
21501-4 C3350　　　A5判 232頁 本体3900円

先端光技術を体系的に理解するために魅力的な写真・図を多用し，ていねいにわかりやすく解説。〔内容〕先端光技術を学ぶために／波としての光の性質／媒質中の光の伝搬／媒質界面での光の振舞い（反射と屈折）／干渉／回折／付録

東大 大津元一編　慶大 斎木敏治・北大 戸田泰則著
先端光技術シリーズ2
光物性入門
―物質の性質を知ろう―
21502-1 C3350　　　A5判 180頁 本体3000円

先端光技術を理解するために，その基礎の一翼を担う物質の性質，すなわち物質を構成する原子や電子のミクロな視点での光との相互作用をていねいに解説した。〔内容〕光の性質／物質の光学応答／ナノ粒子の光学応答／光学応答の量子論

東大 大津元一編著　東大 成瀬 誠・東大 八井 崇著
先端光技術シリーズ3
先端光技術入門
―ナノフォトニクスに挑戦しよう―
21503-8 C3350　　　A5判 224頁 本体3900円

光技術の限界を超えるために提案されは日本発の革新技術であるナノフォトニクスを豊富な図表で解説。〔内容〕原理／事例／材料と加工／システムへの展開／将来展望／付録(量子力学の基本事項／電気双極子の作る電場／湯川関数の導出)

前東大 尾上守夫・東大 池内克史・3次元フォーラム 羽倉弘之編

3次元映像ハンドブック

20121-5 C3050　　　A5判 480頁 本体22000円

3次元映像は各種性能の向上により応用分野で急速な実用化が進んでいる。本書はベストメンバーの執筆者による、3次元映像に関心のある学生・研究者・技術者に向けた座右の書。〔内容〕3次元映像の歩み／3次元映像の入出力(センサ、デバイス、幾何学的処理、光学的処理、モデリング、ホログラフィ、VR、AR、人工生命)／広がる3次元映像の世界(MRI、ホログラム、映画、ゲーム、インターネット、文化遺産)／人間の感覚としての3次元映像(視覚知覚、3次元錯視、感性情報工学)

日大 横田正夫・東京造形大 小出正志・宝塚造形芸術大 池田 宏編

アニメーションの事典

68021-8 C3574　　　B5判 460頁 本体14000円

現代日本を代表する特色ある文化でありコンテンツ産業であるアニメーションについて、体系的に論じた初の総合事典。アニメーションを関連諸分野から多角的に捉え、総合的に記述することによって「アニメーション学」を確立する。〔内容〕アニメーション研究の範疇と方法／アニメーションの歴史(日本編、アジア編、ヨーロッパ編、アメリカ編、その他諸国編)／文化としてのアニメーション／サブカルチャー／日本の教育における映像利用／専門教育／キャラクターの心理学／他

東工大 萩原一郎・前京大 宮崎興二・東工大 野島武敏監訳

デザインサイエンス百科事典
―かたちの秘密をさぐる―

10227-7 C3540　　　A5判 504頁 本体12000円

古典および現代幾何学におけるトピックスを集めながら、幾何学を基に美しいデザインおよび構造物をつくり出す多くの方法を紹介。芸術、建築、化学、生物学、工学、コンピュータグラフィック、数学関係者のアイディア創出に役立つ"デザインサイエンス"。〔内容〕建築における比／相似／黄金比／グラフ／多角形によるタイル貼り／2次元のネットワーク・格子／多面体：プラトン立体／プラトン立体の変形／空間充塡図形としての多面体／等長写像と鏡／平面のシンメトリー／補遺

早大 中島義明編

現代心理学[理論]事典

52014-9 C3511　　　A5判 836頁 本体22500円

心理学を構成する諸理論を最先端のトピックスやエピソードをまじえ解説。〔内容〕心理学のメタグランド理論編(科学論的理論／神経科学の理論他3編)／感覚・知覚心理学編(感覚理論／生態学的理論他5編)／認知心理学編(イメージ理論／学習の理論他6編)／発達心理学編(日常認知の発達理論／人格発達の理論他4編)／社会心理学編(帰属理論／グループダイナミックスの理論他4編)／臨床心理学編(深層心理学の理論／カウンセリングの理論／行動・認知療法の理論他3編)

早大 中島義明編

現代心理学[事例]事典

52017-0 C3511　　　A5判 400頁 本体8500円

『現代心理学[理論]事典』で解説された「理論」の構築のもととなった研究事例、および何らかの意味で関連していると思われる研究事例、または関連している現代社会や日常生活における事象・現象例について詳しく紹介した姉妹書。より具体的な事例を知ることによって理論を理解することができるよう解説。〔目次〕メタ・グランド的理論の適用事例／感覚・知覚理論の適用事例／認知理論の適用事例／発達理論の適用事例／臨床的理論の適用事例

| 東工大 内川惠二総編集　高知工科大 篠森敬三編
講座 感覚・知覚の科学 1

視　　　覚　　　　Ⅰ
—視覚系の構造と初期機能—

10631-2 C3340　　　　A 5 判 276頁 本体5800円 | 〔内容〕眼球光学系－基本構造－（鵜飼一彦）／神経生理（花沢明俊）／眼球運動（古賀一男）／光の強さ（篠森敬三）／色覚－色弁別・発達と加齢など－（篠森敬三・内川惠二）／時空間特性－時間の足合せ・周辺視など－（佐藤雅之） |

東工大 内川惠二総編集　東北大 塩入　諭編
講座 感覚・知覚の科学 2

視　　　覚　　　　Ⅱ
—視覚系の中期・高次機能—

10632-9 C3340　　　　A 5 判 280頁 本体5800円

〔内容〕視覚現象（吉澤）／運動検出器の時空間フィルタモデル／高次の運動検出／立体・奥行きの知覚（金子）／両眼立体視の特性とモデル／両眼情報と奥行き情報の統合（塩入・松宮・金子）／空間視（中溝・光藤）／視覚的注意（塩入）

立命館大 北岡明佳著

錯　　視　　入　　門

10226-0 C3040　　　　B 5 変判 248頁 本体3500円

錯視研究の第一人者が書き下ろす最適の入門書。オリジナル図版を満載し，読者を不可思議な世界へ誘う。〔内容〕幾何学的錯視／明るさの錯視／色の錯視／動く錯視／視覚的補完／消える錯視／立体視と空間視／隠し絵／顔の錯視／錯視の分類

東北大 塩入　諭・東北大 大町真一郎著
電気・電子工学基礎シリーズ18

画 像 情 報 処 理 工 学

22888-5 C3354　　　　A 5 判 148頁 本体2500円

人間の画像処理と視覚特性の関連および画像処理技術の基礎を解説。〔内容〕視覚の基礎／明度知覚と明暗画像処理／色覚と色画像処理／画像の周波数解析と視覚処理／画像の特徴抽出／領域処理／二値画像処理／認識／符号化と圧縮／動画像処理

埼玉医科大 吉澤　徹編著

最 新 光 三 次 元 計 測

20129-1 C3050　　　　B 5 判 152頁 本体4500円

非破壊・非接触・高速など多くの利点から注目される光三次元計測について，その原理・装置・応用を平易に解説。〔内容〕ポイント方式・ライン方式・画像プローブ方式による三次元計測／顕微鏡による三次元計測／計測機の精度検定／実際例

日本光学測定機工業会編

光 計 測 ポ ケ ッ ト ブ ッ ク

21038-5 C3050　　　　A 5 判 304頁 本体6000円

ユーザの視点から約200項目を各1〜2頁で解説。〔内容〕光学測定（光自体，材料・物質の特性，長さ，寸法，変位・位置，形状，変形，内部，物の動き，流れ，物理量，明るさと色）／光を利用（光源を選ぶ，制御する，よい画像を得る）／他

高橋　清・森泉豊栄・相澤益男・小林　彬・
藤定広幸・芳野俊彦・江刺正喜・戸川達男他編

セ　ン　サ　の　事　典

20057-7 C3550　　　　A 5 判 672頁 本体26000円

最近の科学技術の開発には欠かせないセンサの役割，機能を，広範な分野にわたり解説。また最近の開発動向にも触れる。類書の多いなか，内容の斬新さと開発現場で即役立つことに主眼が置かれた本書は，センサの研究者，現場の技術者にとって必携の書と言える。〔内容〕センシング機構／新素材，微細加工とセンサ機能／量子効果とセンサ機能／光ファイバとセンサ機能／レーザセンサ／バイオセンサ／センサの信号処理とインテリジェント化／画像センシング／応用技術／可視化技術

日本視覚学会編

視覚情報処理ハンドブック
〔CD-ROM付〕

10157-7 C3040　　　　B 5 判 676頁 本体29000円

視覚の分野にかかわる幅広い領域にわたり，信頼できる基礎的・標準的データに基づいて解説。専門領域以外の学生・研究者にも読めるように，わかりやすい構成で記述。〔内容〕結像機能と瞳孔・調節／視覚生理の基礎／光覚・色覚／測光システム／表色システム／視覚の時空間特性／形の知覚／立体（奥行き）視／運動の知覚／眼球運動／視空間座標の構成／視覚的注意／視覚と他感覚との統合／発達・加齢・障害／視覚機能測定法／視覚機能のモデリング／視覚機能と数理理論

上記価格（税別）は 2012 年 7 月現在